21 世纪高职高专新概念规划教材

计算机网络实用技术

（第三版）

主　编　雷建军

副主编　万润泽　王　虎　许芷岩

中国水利水电出版社

www.waterpub.com.cn

内 容 提 要

本书分两部分详细介绍了计算机网络的基本理论与 Windows Server 2003 实用组网技术：第一部分"计算机网络原理"，介绍了计算机网络概论、数据通信基础、计算机网络体系结构、TCP/IP 体系结构、计算机局域网、组网设备及 Internet 连接；第二部分"Windows 组网技术"，以 Windows Server 2003 为网络操作系统的典型代表，系统介绍了 Windows 网络的组建、连接和配置等实用技术。本书既有适度的网络基础理论知识，又有详尽的实用组网技术，叙述流畅，重点突出，实用性强，便于教师教学，也便于学生自学。

本书可作为高等职业学校、高等专科学校、成人高校及本科院校举办的二级职业技术学院和民办高校的计算机网络及相关专业的教材，也可作为继续教育网络课程教材，同时还是广大计算机网络爱好者的自学参考书。

本书为授课教师免费提供电子教案，此教案用 PowerPoint 制作，可以任意修改。需要者可从中国水利水电出版社网站或万水书苑网站上下载，网址为：http://www.waterpub.com.cn/softdown/和 http://www.wsbookshow.com。

图书在版编目（Ｃ Ｉ Ｐ）数据

计算机网络实用技术 / 雷建军主编. -- 3版. -- 北京：中国水利水电出版社，2013.3（2016.3 重印）
21世纪高职高专新概念规划教材
ISBN 978-7-5170-0709-8

Ⅰ. ①计… Ⅱ. ①雷… Ⅲ. ①计算机网络—高等职业教育—教材 Ⅳ. ①TP393

中国版本图书馆CIP数据核字(2013)第054830号

策划编辑：雷顺加　　　责任编辑：张玉玲　　　封面设计：李 佳

书　　名	21 世纪高职高专新概念规划教材 计算机网络实用技术（第三版）
作　　者	主　编　雷建军 副主编　万润泽　王　虎　许芷岩
出版发行	中国水利水电出版社 （北京市海淀区玉渊潭南路 1 号 D 座　100038） 网址：www.waterpub.com.cn E-mail：mchannel@263.net（万水） 　　　　sales@waterpub.com.cn 电话：（010）68367658（发行部）、82562819（万水）
经　　售	北京科水图书销售中心（零售） 电话：（010）88383994、63202643、68545874 全国各地新华书店和相关出版物销售网点
排　　版	北京万水电子信息有限公司
印　　刷	三河市铭浩彩色印装有限公司
规　　格	184mm×260mm　16 开本　18 印张　450 千字
版　　次	2001 年 8 月第 1 版　2001 年 8 月第 1 次印刷 2013 年 3 月第 3 版　2016 年 3 月第 2 次印刷
印　　数	4001—7000 册
定　　价	32.00 元

第三版前言

自 2001 年 7 月《计算机网络实用技术》第一版出版、2004 年 10 月第二版修订以来，先后 20 次印刷，发行量达 10 万余册，被许多院校选为计算机网络课程的教材，深受广大师生和计算机爱好者的欢迎，2009 年被评为"高职高专计算机类专业优秀教材"。该教材已经成为高职高专院校学生学习计算机网络原理及实用技术的一本优秀的实用教材。

为了能充分反映网络技术的现状与发展，根据作者几年来使用本教材教学的经验，并结合读者的反馈意见，本着以"必需、够用为度"的原则，在保持编写风格一致的情况下，对原版教材进行了全面的修订。在"计算机网络原理"部分主要修订了过时的内容，如增加了 ADSL 共享联网技术等；在"Windows 组网技术"部分，全面升级为 Windows Server 2003，完善了终端服务的授权内容。

本书全面介绍了计算机网络的基础理论知识与 Windows Server 2003 实用组网技术。从内容上可分为两部分：第一部分"计算机网络原理"，介绍了计算机网络概论、数据通信基础、计算机网络体系结构、TCP/IP 体系结构、计算机局域网、组网设备及 Internet 连接；第二部分"Windows 组网技术"，以 Windows Server 2003 为网络操作系统的典型代表，系统介绍了网络服务器的安装、活动目录的创建、用户账户与组账户以及组织单位的创建与管理、目录与文件权限的管理、用户工作环境以及组策略的管理、终端服务的应用、DHCP 和 DNS 服务器的安装与配置、WWW 和 FTP 服务器的安装与配置等实用技术。

本书内容新颖，讲解深入浅出，图文并茂，层次清楚，既有适度的网络基础理论知识，又有详尽的组网实用技术，叙述流畅，重点突出，实用性强，便于教师教学，也便于学生自学。

本书可作为高等职业学校、高等专科学校、成人高校及本科院校举办的二级职业技术学院和民办高校的计算机网络及相关专业的教材，也可作为继续教育网络课程教材，同时还是广大计算机网络爱好者的自学参考书。

本书为授课教师免费提供电子教案，此教案用 PowerPoint 制作，可以任意修改。需要者可以从中国水利水电出版社网站和万水书苑网站上下载，网址为：http://www.waterpub.com.cn/softdown/和 http://www.wsbookshow.com。

本书由雷建军任主编，负责全书的总体策划与统稿、定稿工作，万润泽、王虎、许芷岩任副主编，各章编写分工如下：第 1～6 章由雷建军、王虎、许芷岩编写，第 7～14 章由雷建军、万润泽、王波编写。另外，参加部分编写工作的还有张慧、张昊、刘政、陈宇等。

由于时间仓促及编者水平有限，书中不当和欠妥之处在所难免，敬请各位专家、读者批评指正。编者的 E-mail 地址为：jjlei@hubce.edu.cn 和 756652665@qq.com。

编 者

2013 年 2 月

第二版前言

当今社会正走向计算机网络时代，网络平台是个人计算机使用环境的一种必然趋势。一个国家、地区计算机网络化的水平，几乎可以代表计算机的应用水平。计算机网络的普及和广泛应用将深刻地影响人们的生活与工作方式。

自 2001 年 7 月《计算机网络实用技术》第一版出版以来，先后 10 次印刷，发行量达 50 000 余册，被许多院校选为计算机网络课的教材，深受广大师生和计算机爱好者的欢迎。该教材已经成为高职高专院校的学生学习《计算机网络》的一本优秀的实用教材。

为了能充分反映网络技术的现状与发展，根据作者几年来使用本教材教学的经验，并结合读者的反馈意见，我们本着以"必需、够用为度"的原则，在保持编写风格一致的情况下，对原版教材进行了全面的修订。在"计算机网络原理"部分主要修订了过时的内容，更加实用，如增加了 ADSL 共享连网技术等；在"Windows 2000 组网技术"部分，在第 12 章增加了终端服务的授权内容，在第 14 章增加了专业 FTP、邮件服务器的创建与管理等内容。

《计算机网络实用技术》（第二版）介绍了计算机网络的基础理论知识与 Windows 2000 实用组网技术。从内容上可分为两个部分，第一部分"计算机网络原理"，介绍了计算机网络概论、计算机网络数据通信基础、计算机网络体系结构、计算机局域网、网络互连与 Internet；第二部分"Windows 2000 组网技术"，以 Windows 2000 为网络操作系统的典型代表，系统地介绍了 Windows 2000 网络服务器的安装、活动目录的管理、Windows 2000 的网络互连、目录与文件权限的管理、用户工作环境以及组策略的管理、终端服务的应用、DHCP、WINS 和 DNS 服务的配置以及 WWW、FTP 和邮件服务器的配置等实用技术。

本书内容新颖，讲解深入浅出，图文并茂，层次清楚，既有适度的网络基础理论知识，又有详尽的组网实用技术，叙述流畅，重点突出，实用性强，便于教师教学，也便于学生自学。

本书既可作为高等职业学校、高等专科学校、成人高校及本科院校举办的二级职业技术学院和民办高校的计算机网络及相关专业的教材，同时也适合作为继续教育网络课程教程，也是一本广大计算机网络爱好者的自学参考书。

本书为授课教师免费提供电子教案，此教案用 PowerPoint 制作，可以任意修改。需要者可从中国水利水电出版社网站免费下载，网址为：http://www.waterpub.com.cn。

本书由雷建军主编，并负责全书的总体策划与统稿、定稿、改版工作，罗忠、王虎、周朝阳任副主编，各章编写分工如下：第 1 章～第 5 章由罗忠、陈宇、陈曙编写，第 6 章～第 13 章由雷建军、周朝阳、刘政、姚榕编写，第 14 章由王虎、俞延文、王振编写。

由于时间仓促和水平有限，书中不当和欠妥之处在所难免，敬请各位专家、读者批评指正。作者的 E-mail 地址为：jjlei@sohu.com 和 jjlei@hubce.edu.cn。

编者

2004 年 10 月

第一版前言

当今社会正走向计算机网络时代，网络平台是个人计算机使用环境的一种必然趋势。一个国家、地区计算机网络化的水平，几乎可以代表计算机的应用水平。计算机网络的普及和广泛应用将深刻地影响人们的生活与工作方式。

本书全面介绍计算机网络的基础理论知识与 Windows 2000 实用组网技术。从内容上可分为两个部分，第一部分"计算机网络原理"，介绍了计算机网络概论、计算机网络数据通信基础、计算机网络体系结构、计算机局域网、网络互连与 Internet。第二部分"Windows 2000 组网技术"，以 Windows 2000 为网络操作系统的典型代表，系统地介绍了 Windows 2000 网络服务器的安装、活动目录的管理、Windows 2000 的网络互连、目录与文件权限的管理、用户工作环境以及组策略的管理、终端服务的应用、DHCP、WINS 和 DNS 服务的配置以及 IIS5.0 信息服务等实用技术。

本书既有适度的网络基础理论知识，又有详尽的组网实用技术，叙述流畅，重点突出，实用性强，便于教师教学，也便于学生自学。

本书既适合作为高等学校计算机专业或非计算机专业学生使用的教材，也适合作为高职高专计算机网络专业及相关专业的教材，同时也适合作为继续教育网络课程教程，也是一本广大计算机网络爱好者的自学参考书。

本书为授课教师免费提供教学电子教案（用 PowerPoint 制作，可以任意修改），方便教师教学。如有需要请凭学校购书证明（加盖公章）向万水电子信息有限公司索取，联系电话（010）68359168-331（注：单位电话已变更为（010）82562819，电子教案可从网上下载）。

本书由雷建军主编，并负责全书的总体策划与统稿、定稿工作，罗忠、王虎任副主编，各章编写分工如下：第 1 章～第 5 章由罗忠、陈宇编写，第 6 章～第 13 章由雷建军、陈曙、刘政编写，第 14 章由王虎、俞延文、王振编写。参加本书大纲讨论及部分编写工作的老师还有：杨庆德、王明晶、杨均青、王春枝、王绍卜、李珍香等。

由于时间仓促和水平有限，不当和欠妥之处在所难免，敬请各位专家、读者指正。作者的 E-mail 地址为：jjlei@hubce.edu.cn。

编者

2001 年 7 月

目 录

第一部分　计算机网络原理

第二部分　Windows 组网技术

第一部分　计算机网络原理

第 1 章　计算机网络概论

本章主要介绍计算机网络的基础知识。通过本章的学习，读者应掌握以下内容：
- 计算机网络的产生与发展
- 计算机网络的定义和组成
- 计算机网络的功能和应用
- 计算机网络的分类和拓扑结构

1.1　计算机网络的产生与发展

现代计算机网络系统的发展，经历了从简单到复杂、从单一到综合的历程，通过对信息的采集、处理、存储、传输和控制利用等各种先进技术的融合，计算机网络技术不断推陈出新，给社会、经济、生活带来日新月异的变化。计算机网络绝不是各种信息技术的简单堆积，而是一种通过系统集成和系统融合而形成的、具有新性质和新功能的新系统。计算机网络的应用和系统性能的发展实际上是 20 世纪以来各种先进信息技术发展的融合和集中体现，已成为网络时代中一切信息技术的龙头与核心。

1.1.1　计算机网络的产生

计算机网络是计算机技术和通信技术相互结合、相互渗透而形成的一门新兴学科。计算机技术与通信技术的相互结合主要体现在两个方面：一方面，通信网络为计算机之间的数据传递和交换提供了必要的手段；另一方面，数字计算机技术的发展渗透到通信技术中，又提高了通信网络的各种性能。与当年计算机的普及一样，计算机网络已在各个领域得到广泛应用，"网络就是计算机"的观念也已深入人心，计算机网络技术的研究和应用已相对成熟，以计算机网络为基础的信息处理逐渐成为信息工业的发展主流。

在计算机发展早期，一般都是通过单机系统来采集、处理和发送信息，而随着计算机应用领域和使用规模的不断扩大，信息容量飞速增长，信息内容快速更新，单机系统已远远不能满足用户的要求。如何利用计算机以及通信技术来实现对信息的快速处理和资源的高度共享成为亟待解决的问题，这就是网络产生的背景。

1969 年美国国防部研究计划局（ARPA）主持研制的 ARPANET 计算机网络投入运行。在那之后，世界各地计算机网络的建设如雨后春笋般迅速发展起来。进入 20 世纪 90 年代以后，微机局域网络更是成为办公自动化和各种信息管理系统的必备工作环境。不同地区、不同国家的计算机网络之间相互联接，规模逐渐扩大，最终形成了覆盖全球的国际互联网络。随着计算机网络应用规模的扩大和深入，它已经成为一门独立的学科和研究方向。

虽然计算机网络仅有短短 40 余年的发展历史，但它的发展速度很快。计算机网络的产生和演变过程经历了从简单到复杂、从低级到高级、从单机系统到多机系统的发展过程，可概括为三个阶段：具有远程通信功能的单机系统为第一阶段，这一阶段已具备了计算机网络的雏形；具有远程通信功能的多机系统为第二阶段，这一阶段的计算机网络属于面向终端的计算机通信网；以资源共享为目的的"计算机—计算机"网络为第三阶段，这一阶段的计算机网络才是真正意义上的计算机网络。

1. 具有远程通信功能的单机系统

20 世纪 50 年代初期，计算机与通信没有任何联系。当时的计算机体积庞大、性能低下、价格昂贵，一般集中在高等院校和科研单位的计算中心，主要用于科学计算，由专门的技术人员在特殊的环境下进行操作与管理，一般人接触不到。当时，人们在需要用计算机时，只能亲自携带程序和数据，到机房交给计算机操作员，等待几小时甚至几十小时之后，再去机房取回运行结果。如果程序有错，修改后再次重复这一过程。这种方法即所谓的批处理方式。批处理方式需要用户（特别是远程用户）在时间、精力上付出很大的代价。

为满足离计算中心距离较远或异地用户的需要，在经费缺乏又不可能拥有计算机的情况下，可借助于当时已经成熟的通信技术与已有的通信设备和通信线路，在计算机内部增加具有远程通信功能的部件，使异地用户能在远程终端上联机操作，包括输入数据、命令远程计算机进行处理等，并把处理结果经通信线路送回远程终端。于是，20 世纪 50 年代后期，随着分时系统的出现，产生了具有远程通信功能的单机系统，如图 1-1 所示。其基本思想是在计算机内增加一个通信装置，使主机具备通信功能。将远程用户的输入输出装置通过通信线路与计算机的通信装置相连。这样，用户就可以在远程终端上键入自己的程序和数据，再由主机进行处理，处理结果通过主机的通信装置，经由通信线路返回给用户终端。

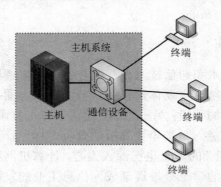

图 1-1　具有远程通信功能的单机系统

这种系统称为具有远程通信功能的单机系统，又可称为"终端—计算机"网络，是早期计算机网络的主要形式。在该系统中，终端设备与计算机之间的连接可以采用多种方式。最初采用专线"点—点"的方式，每个终端都独占一条线路，这种方式的主要缺点是线路的利用率很低。随着计算机应用的不断发展，要求与主机系统相连的终端越来越多，这个缺点也就越明显，从而发展到利用电话网实现终端与主机系统的连接。

2. 具有远程通信功能的多机系统

具有远程通信功能的单机系统减少了远程用户在来往路途上的时间，就当时的情况来讲，这是一大创举，它大大提高了计算机系统的工作效率和服务能力。但随着进一步的发展，又出现了新的问题，主要表现在两个方面：第一，主机的负担过重，当时计算机的性能还比较低，由于主机所连接远程终端数量的增加，主机既要进行数据处理，又要承担通信控制任务，使得主机不堪重负，繁重的通信控制任务大大降低了主机处理数据的速度，对昂贵的主机资源来讲显然是一种浪费；第二，当时的每个远程终端多用专线与主机相连，数据传输速度不高，线路的利用率较低，特别是在终端速率较低时更是如此。具有远程通信功能的多机系统弥补了以上不足。

为了解决第一个问题，出现了前端处理机（Front End Processor，FEP）。在主机前设置一台通信处理机，专门负责与终端的通信工作。其功能还能够增强，可以协助主机对信息进行预处理，让主机的时间全部花在数据处理上。这样就显著地提高了主机进行数据处理的效率。

为了解决第二个问题，降低通信线路的建设费用，提高线路的利用率，可在用户终端较集中的区域设置线路集中器。大量终端先通过低速线路连到集中器上，集中器按照某种策略分别响应各个终端，并把终端送来的信息按一定格式汇集起来，再通过高速传输线路一起送给前端处理机，如图 1-2 所示。

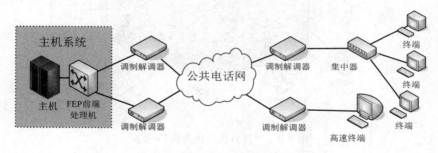

图 1-2　具有远程通信功能的多机系统

前端处理机和集中器通常由小型机或微型机组成，因此这种联机系统不再是单纯的单机系统，而演变为多机互联系统，或者称为面向终端的计算机通信网。

20 世纪 60 年代初期，这种面向终端的计算机通信网（即多机互联系统，如图 1-2 所示）得到很大发展，有一些至今仍在发挥作用。在专用的计算机通信网中，最著名的是美国半自动地面防空系统 SAGE 与美国飞机订票系统 SABRE I。SAGE 系统首先使用了人机交互的显示器，研制了由小型计算机承担的前端处理机，制定了 1600bps（比特/秒）数据线路的技术规范，并使用了高可靠性的路由选择方法。在商用网络中，比较著名的有美国通用电气公司的信息服务网络（GE Information Services），它是世界上最大的商用数据处理分时网络之一，于 1968 年投入运行，拥有 16 个中央集中器、75 个远程集中器，地理范围从美国向外延伸到加拿大、欧洲、澳大利亚和日本。由于地域范围很大，可以利用时差达到资源的充分利用。SAGE 系统及其分时计算机系统的研究，对数据通信技术的发展起到了重要的推动作用，同时也为网络技术的发展奠定了基础。

3．具有统一体系结构及国际化标准协议的计算机网络

多机系统为计算机应用开拓了新的领域，同时也向计算机技术提出了新的需求，即计算机系统之间的通信。这样的要求在当时主要来自军事、科学研究机构及一些大型企业，这些部门通常都拥有不止一台主机，分布在区域较广的不同地区，主机系统之间经常需要交换数据，进行各种业务往来。假如，一个主机系统的用户希望使用其他主机的硬件、软件及数据资源，或者与别的主机系统的用户共同完成某项任务，即所谓的资源共享。利用通信线路把多个前端处理机连接起来，与主机一起就构成了计算机网络。前端处理机负责网络中各主机间的通信控制和数据传输任务；主机负责对数据以及用户的各种服务请求进行处理。因此，将分布在不同地理位置上的、具有独立功能的计算机及其外部设备，通过通信线路和设备连接起来，形成按照某种规则（通信协议）进行信息交换以实现资源共享的系统就是计算机网络。

网络的规模在不断地扩大，同时为了共享更多的资源，不同的网络也需要互相连接起来，于是网络的开放性和标准化被提上议事日程。20 世纪 70 年代后期，国际标准化组织（ISO）开始制定一系列国际标准。1981 年 ISO 正式提出"开放系统互连参考模型"（OSI/RM）的国际标准，从而正式确立了计算机网络的体系结构。"计算机—计算机"网络可以用图 1-3 进行描述。

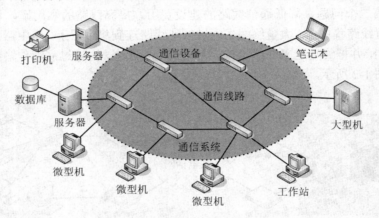

图 1-3　"计算机—计算机"网络

1.1.2　计算机网络的发展

这里所要讲的计算机网络的发展是指现代计算机网络的发展，它包括：广域网、局域网和国际互联网的发展。

1．广域网的发展

广域网是指利用远程通信线路组建的计算机网络。广域网覆盖面大，通常跨越多个地区、整个国家乃至跨洋过海连接。这种网络称为广域计算机网络，简称广域网（Wide Area Network，WAN）。

ARPANET 的出现标志着以资源共享为目的的现代计算机网络的诞生，也是广域网发展的开始。随后的几年间，许多国家、公司都纷纷发展自己的计算机网络。各大计算机公司除了宣布建立各自网络的同时，也公布了各自的网络体系结构，并承诺为用户提供服务。最著名的网络体系结构有：IBM 公司于 1974 年公布的"系统网络体系结构 SNA"、DEC 公司于 1975 年公布的"分布式网络体系结构 DNA"等。由于各大公司不断推出按照不同体系结构设计的网络，从很大程度上推进了计算机网络的发展。

发展初期的网络一般为某一机构组建的专用网。专用网的优点是针对性强、保密性好；缺点是资源重复配置，造成了浪费，系统过于封闭，使资源很难在大范围内共享。

随着计算机应用的深入发展，一些小规模的机构甚至个人也有联网需求，这促使许多国家开始组建公用数据网。早期的公用数据网采用的是模拟通信电话网，进而发展成为新型的数字通信公用数据网。典型的公用数据网有美国的 TELENET、日本的 DDX、加拿大的 DATAPAC 等；我国也于 1993 年和 1996 年分别开通了公用数据网 CHINAPAC 和 CHINADDN。

2. 局域网的发展

局域网是指分布于一个部门、一个校园或一栋楼内等局部区域的计算机网络。局域网的发展是微处理器和微型计算机迅速发展的产物。进入 20 世纪 80 年代以后，随着微处理器产品技术的成熟和成本的不断下降，微型计算机像潮水般地涌向社会。一个单位或部门拥有的计算机数量越来越多，共享资源和互联通信的需求促使了局域网的诞生和发展。典型局域网有 Ethernet 和 Token-Ring 等。

3. 互联网的发展

虽然局域网已成为机构内部使用的典型结构，但它的局限性也很明显。越来越多的机构需要建立国内乃至国际范围的办公自动化系统，这就要求某地局域网上的用户与远地的局域网或广域网上的用户进行通信，互联网因此孕育而生。简单地说，互联网是一个由各种不同类型和规模的、独立运行和管理的计算机网络组成的世界范围的巨大计算机网络。组成互联网的计算机网络包括小规模的局域网（LAN）、城市规模的区域网（MAN）以及大规模的广域网（WAN）等。这些网络通过普通电话线、高速率专用线路、卫星、微波和光缆等线路把不同国家的大学、公司、科研部门以及军事和政府等组织的网络连接起来。

讲到网络互联，不能不提到 Internet。Internet 是目前世界上最负盛名，也是规模最大的计算机互联网，它所遵循的网络体系结构 TCP/IP 已是事实上的国际标准。下面先简单介绍一下 Internet 的发展历程，至于更详细的介绍，将在后面的章节展开。

ARPANET 开创了网络的一个新纪元，自它推出之日起，用户对它一直青睐有加。到 1983 年，ARPANET 已连接了 300 多台主计算机。1984 年，ARPANET 分解成两个网络：一个仍叫 ARPANET，主要用于民用和科研；另一个称为 MILNET，主要由军方使用。后来 ARPANET 成为 Internet 的主干网。

美国国家科学基金会（National Science Foundation，NSF）认识到 Internet 对科技教育的潜在推动作用，从 1985 年起，围绕其 6 个超级计算机中心开始建设计算机网络，并于 1986 年建成了基于 TCP/IP 的国家科学基金网 NSFNET，随后逐渐建立了主干网、地区网和校园网三级计算机网络，几乎覆盖了全美所有的大学和科研机构。NSFNET 和 ARPANET 相连，并逐步替代 ARPANET 成为 Internet 的主干网，而 ARPANET 的实验任务到此已经完成，于 1990 年正式停止使用。

1991 年，由于认识到 Internet 要更具生命力，就应该扩大其使用范围，而不仅仅局限于大学和科研机构。于是世界上的许多公司纷纷接入 Internet，使 Internet 上的通信量急剧上升，每日传送的分组量达 10 亿个之巨，Internet 的容量再次告急。鉴于这种状况，美国政府决定将 Internet 的主干网交由私营公司管理，并对接入 Internet 的用户开始收费。随后，IBM、MERIT 和 MCI 等公司联合成立了 ANS（Advanced Networks and Services）公司。ANS 公司于 1993

年建造了一个速率为 45Mbps 的主干网 ANSNET，以取代速率只有 1.544Mbps 的 NSFNET。1996 年主干网速率已提升到 155Mbps，目前，Internet 的一些主干网速率已提升到 10GMbps，实验线路速率已超过 100Gbps。

Internet 已成为世界上规模最大、影响最深、增长速度最快的计算机网络，没有人能够准确地说出 Internet 究竟有多大，因为每年、每月、每天、每小时甚至每分钟都有新的计算机接入、新的用户上网。

1.1.3　计算机网络系统的发展趋势

必须用系统的观点来分析计算机网络才能够站在一个较高的层次来认识网络系统的体系结构以及网络工程技术中的许多重要问题，把握计算机网络系统的发展趋势。

1. 开放性

计算机网络系统开放性的体现，是基于统一网络通信体系结构协议标准的互联网结构，而统一网络分层体系结构标准是互联异种机的基本条件。Internet 之所以能风靡全球，正是因为它所依据的 TCP/IP 协议已经成为事实上的国际标准。标准化始终是发展计算机网络开放性的一项基本措施，除了网络通信协议的标准，还有许多其他有关标准，如应用系统编程接口 API 标准、数据库接口标准、计算机操作系统接口标准、应用系统与用户使用的接口标准等，也都与计算机网络系统更大范围的开放性有关。这种全球开放性必然引起网络系统容量需求的极大增长，进而推动计算机网络系统向广域、宽带、高速、大容量方向发展。未来的计算机网络将是不断融入各种新信息技术，进一步面向全球开放的广域、宽带、高速网络。

2. 一体化

"一体化"是一个系统优化的概念，其基本含义是：从系统整体性出发，对系统进行重新设计、构建，以达到进一步增强系统功能、提高系统性能、降低系统成本和方便系统使用的目的。计算机网络发展初期是由计算机之间通过通信系统互联而实现的，但从系统观点看，已不是简单的叠加，而是一个具有新质的并将不断发展变化的大系统。随着计算机网络应用范围的不断扩大和对网络功能、性能要求的不断提高，网络中的许多成分将根据系统整体优化的要求重新分工、重新组合。目前计算机网络系统的这种一体化发展方向正沿着两条不同的基本路径展开：一是重新安排网络系统内部元素的分工协同关系，例如客户/服务器结构、各种专用浏览器、瘦客户机、网络计算机等，服务器面向网络共享的服务，将更专门化、更高效，如各种 Web、DNS、计算服务器、文件服务器、数据库服务器、邮件服务器、打印服务器等。网络中的通信功能从计算机节点中分离出来形成各种专用的网络互联通信设备，如各种路由器、桥接器、集线器、交换机等，这也是网络一体化分工协作的体现；二是基于虚拟技术，通过硬件的重新组织和软件的重新包装所构成的各种网络虚拟系统和各种透明节点的分布式应用服务，如分布式文件系统、分布式数据库系统、分布式超文本查询系统等，用户看到的是一个虚拟的文件系统、数据库系统和信息查询系统，而看不到网络内部结构和操作细节，进而网络的各种具体应用系统，如办公自动化系统、银行自动汇兑系统、自动售票系统、指挥自动控制系统、生产过程自动化系统等，实际上都是更高层次的网络虚拟系统。将来的网络将是网络内部进一步优化分工，而网络外部用户可以更方便、更透明地使用网络。

3. 多媒体网络

多媒体技术实质上是对多种形式的信息（如文字、语音、图像、视频等）进行综合采集、传输、处理、存储和控制利用的技术，包括人们对客观世界最基本的从感性认识上升到理性认识的处理过程，也可以说是一种"多媒体信息"的采集处理过程。多媒体技术与计算机网络的融合是必然的趋势。目前，手写输入、语音声控输入、数码相机、IC 卡、扫描仪等各种多媒体信息采集技术以及大容量光盘、面向对象数据库、超媒体查询等多媒体存储技术和 MMX 芯片、TTS 语音合成、虚拟现实技术、智能机器人等多媒体处理控制技术的蓬勃发展，为多媒体计算机网络的形成和发展提供了有力的技术支持。电信网、电视网和计算机网的"三网合一"，也在更高层次上体现了多媒体计算机网络系统的发展趋势。光纤到户、信息家电、家庭布线网络、VOD 视频点播、IP 电话、5A 智能大厦等技术正在迅猛发展，今后的计算机网络是融合包括电信、电视等更广泛功能，渗入到千千万万家庭的多媒体计算机网络。

4. 高效、安全的网络管理

对于计算机网络这样一个复杂的系统，如果没有有效的管理方法、管理体制和管理系统的支撑与配合，很难使它维持正常的运行，保证其功能和性能的实现。计算机网络管理的基本任务包括系统配置管理、故障管理、性能管理、安全管理和计费管理等几个主要方面。网络管理系统已成为计算机网络系统中不可分割的一部分。当前网络管理应着眼于网络系统整体功能和性能的管理，趋于采用适应大系统特点的集中与分布相结合的管理体制。在当前网络全球化发展的趋势下，有各种危害网络安全的因素，如病毒、黑客、垃圾邮件、信息泄漏、端口攻击等，甚至威胁到网络系统的生存。因此，网络系统的高效管理，特别是网络系统的安全管理显得尤为重要。今后的计算机网络应该是更加高效管理和更加安全可靠的网络。

5. 智能化网络

人工智能技术在传统计算机的基础上进一步模拟人脑思维活动能力，包括对信息进行分析、归纳、推理、学习等更高级的信息处理能力，在现代社会信息化的过程中，人工智能技术与计算机网络技术的结合与融合构成了具有更多思维能力的智能计算机网络，也是综合信息技术的必然发展趋势。当前，基于计算机网络系统的分布式智能决策支持系统、分布式专家系统、分布式知识库系统、分布智能代理技术、分布智能控制系统、智能网络管理等技术的发展也都明显地体现了这种智能网络的发展趋向。今后的计算机网络将是人工智能技术和计算机网络技术更进一步融合的网络系统，它将使社会信息网络更加有序化，更加智能化。

1.1.4 我国计算机网络的发展

我国从 20 世纪 50 年代就开始进行了计算机技术领域的研究，60 年来取得了飞速的发展。随着计算机技术的发展，计算机网络技术在我国也得到了相应的发展。我国较早着手建设计算机远程网的是铁道部，在 1980 年即开始进行计算机联网实验。当时的几个节点是北京、上海、济南铁路局及其所属分局，节点交换机采用的是 PDP-11，网络体系结构为 DNA，铁道部计算机网络是专用计算机网络，其目的是建立一个在上述地区内铁路指挥和调度服务的运输管理系统，开启了我国计算机网络的研究和应用。

1. 我国公用网的初步建立

（1）中国公用分组交换数据网（CHINAPAC）。1989 年 11 月我国第一个公用分组交换网 CNPAC（后改为 CHINAPAC）通过试运行和验收，达到了开通业务的条件，一开始有 3 个分组节点（北京、上海、广州）和 8 个集中器。1993 年，由 10 个节点城市组成的国家主干网和各省、地、县的本地子网组成了覆盖全国的 CHINAPAC，覆盖范围达两千多个市、县、镇，端口容量达 13 万个，每个节点的吞吐量达 3200Pkt/s～6400Pkt/s（分组/秒），用户的通信速率最高可达 64kbps，在北京、上海设有国际出入口。

（2）中国数字数据网（CHINADDN）。它是我国的高速信息国道。在 20 世纪 90 年代，受 Internet 发展的刺激和鼓舞，中国数字数据网 CHINADDN 发展很快，它是利用光纤（包括数字微波和卫星）数字电路传输和数字交叉复用节点组成的数字数据传输网，具有传输质量高、延迟小、可靠性高、一线可多用等优点，用户可选用的传输带宽范围宽，通信速率可根据需要选择，电路可自动迂回。CHINADDN 采用三级网络结构，一级为全国骨干网，二级为省内网，三级为本地网。

2. 我国"三金"工程的建立

在建设"信息高速公路"的世界浪潮中，我国的一批信息技术专家根据国情提出了中国的"高速信息网计划"。由原电子工业部倡议，国务院直接组织的"三金"工程于 1993 年下半年开始启动。

"三金"工程指"金桥"、"金卡"和"金关"工程。"金桥"工程就是要建设我国社会经济信息平台，即建设国家公用经济信息网。这个网是以光纤、卫星、微波、程控、无线移动等多种方式，与邮电部系统数据网互为备用，并与各部委和各省市的信息数据专用网互联互通。"金桥"工程是"三金"工程的基础。"金卡"工程是指电子货币工程，是银行信用卡支付系统工程。它是金融电子化和商业流通现代化的重要组成部分，将与银行、内贸等部门紧密配合实施。"金关"工程是指国家对外经济贸易信息网工程，主要推广电子数据交换（EDI），实现无纸贸易。"金桥"工程所建的国家公用经济信息网将首先与金融网连通，满足对外经济、贸易、海关和银行现代化的要求，为商业、旅游、气象、国家安全、科技信息检索等信息系统建设提供通道，进而用信息网把各部委、各省市以及一些大中型企业连接起来。

3. 我国 Internet 的建立

20 世纪 90 年代兴起的"信息高速公路"和因特网的发展促进了我国全国范围的互联网的发展，开始构建全国范围的公用计算机网络。目前，我国有可以与因特网互联的 8 个全国范围的主要互联网，它们是：中国公用计算机互联网 CHINANET、中国教育和科研计算机网 CERNET、中国科学技术网 CSTNET、中国网通公用互联网 CNCNET、中国联通互联网 UNINET、宽带中国网 CHINA169、中国国际经济贸易互联网 CIETNET 和中国移动互联网 CMNET。

CHINANET 始建于 1995 年，该网是 Internet 在中国的延伸，是中国 Internet 骨干网，由中国电信负责运营，CHINANET 由核心层、用户接入层和网管中心三个层次构成，全国各地的用户可通过电话网（PSTN）、分组网（CHINAPAC）、数字数据网（CHINADDN）、电子信箱（CHINAMAIL）等方式入网。其主干网由各直辖市和各省会城市的网络节点构成；接入网则由各省、自治区内建设的网络节点构成。CHINANET 在北京、上海和广州分别设有国际出口线路与因特网互联。

CERNET 始建于 1994 年，目的是将各研究所和有关大学通过 CERNET 连接起来，为科研人员提供电子邮件（E-mail）工具、WWW 以及各种信息检索等服务，以便加强与国外研究院所之间的合作与交流，缩短我国在科研领域与发达国家之间的差距。它是一个包括主干网、地区网和校园网组成的三级结构网络，CERNET 网络中心设在清华大学。

CSTNET 是中国科学院负责建设和管理的网络，是我国最早与因特网相连的互联网。

CHINAGBN 是为国民经济信息化服务的网络工程，即金桥工程，由吉通通信有限责任公司负责，CHINAGBN 是一个利用卫星网和光纤网的"天地合一网"，为"金"字工程（金税、金桥、金关……）服务。

UNINET 是成立于 1994 年 7 月 19 日的中国联通数据网。它采用 ATM+IP 组网模式，以 ATM 信元交换为核心，是一个具有电信级安全可靠保证的运营网络。中国联通利用宽带数据网的网络优势，向社会开放虚拟专网（VPN）、公用计算机互联网（CNUNINET）、数据承载、IP 电话/传真等多种业务。

CNC 是在国务院、信息产业部的直接领导和大力支持下，由中国科学院、广播电影电视总局、铁道部、上海市政府四方股东共同投资组建的新一代电信运营企业。中国网络通信有限公司承担建设与运营的"中国高速互联网络示范工程"——"中国网通公用互联网（CNCNET）"是新一代开放的 IP Over DWDM 全光纤电信网络。与传统电信网络不同，它以基于分组交换的数据通信为基础，提供语音、图像、传真、数据等全方位的基于 IP 技术的高品质电信服务。

随着我国宽带基础服务覆盖率持续扩大，带动了宽带用户规模的增长。截至 2012 年 6 月底，我国网民规模已经达到 5.38 亿人，互联网普及率为 39.9%。引人注目的是，手机网民规模达到 3.88 亿，手机首次超越台式电脑成为第一大上网终端。

2012 年 6 月，中国互联网络信息中心（CNNIC）公布了"中国互联网络发展状况统计报告"。调查结果显示，截至 2012 年底，我国国际线路的总容量达到 1548811Mbps。最近几年的国际出口带宽发展如图 1-4 所示，主要骨干网络国际出口带宽分布情况如表 1-1 所示。

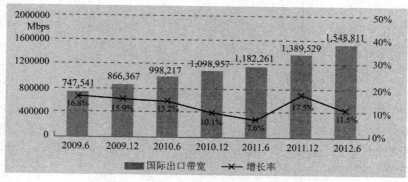

图 1-4　我国国际出口带宽的增长情况

表 1-1　主要骨干网络国际出口带宽数

主要骨干网络	国际出口带宽数（Mbps）
中国电信	842598
中国联通	477867
中国移动	198129
中国科技网	18600
中国教育和科研计算机网	11615
中国国际经济贸易互联网	2
合计	1548811

1.2　计算机网络的定义和组成

1.2.1　计算机网络的定义

计算机网络的定义随网络技术的更新可从不同的角度给以描述，目前人们已公认的有关计算机网络的定义是：计算机网络是将地理位置不同且有独立功能的多个计算机系统利用通信设备和线路互相连接起来，并以功能完善的网络软件（包括网络通信协议、网络操作系统等）实现网络资源共享的系统。

在上述的定义中，有以下特点：

（1）计算机的数量是"多个"，而不是单一的。

（2）计算机是能够独立工作的系统。任何一台计算机都不能干预其他计算机的工作，例如启动、关闭等。任意两台计算机之间没有主从关系。

（3）计算机可以处在异地。每台计算机所处的地理位置对所有的用户是完全透明的。

（4）处在异地的多台计算机由通信设备和通信线路进行连接，从而使各自具备独立功能的计算机系统成为一个整体。

（5）在连接起来的系统中必须有完善的通信协议、信息交换技术、网络操作系统等软件对这个连接在一起的硬件系统进行统一的管理，从而使其具备数据通信、远程信息处理、资源共享的功能。

定义中涉及的"资源"应该包括硬件资源（CPU、大容量的磁盘、光盘、打印机等）和软件资源（语言编译器、文本编辑器、各种软件工具、应用程序等）。

1.2.2　计算机网络的基本组成

从系统角度上看，计算机网络由硬件系统和软件系统组成。

1. 计算机网络硬件系统

计算机网络硬件系统包括：主计算机、终端、集中器、前端处理机、通信处理机、通信控制器、线路控制器等。

2. 计算机网络软件系统

计算机网络软件系统是实现网络功能不可缺少的环境，通常包括：

（1）网络操作系统：是最主要的网络软件，负责管理网络中的各种软硬件资源。

（2）网络通信软件：实现网络中节点间的通信。

（3）网络协议和协议软件：通过协议程序实现网络协议功能。

（4）网络管理软件：用来对网络资源进行管理和维护。

（5）网络应用软件：为用户提供服务，解决某方面的实际应用问题。

1.2.3　通信子网与资源子网

计算机网络从逻辑结构上可以分成两部分：资源子网和通信子网。前者负责数据处理，向网络用户提供各种网络资源及网络服务；后者是负责数据转发的内层通信子网。二者在功能上各负其责，通过一系列计算机网络协议将二者紧密地结合在一起，共同完成计算机网络工作。

用户资源子网专门负责全网的信息处理任务，以实现最大限度地共享全网资源的目标。用户资源子网包括主机及其他信息资源设备。

通信子网是计算机网络中负责数据通信的部分，传输介质可以是架空明线、双绞线、同轴电缆、光纤等有线通信线路，也可以是微波、通信卫星等无线通信线路。一般终端与主计算机、终端与节点计算机及集中器之间采用低速通信线路；各计算机之间，包括主计算机与通信处理机及集中器之间采用高速通信线路。节点计算机和高速通信线路组成独立的数据通信系统，承担全网络的数据传输、交换、加工和变换等通信处理工作，即将一台主计算机的输出信息传送给另一台主计算机。

1.3 计算机网络的功能和应用

1.3.1 计算机网络的功能

虽然不同类型的计算机网络各自有不同的功能，但其共同的主要功能可以归纳为以下几个方面：

（1）通信功能。

通信功能是计算机网络最基本的功能，并且通信功能还是计算机网络其他各种功能的基础。所以通信功能是计算机网络最重要的功能。

现代社会信息量激增，信息交换也日益增多，例如仅每年需要传递的信件就有几万吨，而计算机网络则为分散在世界各地的用户提供了强有力的通信手段。目前，IP 电话、网上寻呼、网络即时通信和 E-mail 已成为人们重要的通信手段。通过计算机网络，用户可以十分方便、快捷地在全球范围内传递电子邮件（E-mail），发布新闻消息，传输和查询文字资料、图形、图像和语音信息。

计算机网络还为各国的科学家和工程师们提供了一个网络环境，在此基础上可以建立一种新型的合作方式：协同工作。异地的科学家和工程师们能够通过计算机网络同时进行相同的课题研究并分担研究工作的各个部分。

网络通信功能极大地缩短了通信的时间和距离，使得生活、工作在不同地方的人们可以很方便地进行交流与合作，真正实现了"海内存知己，天涯若比邻"。

（2）资源共享。

计算机资源主要指计算机硬件资源、软件资源和数据资源，所以计算机网络中的资源共享包括硬件资源共享、软件资源共享和数据资源共享。

- 硬件资源共享。共享的硬件资源包括超大型存储器、打印机、高速处理器、大容量磁盘和昂贵的巨型计算机、专用外部设备等。硬件资源共享，可使网络中各单位的、各区域的资源互通有无，避免硬件设备的重复购置，提高了设备的利用率，降低了系统成本。
- 软件资源共享。层出不穷的计算机软件是网络上的宝贵财富，而其中不少软件是免费的。共享的软件资源包括各种语言处理程序、服务程序和众多的网络软件，例如办公管理软件、电子课件和联机考试软件等。软件共享可以避免软件研究上的重复劳动。
- 数据资源共享。共享的数据资源包括各种大型数据库、数据文件和多媒体信息等。

例如电子图书库、电子档案库、学生成绩库、科技动态信息、视频点播（VOD）、网上教学、网上书店、网上购物、网上订票、网上电视直播、网上证券交易、各类新闻等，通过网络正逐渐走进普通百姓的生活、学习和工作当中。数据共享避免了大量的重复劳动，不仅可以达到高效、经济和少出差错的目的，而且数据的共享存储也便于集中管理，减少运行成本。

总之，通过资源共享，提高了系统资源利用率，使系统的整体性能价格比得到了提高。

（3）提高系统的可靠性。

在一个系统中，当某台计算机、某个部件或某个程序出现故障时，必须通过替换资源的办法来维持系统的继续运行，以避免系统瘫痪。而在计算机网络中，各台计算机可彼此互为后备机，每一种资源（尤其是程序和数据）都可以在两台或多台计算机上进行备份。这样当某台计算机、某个部件或某个程序出现故障时，其任务就可以由其他计算机或其他备份的资源所代替，避免了系统瘫痪，提高了系统的可靠性。

对在军事、银行业、航空和其他许多应用中出现硬件故障后仍能继续工作的能力具有极其重要的意义。

（4）网络分布式处理与均衡负载。

网络分布式处理，是指把同一任务分配到分布于网络中不同地理位置的节点机上协同完成。通常，对于复杂的、综合性的大型任务，可以采用合适的算法将任务分散到网络中不同的计算机上去执行。在同一网络内的各台计算机可通过协同操作和并行处理来提高整个系统的处理能力，共同完成仅依靠单台计算机难以完成的复杂的、综合性的大型任务。另外，当网络中某台计算机、某个部件负担过重时，通过网络操作系统的合理调度可将其任务的一部分转交给其他较为空闲的计算机或资源去完成；对于地理跨度大的远程网，还可以利用时差来解决日夜负载的不均衡现象。例如，美国的银行晚上停止营业后，可以将资源通过网络转借给正是白天的东南亚的某国银行，东南亚的某国银行就可在白天利用这些资源，到晚上再归还给美国的银行。这样不仅提高了资源的利用率，还达到了均衡使用网络资源，实现网络分布式处理的目的。这种协同计算机网络支持下的分布式系统是应用研究的一个重要方向。

（5）分散数据的综合处理。

网络系统还可以有效地将分散在网络各计算机中的数据资料信息收集起来，从而达到对分散的数据资料进行综合分析处理，并把正确的分析结果反馈给各相关用户的目的。

例如，军事指挥系统中的计算机网络，可以快速有效地将遍布在十分辽阔地域范围内的各计算机中任何可疑的目标信息收集起来，迅速地对目标信息进行综合分析处理，及时地向相关部门发出警报，从而为军事最高决策机构采取有效措施提供正确可靠的情报依据。

1.3.2　计算机网络的应用

计算机网络自 20 世纪 60 年代末诞生以来，仅几十年时间，就以异常迅猛的速度发展起来，并在工业、农业、商业、交通运输、文化教育、国防军事、科学研究等领域获得了越来越广泛的应用。

工厂企业可以利用网络实现生产过程的自动监督、控制和管理；交通运输行业可以利用网络进行运营的自动化管理和调度优化；教育科研部门不仅可以利用网络的通信功能和资源共享功能进行情报检索、科技协作和学术交流，还可以进行远程教育；国防军事上可以利用网络实现军事情报的快速收集、跟踪、控制与指挥；电子商务、电子政务的出现和发展，使得计算机网络在商业和行政管理等方面也展现出了广阔的应用前景。

总之，计算机网络作为信息收集、存储、传输、处理和利用的整体系统，将在信息化社会中得到更加广泛的应用。随着网络技术的不断发展，各种网络应用层出不穷，并将逐渐深入到社会的各个领域及人们的日常生活当中，极大地改变着人们的工作、学习、生活乃至思维方式。

可以毫不夸张地说，在未来，谁拥有"信息资源"，谁能有效地利用"信息资源"，谁就能在各种竞争中占据主导地位。

1.4　计算机网络的分类

从不同的角度分析计算机网络，按不同的标准对计算机网络进行分类，更有利于全面地了解计算机网络的特性。

1.4.1　计算机网络的不同分类

（1）按网络的拓扑结构分类，有星型网、环型网、总线网、树型网、网状网和混合网。

（2）按网络的交换方式分类，有电路交换网、信息交换网、分组交换网、帧交换网、信元交换网（即 ATM 网）。

（3）按传输介质分类，有细缆网、双绞线网、光纤网、卫星网、无线网。

（4）按使用单位或性质分类，有企业网、校园网、政府网、教育科研网。

（5）按应用性质分类，有证券业务网、新闻综合业务网、多媒体公用信息网。

（6）按网络操作系统分类，有 NetWare 网、Windows NT 网、LAN Manager 网。

（7）按生产厂家分类，有 Novell 网、IBM Token-Ring 网、3Com Ethernet 网。

（8）按网络的控制方式分类，有集中式网络、分布式网络。

（9）按网络协议分类，有 TCP/IP 网、X.25 网、ATM 网、FDDI 网。

（10）按网络的传输带宽分类，有窄带网、宽带网。

（11）按普及程度分类，有专用网络、公众网络。

但上述这些分类标准只给出了网络某一方面的特征，并不能反映网络技术的本质。最常用且最重要的分类方法有两种，即根据网络的传输技术和网络的覆盖范围分类。

1.4.2　根据网络的传输技术进行分类

网络所采用的传输技术决定了网络的主要技术特点，因此根据网络所采用的传输技术对网络进行分类是一种很重要的方法。

在通信技术中，通信信道的类型有两类：广播通信信道与点到点通信信道。在广播通信信道中，多个节点共享一个通信信道，一个节点广播信息，其他节点则接收信息。而在点到点通信信道中，一条通信线路只能连接一对节点，如果两个节点之间没有直接连接的线路，那么它们只能通过中间节点转接。显然，网络要通过通信信道完成数据传输任务，所采用的传输技术也只可能有两类，即广播（Broadcast）方式与点到点（Point-to-Point）方式。这样，相应的计算机网络也可以分为两类：广播式网络和点到点式网络。

1. 广播式网络（Broadcast Networks）

在广播式网络中，所有联网计算机都共享一个公共通信信道。当一台计算机利用共享通信信道发送报文分组时，所有其他的计算机都会接收到这个分组。由于发送的分组中带有目的地址与源地址，接收到该分组的计算机将检查目的地址是否与本节点地址相同。如果被接收报文分组的目的地址与本节点地址相同，则接收该分组，否则丢弃该分组。

显然，在广播式网络中，发送的报文分组的目的地址可以有 3 类：单一节点地址、多节点地址和广播地址。

2. 点到点式网络（Point-to-Point Networks）

与广播式网络相反，在点到点式网络中，每条物理线路连接一对计算机。假如两台计算机之间没有直接连接的线路，那么它们之间的分组传输就要通过中间节点的接收、存储和转发，直至目的节点。由于连接多台计算机之间的线路结构可能是复杂的，因此从源节点到目的节点可能存在多条路由。分组从通信子网的源节点到达目的节点的路由需要由路由选择算法决定。采用分组存储转发与路由选择是点到点式网络与广播式网络的重要区别之一。

1.4.3 根据网络的覆盖范围进行分类

计算机网络按照其覆盖的地理范围进行分类，可以很好地反映不同类型网络的技术特征。由于网络覆盖的地理范围不同，它们所采用的传输技术也就不同，因而形成了不同的网络技术特点与网络服务功能。

按覆盖的地理范围进行分类，计算机网络可以分为以下 3 类：

（1）局域网（Local Area Network，LAN）：局域网用于将有限范围内（如一个实验室、一幢大楼、一个校园）的各种计算机、终端与外部设备互连成网。局域网按照采用的技术、应用范围和协议标准的不同可以分为共享局域网与交换局域网。局域网技术发展迅速，应用日益广泛，是计算机网络中最活跃的领域之一。

（2）城域网（Metropolitan Area Network，MAN）：城市地区网络常简称为城域网。城域网是介于广域网与局域网之间的一种高速网络。城域网设计的目标是要满足几十公里范围内的大量企业、机关、公司的多个局域网互连的需求，以实现大量用户之间的数据、语音、图形与视频等多种信息的传输功能。

（3）广域网（Wide Area Network，WAN）：广域网也称为远程网。它所覆盖的地理范围可以从几十公里到几千公里。广域网覆盖一个国家、地区或横跨几个洲，形成国际性的远程网络。广域网的通信子网主要使用分组交换技术。广域网的通信子网可以利用公用分组交换网、卫星通信网和无线分组交换网，它将分布在不同地区的计算机系统互联起来，达到资源共享的目的。

1.5　计算机网络的拓扑结构

1.5.1 计算机网络拓扑结构的概念

计算机网络设计的第一步就是要解决在给定计算机的位置及保证一定的网络响应时间、吞吐量和可靠性的条件下，通过选择适当的线路、线路容量、连接方式，使整个网络的结构合理，成本低廉。为了应付复杂的网络结构设计，人们引入了网络拓扑的概念。

拓扑学是几何学的一个分支，它是从图论演变过来的。拓扑学首先把实体抽象成与其大小、形状无关的点，将连接实体的线路抽象成线，进而研究点、线、面之间的关系。计算机网络拓扑通过网络节点与通信线路之间的几何关系表示网络结构,反映出网络中各实体间的结构关系。拓扑设计是建设计算机网络的首步，也是实现各种网络协议的基础，它对网络性能、系统可靠性与通信费用都有重大影响。计算机网络拓扑主要是指通信子网的拓扑构型。

1.5.2 网络拓扑结构的分类和特点

网络拓扑根据通信子网中通信信道的类型可以分为两类：点到点线路通信子网的拓扑和广播信道通信子网的拓扑。

在采用点到点线路的通信子网中，每条物理线路连接一对节点。采用点到点线路的通信子网的基本拓扑构型有 4 类：星型、环型、树型和网状型，如图 1-5 所示。

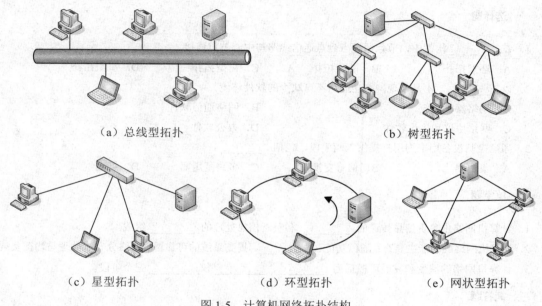

（a）总线型拓扑　　　　　　　　　　　　　　（b）树型拓扑

（c）星型拓扑　　　　　　（d）环型拓扑　　　　　　（e）网状型拓扑

图 1-5　计算机网络拓扑结构

在采用广播信道的通信子网中，一条公共的通信信道被多个网络节点共享。采用广播信道的通信子网的基本拓扑构型主要有 4 种：总线型、树型、环型和无线通信与卫星通信型。

下面简单介绍各种拓扑结构的特点。

（1）星型拓扑的主要特点。在星型拓扑构型中，节点通过点到点通信线路与中心节点连接。中心节点控制全网的通信，任何两节点之间的通信都要通过中心节点。星型拓扑构型结构简单，易于实现，便于管理，但是网络的中心节点也是全网可靠性的瓶颈，中心节点的故障可能造成全网瘫痪。

（2）环型拓扑的主要特点。在环型拓扑构型中，节点通过点到点通信线路连接成闭合环路，环中数据将沿一个方向逐站传送。环型拓扑结构简单，传输延时确定，但是环中每个节点与连接节点之间的通信线路都可能成为网络可靠性的瓶颈。环中任何一个节点出现线路故障，都可能造成网络瘫痪。为保证环的正常工作，需要较复杂的环维护处理程序。环节点的加入和撤出过程都比较复杂。

（3）树型拓扑的主要特点。树型拓扑构型可以看成是星型拓扑的扩展。在树型拓扑构型中，节点按层次进行连接，信息交换主要在上、下节点之间进行，相邻及同层节点之间一般不进行数据交换或数据交换量小。树型拓扑网络适用于汇集信息的应用要求。

（4）网状型拓扑的主要特点。网状拓扑构型又称为无规则型。在网状拓扑构型中，节点之间的连接是任意的，没有规律。网状拓扑的主要优点是系统可靠性高，但结构复杂，必须采用路由选择算法与流量控制方法。目前实际存在与使用的广域网基本上都是采用网状拓扑构型。

习题一

一、选择题

1. 在_____构型中，节点通过点到点通信线路与中心节点连接。

 A．环型拓扑   B．网状拓扑   C．树型拓扑   D．星型拓扑

2. 以下_____不是实现网络功能所不可缺少的软件环境。

 A．网络操作系统   B．网络通信软件

 C．网络协议和协议软件   D．办公软件

3. 通信控制设备用来为用户提供入网手段，包括_____。

 A．集中器   B．信号变换器   C．多路复用器   D．终端

二、填空题

1. 计算机网络由负责信息传递的_____和负责信息处理的_____组成。

2. 计算机网络的功能主要有：通信功能、_____、提高系统的可靠性、网络分布式处理与均衡负载。

3. 计算机网络的演变和发展可概括为_____、_____和_____三个阶段。

三、简答题

1. 计算机网络的发展可划分为几个阶段？请指出每个阶段的主要特点。

2. 什么是计算机网络？

3. 局域网、城域网与广域网的主要特征是什么？

4. 计算机网络可从哪几个方面进行分类？

5. 常见的计算机网络拓扑有哪几种？各有什么特点？

第 2 章 数据通信基础

本章主要介绍数据通信的基本原理。通过本章的学习，读者应掌握以下内容：
- 模拟传输与数字传输的基本原理
- 常用数据编码及多路复用技术
- 异步与同步通信的接口标准
- 常用的传输介质及使用
- 信息交换技术

2.1 数据通信的基本概念

通信（Communication）已成为现代生活中必不可少的一部分，通信的目的是单双向传递信息。广义上来说，用任何方法、通过任何介质将信息从一方传送到另一方都可称为通信。数据通信是指在两点或多点之间以二进制形式进行信息传输与交换的过程。由于现在大多数信息传输与交换是在计算机之间或计算机与打印机等外围设备之间进行，因此数据通信有时也称为计算机通信。计算机网络涉及数据通信与计算机科学两个领域，本章将讲述网络数据通信的一般工作原理，包括数据通信的基本概念、数据调制与编码、多路复用、异步与同步通信、数据传输介质和差错控制校验等。

2.1.1 数据、信息和信号

通信是为了交换信息。信息的载体可以是数字、文字、语音、图形和图像，常称为数据。数据是对客观事实进行描述与记载的物理符号。信息是数据的集合、含义与解释。例如，对一个企业当前生产的各项经营指标进行分析，可以得出企业生产经营状况的若干信息。显然，数据和信息的概念是相对的，甚至有时可以将两者等同起来。

数据可分为模拟数据和数字数据。模拟数据取连续值，数字数据取离散值。在数据被传送之前，要变成适合于传输的电磁信号：或是模拟信号，或是数字信号。所以，信号是数据的电磁波表示形式。模拟数据和数字数据都可用这两种信号来表示。模拟信号是随时间连续变化的信号，这种信号的某种参量，如幅度、频率或相位等可以表示要传送的信息。传统的电话机送话器输出的语音信号、电视摄像机产生的图像信号以及广播电视信号等都是模拟信号。数字信号是离散信号，如由计算机通信所使用的二进制代码"0"和"1"组成的信号。

和信号的这种分类相似，信道也可以分成传送模拟信号的模拟信道和传送数字信号的数字信道两大类。但是应该注意，数字信号在经过数/模转换后可以在模拟信道上传送，而模拟信号在经过模/数转换后也可以在数字信道上传送。

2.1.2　数据通信系统的模型

实现通信的方式很多，目前使用最广泛的是电通信，即用电信号携带所要传送的信息，经过各种电信道进行传输，达到通信的目的。之所以使用电通信方式是因为它能使信息几乎在任意的通信距离上实现迅速而准确的传递。

信号由一方向另一方传输，需要通过介质。按介质的不同，通信可分为两大类：一类称为有线通信，另一类称为无线通信。有线通信是用导线作为传输介质的通信方式，这里的导线可以是架空明线、各种电缆以及光纤。无线通信则是利用无线电波在自由空间的传输来传递信息。在移动通信系统中，各基站与移动交换局用有线或无线相连，各基站与移动电话之间用无线方式进行通信联络。移动电话把电话信号转换成相应的高频电磁波，通过天线发往基站，基站再通过天线将信号发往其他移动电话，最终实现移动电话之间的通信。

无论是有线通信还是无线通信，为完成通信任务所需要的一切技术设备和传输介质所构成的总体就称为通信系统。一个简化了的通信系统模型如图 2-1 所示。

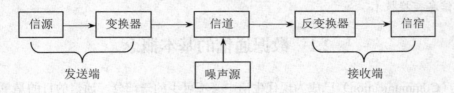

图 2-1　通信系统模型

图 2-1 中，信源是信息的发出者，它把各种可能的信息转换成原始信号，为了使其能适合在信道上传输，就要通过某种变换器将原始信号转换成需要的信号。例如，利用模拟传输系统传输数字数据就需要调制解调器（Modem）这样一种变换器。调制器（Modulator）的主要作用是一个波形转换器，它将基带数字信号的波形变换成适合于模拟信号输出的波形；而解调器（Demodulator）的作用就是一个波形识别器，它将经过调制器变换过的模拟信号恢复成原始的数字信号。常用的信源有电话机话筒、摄像机、传真机、计算机等。

在发送设备和接收设备之间用于传输信号的介质称为信道。信道一般表示向某一个方向传送信息的介质，一条信道可以看成是一条电路的逻辑部件。一条物理信道（传输介质）上可以有多条逻辑信道（利用多路复用技术）。数字信号经过数模变换后可以在模拟信道上传送，模拟信号经过模数变换后也可以在数字信道上传送。

信宿是指信息的接收者，它将接收到的信号转换成相应的信息。

图 2-1 中的噪声源是信道中的噪声以及分散在通信系统其他各处噪声的集中表示。信号在传输过程中受到的干扰称为噪声，干扰可能来自外部，也可能由信号传输过程本身产生。

就目前来说，不论是模拟通信还是数字通信，在通信业务中都得到了广泛应用。但是，近几年来，数字通信发展十分迅速，在大多数通信系统中已经替代模拟通信，成为通信系统的主流。这是因为与模拟通信相比，数字通信更能适应通信技术越来越高的要求。数字通信的主要优点如下：

（1）抗干扰能力强。在远距离传输中，各中继站可以对数字信号波形进行整形再生而消除噪声的积累；此外，还可以采用各种差错控制编码方法进一步改善传输质量。

（2）便于加密，有利于实现保密通信。

（3）易于实现集成化，使通信设备体积小、功耗低。

（4）数字信号便于存储、处理、交换，也便于和计算机连接以及用计算机进行管理。

当然，数字通信的许多优点都是用比模拟信号占更宽的频带换得的。以电话为例，一路模拟电话通常只占 4kHz 带宽，但一路数字电话却占据 20kHz～60kHz 的带宽。随着社会生产力的发展，有待传输的数据量急剧增加，传输可靠性和保密性要求越来越高，所以实际工程中，宁可牺牲系统频带也要采用数字通信。至于在频带宽裕的场合，例如微波通信、光通信等，当然都唯一地选择数字通信。

图 2-2 所示是通信系统的一个实例，工作站通过公共电话网 PSTN 与一个服务器进行通信。

图 2-2　通信系统实例

在此实例中，数据通信系统要完成的一系列关键任务为：

（1）接口规范。为了通信，设备接口必须和传输系统相兼容，使产生的信号特性（如信号波形和强度）能适应传输系统传输，并且能够在接收端对数据进行解释。

（2）同步。接收端要按发送端发送的每个码元波形的重复频率和起止时间来接收数据，并且要校对自己的时钟以便与发送端的发送取得一致，实现同步接收。

（3）传输系统利用率。传输设施通常是由很多通信设备共享的。要有效地利用这些设施，必须采用相应的介质访问控制协议来合理有效地为各个站点分配传输介质的带宽；要协调传输服务的要求，以免系统过载，如各种局域网物理层技术规范及拥塞控制技术等。

（4）差错检测和校验。对通信过程中产生的传输差错进行检测和校正，在发送端对数字信号以一定的编码规则附加一些校验码元进行抗干扰编码；在接收端利用该规则进行相应的译码，译码的结果有可能发现差错并能够纠正差错。最好还有流量控制的功能，以防止接收器来不及接收信号。

（5）灾难恢复。不同于差错检测和校验，它发生在系统因某种原因（包括自然灾害）被破坏或中断，需要对系统进行恢复时。

（6）寻址和路由。决定信号到达目的地的最佳路径。

（7）网络安全。保证经过加密的数据正确、完整、不被泄露地从发送端传输到接收端。

（8）网络管理。对复杂的通信系统设备进行配置、故障、性能、安全、计费等管理。

2.1.3　数据通信系统的主要性能指标

数据通信的任务是传输数据，希望达到速度快、出错率低、信息量大、可靠性高，并且既经济又便于使用维护的目标。为了衡量通信系统的质量优劣，必须使用通信系统的性能指标，即质量指标。从研究信息的传输来说，通信的有效性和可靠性是最重要的指标。有效性指的是传输一定的信息量所消耗的信道资源（带宽或时间），而可靠性指的是接收信息的准确程度。这两项指标体现了对通信系统最基本的要求。

　　有效性和可靠性这两个要求通常是矛盾的，因此只能根据需要及技术发展水平尽可能取得适当的统一。例如，在一定的可靠性指标下，尽可能提高信息的传输速度；或者在一定的有效性条件下，使消息的传输质量尽可能高。模拟通信和数字通信对这两个指标要求的具体内容有较大差异。

　　1．模拟通信系统的性能指标

　　（1）有效性。模拟通信系统的有效性是用有效传输带宽来度量的。同样的信息采用不同的调制方式，则需要不同的频带宽度。频带宽度越窄，有效性越好。如传输一路模拟电话，单边带信号只需要 4kHz 带宽，而常规调幅或双边带信号则需要 8kHz 带宽，因此在一定频带内，用单边带信号传输的路数比常规调幅信号多一倍，即可以传输更多的信息，显然单边带系统的有效性比常规调幅系统要好。

　　（2）可靠性。模拟通信系统的可靠性是用接收端最终的输出信噪比来度量的。信噪比越大，通信质量越高。如普通电话要求信噪比在 20dB 以上，电视图像则要求信噪比在 40dB 以上，信噪比是由信号功率和传输中引入的噪声功率决定的。不同调制方式在同样信道条件下所得到的输出信噪比是不同的。例如，调频信号的抗干扰性能比调幅信号好，但调频信号所需的传输带宽却大于调幅信号。

　　2．数字通信系统的性能指标

　　数字通信系统的有效性用传输速率来衡量，可靠性用差错率（误码率）来衡量。

　　（1）传输速率。数据传输速率指的是单位时间内传送的信息量，它有多种表示方法。

　　数字信号由码元组成，码元携带一定的信息量。定义单位时间传输的码元数为码元速率 R_s，单位为码元/秒，又称为波特（Baud），简记为 Bd，码元速率也称传码率。定义单位时间传输的信息量为信息速率 R_b，单位为 bit/s（比特/秒）或 bps，所以信息速率又称比特率。波特和比特是两个不同的概念，波特是码元传输速率的单位，它说明每秒传输多少个码元。比特是信息量的单位。一个二进制码元的信息量为 1bit，一个 M 进制码元的信息量为 $\log_2 M$ bit。信息的传输速率"比特/秒"与码元的传输速率"波特"在数量上有一定的关系，若 1 个码元只携带 1bit 的信息量，则"比特/秒"和"波特"在数值上是相等的；但若使一个码元携带 n bit 的信息量，则 M Bd 的码元传输速率所对应的信息传输速率为 $M \cdot n$ bps，所以码元速率 R_s 和信息速率 R_b 之间的关系为：$R_b = R_s \cdot \log_2 M$（bps）或 $R_s = R_b / \log_2 M$（Bd）。

　　一般在二元制调相方式中，R_s 和 R_b 相等；但在多元调相的情况下就不一定了。例如，对于 2400bps 的四相制调制解调器，单位脉冲 $T = 833 \times 10^{-6}$s，状态数 $M = 4$，则数据传输速率 $R_b = (1/T) \times \log_2 M = (1/833) \times 10^6 \times 2 = 2400$bps；调制速率 $R_s = 1/T = 1200$ Bd。

　　（2）差错率。差错率即误码率，是衡量数据通信系统在正常工作情况下传输可靠性的指标，它的定义是：二进制码元被传输出错的概率。被传错的码元数为 N_e，传输的二进制码元总数为 N，则误码率为 $P_s =$ 错误码元数/传输的总码元数 $= N_e/N$；有时将误码率称为误符号率。在计算机网络中，误码率通常要求低于 10^{-6}。定义误比特率 P_b 为：$P_b =$ 错误比特数/传输的总比特数；误比特率又称为误信率。差错率越小，通信的可靠性越高。

2.2　数据编码技术

　　模拟信号和数字信号在通过某一介质传输时需要进行调制和编码。调制是载波信号的某些特性根据输入信号而变化的过程，包括幅度、频率和相位的变化，其实就是进行波形变换，说得更严格些是进行频谱变换，将基带数字信号的频谱变换成适合于在模拟信道中传输的频谱。无论是模拟数据还是数字数据，原始输入数据经过调制就作为模拟信号通过介质发送出去，并将在接收端进行解调，再变换成原来的形式。

编码是将模拟数据或数字数据变换成数字信号，以便通过数字通信介质传输出去，简而言之，就是把数据转换成适合在介质上传输的信号。解码是指在接收端收到数字信号后，再反变换恢复成原来的模拟或数字信号。

数据与信号之间一般有 4 种可能的组合来满足各种数据传输方法的需要，分别为：数字数据→数字信号；数字数据→模拟信号；模拟数据→数字信号；模拟数据→模拟信号。

2.2.1 数字数据的数字信号编码

数字通信系统的任务是传输数字信息。数字信息可能是来自数据终端设备的原始数据信号，也可能是来自模拟信号经数字化处理后的脉冲编码信号。数字信息在一般情况下可以表示为一个数字序列：$\cdots$，a_{-2}，a_{-1}，a_0，a_1，a_2，$\cdots$，a_n，$\cdots$，简记为$\{a_n\}$。a_n 是数字序列的基本单元，称为码元。每个码元只能取离散的有限个值，例如在二进制中，a_n 取"0"或"1"两个值；在 M 进制中，a_n 取"0，1，2，$\cdots$，M_{n-1}" M 个值，或者取二进制码的 M 种排列。

传输数字信息的方法是按传输波形来分类的。由于码元只有有限个可能取值，所以通常用不同幅度的脉冲表示码元的不同取值，例如用幅度为 A 的矩形脉冲表示"1"，用幅度为 B 的矩形脉冲表示"0"。最简单的数字信息的二元代码波形是让符号"1"、"0"对应直流的正和负，或者对应正、负电位之中的任意一个与零电位。像这种不使用载波，而直接让"1"和"0"对应适当电位的方法叫基带方式，相应的脉冲信号被称为数字基带信号，这是因为它们所占据的频带通常从直流和低频开始。在某些有线信道中，特别是在传输距离不太远的情况下，数字基带信号可以直接传输，这种传输方式被称为数字信号的基带传输。但大多数实际信道都是带通型的，所以必须先用数字基带信号对载波进行调制，即在载波的振幅、频率、相位诸物理量中，使其与"1"或"0"对应，形成数字调制信号后再进行传输，这种传输方式被称为数字信号的载波调制传输。虽然在多数情况下必须使用数字调制传输系统，但是对数字基带传输系统的研究仍是十分必要的。这不仅因为基带传输本身是一种重要的传输方式，还因为调制传输与之有着紧密的联系。如果把调制和解调看做广义信道的一部分，则任何数字传输均可等效为基带传输系统，因此掌握数字信号的基带传输原理十分重要。

数字基带信号是数字信息的电脉冲表示，电脉冲的形式称为码型。通常把数字信息的电脉冲表示过程称为码型或码型变换，在有线信道中传输的数字基带信号又称为线路传输码型，由码型还原为数字信息称为码型译码。不同的码型具有不同的频域特性，合理地设计码型使之适合于给定信道的传输特性是基带传输首先要考虑的问题。对于码型的选择，通常要考虑以下因素：

（1）对于传输频带低端受限的信道，线路传输码型的频谱中不应含有直流分量。

（2）信号的抗噪声干扰能力强，产生误码时在译码中产生的误码扩散或误码增值小。

（3）便于从信号中提取位同步定时信息。

（4）尽量减少基带信号频谱中的高频分量，以节省传输频带，并减小串扰。

（5）编译码的设备应尽量简单。

　　数字基带信号的码型种类很多，并不是所有的码型都能满足上述要求，往往要根据实际需要进行选择。本节将介绍目前应用比较广泛的一些重要码型。

　　最简单的编码是不归零制（Non-Return to Zero，NRZ）编码，即用两个电平来表示两个二进制数字：用高电平表示 1，用低电平表示 0（如图 2-3（a）所示）。不归零制编码有很多缺点，它难以判断一位的结束和另一位的开始，需要用某种方法来使发送器和接收器进行定时或同步。如果传输中都是"1"或都是"0"的话，那么在单位时间内将产生累积的直流分量，它能使设备连接点产生电腐蚀或其他损坏。

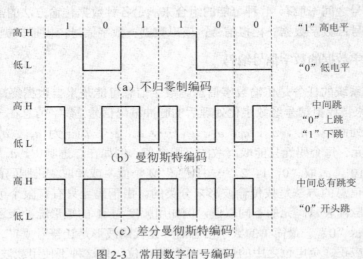

图 2-3　常用数字信号编码

　　克服不归零制编码缺点的一种编码方案是曼彻斯特（Manchester）编码（如图 2-3（b）所示）。它是一种自同步编码方式，包括数据信息和时钟信息。它的编码方法是将每一个码元再分成两个相等的间隔，码元 1 是前一个间隔为高电平而后一个间隔为低电平；码元 0 则正好相反，从低电平变到高电平。这种编码的优点是可以保证在每一个码元的正中间出现一次电平的转换，对接收端提取位同步信号非常有利，而且当码元中间无跳变时就形成违例码，这种违例的情况可形成帧标志。但是从曼彻斯特编码的波形图不难看出其缺点，这就是它所占的频带宽度比原始的基带信号增加了一倍。

　　另一种曼彻斯特编码的变种叫做差分曼彻斯特编码（如图 2-3（c）所示），它的编码规则是：若码元为 1，则其前半个码元的电平与上一个码元的后半个码元的电平一样；但若码元为 0，则其前半个码元的电平与上一个码元的后半个码元的电平相反。不论码元是 1 还是 0，在每个码元的正中间时刻一定要有一次电平的转换。差分曼彻斯特编码需要较复杂的技术，但可以获得较好的抗干扰性能。

　　曼彻斯特编码和差分曼彻斯特编码常被广泛地应用于局域网的物理层中，例如曼彻斯特编码被以太网（Ethernet）采用，差分曼彻斯特编码被令牌环网（Token Ring）采用。

2.2.2　数字数据的模拟信号编码

　　数字设备（如计算机或终端）通过调制解调器接入电话网络进行通信是利用模拟信号传输数字数据的典型情况。模拟信号发送的基础就是一种称之为载波信号的连续的频率恒定的信号。通过调制振幅、频率和相位等载波特性或者这些特性的某种组合来对数字数据进行编码。最基本的数字数据→模拟信号调制方式有如图2-4所示的3种。

（1）幅移键控方式（Amplitude-Shift Keying，ASK）。载波的振幅随基带数字信号而变化。例如，"0"对应于无载波输出，而"1"对应于有载波输出。

（2）频移键控方式（Frequency-Shift Keying，FSK）。载波的频率随基带数字信号而变化。例如，"0"对应于频率f_1，而"1"对应于频率f_2。

（3）相移键控方式（Phase-Shift Keying，PSK）。载波的初始相位随基带数字信号而变化。例如，"0"对应于相位0°，而"1"对应于相位180°。

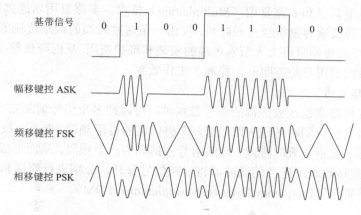

图2-4　对基带数字信号的几种调制方法

关于解调（即从模拟信号恢复出数字数据）的原理简述如下：对于ASK信号，可以用整流再滤波的方法检测出原始信号；对于FSK信号，可以通过检查零交叉点的方法恢复出数据；对于一般PSK信号，例如相位不变代表0，相位移相180°代表1，可以把信号放大整形，延时一个信号单元时间，然后反相，再和原信号相异或，即可恢复出原始数据。

2.2.3　模拟数据的数字信号编码

脉冲编码调制（Pulse Code Modulation，PCM）是波形编码中最重要的一种方式，在光纤通信、数字微波通信、卫星通信等中均获得了极为广泛的应用。现在的数字传输系统大多采用PCM体制。PCM最初并不是用来传送计算机数据的，而是用来解决电话局之间中继线不够的问题，使一条中继线不只传送一路而是可以传送几十路电话。PCM过程主要由采样、量化和编码3个步骤组成。采样是把时间上连续的模拟信号转换成时间上离散的采样信号，量化是把幅度上连接的模拟信号转换成幅度上离散的量化信号，编码是把时间离散且幅度离散的量化信号用一个二进制码组表示。能否由离散样值序列恢复重建原始模拟信号则是采样定理所要回答的主要问题。采样定理是任何模拟信号数字化的理论基础。通信中的电话、图像业务，其信源是在时间上和幅度上均为连续取值的模拟信号，只有通过PCM才能实现数字化的传输和交换。话音信号的编码和图像信号的编码，两者虽然各有其特点，但基本原理是一致的。

2.2.4　模拟数据的模拟信号调制

在电话机和本地局交换机之间传输的信号采用的就是这种编码方式。模拟的声音数据是加载到模拟的载波信号中传输的。

无线语音广播是模拟信号传输模拟数据的另一个例子。有效的传输需要比较高的频率。对于无线传播，传送基带信号几乎是不可能的，因为那将需要直径为好几千米长的天线。另外，调制有助于频分复用。

2.2.5　多路复用技术

一般情况下，在远程数据通信或计算机网络系统中，传输信道的传输容量往往大于一路信号传输单一信息的需求，所以为了有效地利用通信线路，提高信道利用率，人们研究和发展了通信链路的信道共享和多路复用（Multiplexing）技术。多路复用器连接许多低速线路，并将它们各自所需的传输容量组合在一起后，仅由一条速度较高的线路传输所有信息。其优点是显然的，这在远距离传输时可大大节省电缆的安装和维护费用，从而降低整个通信系统的成本，并且多路复用系统对用户是透明的，提高了工作效率。

1．频分多路复用

当介质的有效带宽超过被传输的信号带宽时，可以把多个信号调制在不同的载波频率上，从而在同一介质上实现同时传送多路信号，即将信道的可用频带（带宽）按频率分割多路信号的方法划分为若干互不交叠的频段，每路信号占据其中一个频段，从而形成许多个子信道（如图 2-5 所示）；在接收端用适当的滤波器将多路信号分开，分别进行解调和终端处理，这种技术称为频分多路复用（Frequency Division Multiplexing，FDM）。

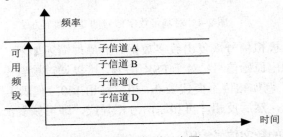

图 2-5　FDM 子信道示意图

FDM 系统的原理示意图如图 2-6 所示，它假设有 6 个输入源，分别输入 6 路信号到频分多路器 FDM-MUX，多路器将每路信号调制在不同的载波频率上（例如 f_1，f_2，…，f_6）。每路信号以其载波频率为中心占用一定的带宽，此带宽范围称做一个通道，各通道之间通常用保护频带隔离，以保证各路信号的频带间不发生重叠。输入信号可以是模拟的，也可以是数字的。

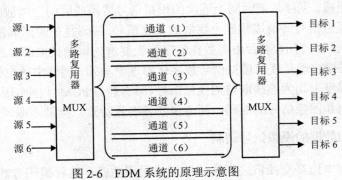

图 2-6　FDM 系统的原理示意图

频分多路复用的优点是信道的利用率高，允许复用的路数多，分路也很方便，并且频带宽度越大，则在此频带宽度内所容纳的用户数就越多；缺点是设备复杂，不仅需要大量的调制器、解调器和带通滤波器，而且还要求接收端提供相干载波；此外，由于在传输过程中的非线性失真及频分复用信号抗干扰性能较差，不可避免地会产生路际串音干扰。为了减少载频的数量和所需设备部件的类型，一般都采用多级调制的方法。

2. 时分多路复用

时分多路复用（Time Division Multiplexing，TDM）是将多路信号按一定的时间间隔相间传送，在一条传输线上实现"同时"传送多路信号。基本的 TDM 是同步时分多路复用技术，如果采用较复杂的措施以改善同步时分复用的性能，则称为统计时分多路复用或异步时分多路复用。

TDM 是将传输时间划分为许多个短的互不重叠的时隙，而将若干个时隙组成时分复用帧，用每个时分复用帧中某一固定序号的时隙组成一个子信道，每个子信道所占用的带宽相同，每个时分复用帧所占的时间也是相同的（如图 2-7 所示），即在同步 TDM 中，各路时隙的分配是预先确定的时间且各信号源的传输定时是同步的。对于 TDM，时隙长度越短，则每个时分复用帧中所包含的时隙数就越多，所容纳的用户数也就越多，其原理如图 2-8 所示。每一个通道在时间上按照预先确定的时间错开，以此来共享传输信道。

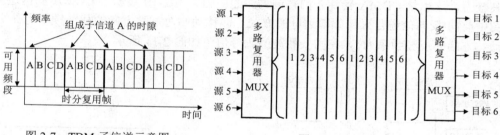

图 2-7　TDM 子信道示意图　　　　　图 2-8　TDM 原理

TDM 与 FDM 在原理上的差别是很明显的。TDM 适用于数字信号，而 FDM 适用于模拟信号；TDM 在时域上各路信号是分割开的，但在频域上各路信号是混叠在一起的；FDM 在频域上各路信号是分割开的，但在时域上各路信号是混叠在一起的；TDM 信号的形成和分离都可通过数字电路实现，比 FDM 信号使用调制器和滤波器要简单得多。

3. 波分多路复用

在光纤信道上使用的频分多路复用的一个变种就是波分多路复用（Wave-length Division Multiplexing，WDM）。如图 2-9 所示就是一种在光纤上获得 WDM 的简单方法。这种方法是将两根光纤连到一个棱柱或衍射光栅，每根光纤里的光波处于不同的波段上，这样两束光通过棱柱或衍射光栅合到一根共享的光纤上，到达目的地后，再将两束光分解开来。

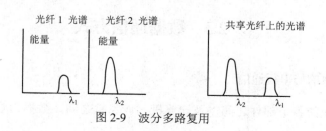

图 2-9　波分多路复用

波分多路复用是不同波长的光载波信号在同一根光纤中同时传输的复用技术。波分多路复用光纤通信系统分为单向系统和双向系统两种，单向系统使用合波器和分波器来实现波分复用功能，双向系统使用双向耦合器来实现波分复用功能。

光波复用技术在通信中具有很好的应用前景。光纤带宽高达 2×10^{10}Hz～3×10^{10}Hz，常规光纤通信只利用了光纤带宽很小的一部分。光纤带宽的充分利用，必须依靠光波复用技术。如能很好地利用光波复用和光频复用技术，将使一根光纤的传输容量大大提高。

4. 码分多路复用

前面介绍的频分多路复用 FDM（或波分多路复用 WDM）是以频道的不同来区分的，其特点是独占频道而共享时间。时分多路复用 TDM 则是共享频率而独占时间片，相当于在同一频率内不同相位上发送和接收信号，而频率资源则被共享。

码分多路复用（Coding Division Multiplexing Access，CDMA）技术则是一种用于移动通信系统的新技术。笔记本电脑或个人数字助理以及手提电脑等移动计算机的联网通信都用到了码分复用技术。

CDMA 的复用原理是基于码型分割信道。每个用户分配有一个地址码，而这些码型互不重叠，其特点是频率和时间资源均为共享。因此，在频率和时间资源紧缺的环境下，CDMA 将独具魅力，这也是 CDMA 受到人们普遍关注的原因。图 2-10 显示了 CDMA 的信道连接方式，图中前向/反向信道是采用频率划分的方式，即移动站对基站方向的载波频率为 f'，基站对移动站方向的载波频率为 f。在同一载波的码分信道如图 2-11 所示。

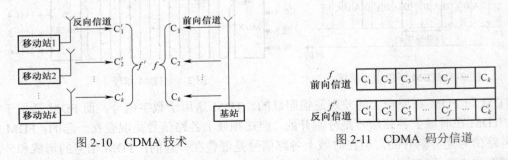

图 2-10　CDMA 技术　　　　　　图 2-11　CDMA 码分信道

如图 2-10 和图 2-11 所示，CDMA 技术中的反向信道共享频率 f'，而前向信道则共享频率 f；对于共享这些信道的每个用户，又为其分配了码型信号相互正交的正交地址码 C_1，C_2，…，C_k。利用码型和移动用户的一一对应关系，只要知道用户地址（地址码）便可实现选址通信，从而实现了在时间上的共享。

在码分多路复用中，宽带码分多路复用 W-CDMA 是第三代移动通信的重要无线接入技术，在移动网络、移动 Internet 及移动 IP 网中具有广泛的用途。

2.3　数据通信方式

2.3.1　并行通信与串行通信

在计算机系统的各个部件之间以及计算机与计算机之间，数据信息都是以通信的方式进行交换的。这种通信有两种基本方式：串行和并行。一般来说，并行传输用于近距离，串行传输用于较远的距离。

如图 2-12（a）所示，在并行传输中，至少有 8 个数据位在设备之间传输。发送设备将 8 个数据位通过 8 条数据线传送给接收设备，还可以有 1 位用作数据检验位，接收设备可同时接收到这些数据。在计算机内部的数据通信通常都以并行方式进行，并且把并行的数据传送线称做总线，如并行传送 8 位数据就叫做 8 位总线，并行传送 16 位数据就叫做 16 位总线。

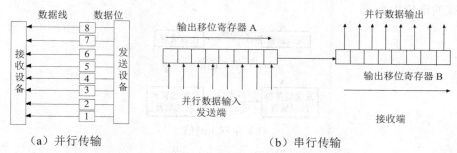

（a）并行传输　　　　　　　　　　（b）串行传输

图 2-12　串行通信与并行通信

在并行数据传输中，使用的并行数据总线的物理形式有多种，但功能都是一样的，如：

（1）计算机内部数据总线可以直接用电路板实现。

（2）使用扁平带状电缆，如硬盘、软盘驱动器上的电缆就属于这一种。

（3）圆形屏蔽电缆，例如用于外设的平行通信电缆，通常有屏蔽功能以防止干扰。

并行传输需要 8 条以上的数据线，当进行短距离通信时，其费用还是可以容忍的，但是在进行长距离数据传输时，使用这种方法就显得不太经济了。

串行传输方式是在一根数据传输线上每次传送一位二进制数据，一位接一位地传送。很显然，在同样的时钟频率下，与同时传输多位数据的并行传输相比，串行传输的速度要慢得多，但由于串行传输节省了大量通信设备和通信线路，在技术上更适合远距离通信。因此，计算机网络普遍采用串行传输方式。

由于计算机内部处理的都是并行数据，在进行串行传输之前，必须将并行数据转换成串行数据；在接收端要将串行数据转换成并行数据。数据转换通常以字节为单位进行，用移位寄存器来完成，如图 2-12（b）所示。在发送端将一个字节的数据送入移位寄存器 A，在时钟脉冲 CP1 的作用下，8 位并行数据逐位向右移动。在传输线上形成 8 位串行数据，送往接收端的移位寄存器 B 的串行输入端。在移位寄存器 B 的时钟脉冲 CP2 的作用下，将串行数据逐位右移入移位寄存器 B。当移入一个完整的字节后，就从并行数据输出端将一个字节的数据读出。目前这种串并行数据之间的转换都是由大规模集成电路来完成的。

2.3.2　单工通信与双工通信

按照数据在线路上的流向，串行数据通信可分为 3 种类型：单工、半双工和全双工。

1. 单工通信

在单工通信方式中，信号只能向一个方向传输，任何时候都不能改变信号的传送方向。如图 2-13（a）所示，数据信息总是从发送端 A 传输到接收端 B。这种情况与无线电广播相类似，信号只在一个方向上传播，电台发送，收音机接收。

2. 半双工通信

如图 2-13（b）所示，在半双工通信方式中，信号可以双向传送，但必须交替进行，一个时间只能向一个方向传送。半双工通信信道可以双向传送信号，但必须交替进行。

3. 全双工通信

全双工通信能同时在两个方向上进行通信，即有两个信道，如图 2-13（c）所示，数据同时在两个方向流动，它相当于把两个相反方向的单工通信组合起来。显然，全双工通信效率高，但构建系统的造价也高。

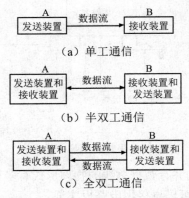

（a）单工通信

（b）半双工通信

（c）全双工通信

图 2-13 单工、半双工和全双工通信

单工通信或半双工通信只需要一条信道，而全双工通信则需要两条信道（每个方向各一条）。显然，全双工通信的传输效率最高。

2.3.3 基带传输与频带传输

1. 基带传输

在信道上，数据是由变化的信号携带的。这些信号的变化表现为一定的频率特征，傅立叶分析表明，基频为 f 的任意周期函数 $g(t)$ 都可以表示为无限个正弦和余弦函数之和，即：

$$g(t) = \frac{1}{2}C + \sum_{n=1}^{\infty} a_n \sin(2\pi nft) + \sum_{n=1}^{\infty} b_n \cos(2\pi nft)$$

其中，f 称为基频，C 是一个常数，a_n、b_n 是第 n 次波的幅值。因此，对于任意信号，都可以看做许多不同频率的正弦信号、余弦信号和一个直流分量的组合。通常把由计算机或终端产生的未经调制过的呈矩形的数字信号所固有的频率范围称做基本频带，简称基带。基带的范围可以从直流（0Hz）到数百千赫，甚至数兆赫，例如电视信号的基本频带为 0Hz～6MHz。在数字通信信道上直接传输基带信号，称为基带传输。基带传输是一种重要的传输方式，它要求形成适当的波形，使数据信号在带宽受限的信道上通过时不会由于波形失真而产生码间干扰。

在发送端基带传输的信源数据经过编码器变换，变为可以直接传输的基带信号，例如曼彻斯特编码或差分曼彻斯特编码信号。在接收端由解码器恢复成与发送端相同的信号。基带传输是一种最基本的数据传输方式。

2. 频带传输

一般通信线路（如电话线）在远距离传输时，只适合传输一定的频带信号（如电话线路中只适合传输 300～3000Hz 的音频信号），不适合传输基带信号。由于电话交换网是用于传输语音信号的模拟通信信道，并且是目前覆盖面最广的一种通信方式，因此利用模拟通信信道进行数据通信也是最普遍使用的通信方式之一。我们将利用模拟通信信道传输数据信号的方法称为频带传输。

2.3.4　同步通信与异步通信

比特的传送和接收是通过定时时钟来完成的。发送计算机端利用其时钟来决定每个比特的起始和结束。在接收计算机端，时钟被用来确定对信号进行采样取值的位置和间隔时间。一般情况下，使两个独立的时钟精确同步是不太可能的，它们都将产生相应的漂移，从而引起两个连续采样之间的间隔比所希望的变长了或变短了。例如，对于一种产生 100bps 的数据流，应该每隔 0.01s 有一个时钟信号。但由于时钟的漂移，偏差范围从 0.01-∑ 到 0.01+∑，∑ 的大小取决于时钟的产生方法。

时钟漂移会引起接收方在确定一个比特的起始和结束位置时发生错误。由于接收时钟与发送时钟的差异，接收方可能对代表 1 位的信号采样两次，从而多产生一个比特，也可能跳过一个比特。作为例子，如图 2-14 所示，传送 0010 这样一串比特，因为时钟漂移结果被接收方错误地认为是 00110 或 010。

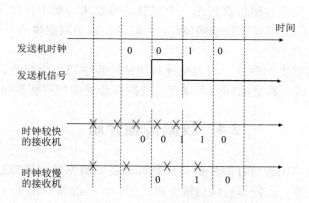

图 2-14　时钟漂移引起的问题

解决上述同步问题的方法有两种：第一种称为异步法，发送方和接收方独立地产生时钟，但定期地进行同步；第二种方法称为同步法，接收方时钟完全由发送方时钟控制，也就是说，接收方时钟与发送方时钟是严格同步的。

1. 异步传输

异步传输是基于这样的事实：在一定的比特数目内，时钟漂移的程度是有限的。它让接收方在某一个时间点上跟一个发送方时钟信号同步，并由此开始自己独立的时钟信号序列。由于偏移 ∑ 相对于一个比特时间来说是比较小的，故接收方可以在偏移积累到采样发生错误之前正确地接收若干个比特。

在异步传输中，数据以字符为单元发送；每个字符的长度根据所使用的编码方案可以为5～8 个比特，作为例子，常用的 ASCII 编码为每个字符 7 个比特；另一种在所有的 IBM 机器（个人计算机除外）上采用的 EBCDIC（扩展的二进制编码的十进制交换码）编码是每个字符

8 个比特。值得注意的是，定时或同步仅仅在每个字符的范围内维持着，接收方在每个新字符的开头都被提供机会重新进行同步。

2. 同步传输

在同步传输中，以一种稳定的流方式传送比特块，不使用开启位和停止位编码。该数据块在长度上可以是多个比特。为了防止发送机和接收机之间的定时漂移，它们的时钟必须通过某种途径保持同步。一种方法是在发送设备和接收设备之间提供单独的时钟线路，由一方（发送方或接收方）负责在线路上定期地加载脉冲，即每个比特周期发送一个短脉冲。另一方使用这些规则脉冲作为时钟。这种技术在短距离上工作得很好，但对于较长的距离，时钟脉冲会跟数据信号一样面临失真的问题，从而产生定时错误。另一种替代的方法是在数据信号中嵌入时钟信息。对于数字信号，这可以通过使用曼彻斯特或差分曼彻斯特编码得以实现。对于模拟信号，有多种技术可以使用，例如可以使用载波频率本身基于载波的相位来使接收设备同步。

对于同步传输，还需要进行另一个层次上的同步，使得接收设备能够确定一个数据块的开始和结束。为了达到这一目标，每个块以一个前缀开始，一个后缀结尾。此外，还附加一些其他比特传递在数据链路控制过程中要使用的控制信息。数据加上前缀、后缀和控制信息就形成了帧。准确的帧格式取决于所使用的数据链路控制过程。

跟异步传输不同，同步传输每次传送一个完整的数据块，而不仅仅是一个字节。信息在发送前要向对方发出专门的同步字符或同步位串，同步在每个数据块的开头进行，所以这是一种面向信息块的通信技术。

同步通信比异步通信更为有效，因为额外开销的同步字符或位串所占的比例小。因此在高速通信中是必用的方式。典型的同步协议有二进制同步通信规程和高级数据链路控制规程。

2.4　数据传输介质

传输介质是通信网络中连接计算机的具体物理设备和数据传输物理通路。计算机网络中常使用双绞线、同轴电缆、光纤等有线传输介质。另外，也经常利用无线电短波、地面微波、卫星通信、红外线通信、激光通信等无线传输介质。传输介质的特性包括物理描述、传输特性、信号发送形式、调制技术、传输带宽容量、频率范围、连通性、抗干扰性、性能价格比、连接距离、地理范围等。下面就介绍几种常用的传输介质。

2.4.1　有线介质

1. 双绞线

无论是模拟数据传输还是数字数据传输，最普通的传输介质就是双绞线。双绞线是由按一定规则螺旋结构排列并扭在一起的多根绝缘导线组成的，芯内大多是铜线，外部裹着塑橡绝缘外层，线对扭绞在一起可以减少相互间的辐射电磁干扰。早期使用双绞线最多的是电话系统，差不多所有的电话机都用双绞线（2 芯制，RJ-11 接头）连接到电话交换机上。计算机网络中常用的双绞线是由 4 对线（8 芯制，RJ-45 接头）按一定密度相互扭绞在一起的。按照其外部是否包裹有金属编织层，可分为屏蔽双绞线电缆（Shielded Twisted Pair Cable，STP）和非屏蔽双绞线电缆（Unshielded TP Cable，UTP）。UTP 电缆每对线的绞矩与所能抵抗的电磁辐射干扰成正比，并采用了滤波及对称性等技术，具有体积小、安装简便等特点。STP 只是在护套层内增加了金属屏蔽层，可有效减少串音及电磁干扰 EMI、射频干扰 RFI，它大多是一种屏蔽金属铝箔双绞电缆。STP 电缆还有一根漏电线，主要用来连接到接地装置上，泄放掉金属屏蔽的电荷，解除线间的干扰问题。一般来讲，在低频传输时，双绞线的抗干扰性相当于或高于同轴电缆，但价格要比同轴电缆或光纤便宜得多。如表 2-1 所示是 UTP 电缆的常见类型。

表 2-1　UTP 电缆的常见类型

类型	应用
Category 1	只能用于声音，不能用于数据传输（低于 20kbps）
Category 2	用于 0.1Mbps～2Mbps 的声音和小于 4Mbps 的数据
Category 3	用于 10Mbps 的 10Base-T 局域网的声音或数据
Category 4	用于 20Mbps 的 10Base-T 和 16Mbps 的令牌环网
Category 5	用于 100Mbps 的 100Base-T 和 155Mbps 的 ATM 高速局域网
Category 6	用于千兆位以太网（1000Mbps），传输频率为 1MHz～250MHz

　　10Base-T 局域网中主要使用 3 类和 5 类线，它们的有效传输距离一般在 100m 左右。另外还有超 5 类双绞线电缆，通过对其进行"信道"性能测试，结果表明，与普通 5 类双绞线电缆比较，它的近端串扰、衰减和结构回波等主要性能指标都有很大提高。综合近端串扰（Power Sum NEXT，PSNT）是电缆中所有线对对被测线对产生的近端串扰之和。6 类布线的传输性能远远高于超 5 类标准，最适用于传输速率高于 1Gbps 的应用。6 类与超 5 类的一个重要的不同点在于其改善了在串扰以及回波损耗方面的性能，对于新一代全双工的高速网络应用而言，优良的回波损耗性能是极其重要的。

　　双绞线的制作分为工作站至工作站和工作站至集线器两种。工作站至集线器的双绞线，其 8 芯线一一对应；工作站至工作站的双绞线，按照如图 2-15 所示的连线制作。

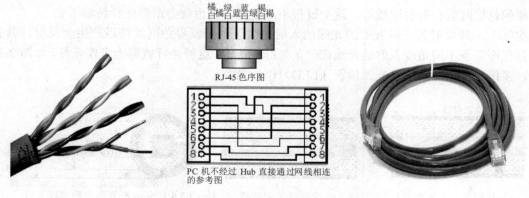

图 2-15　双绞线

2．同轴电缆

　　典型的同轴电缆（Coaxial Cable）由一根内导体铜质芯线，外加绝缘层、密集网状编织导电金属屏蔽层以及外包装保护塑橡材料组成，其结构如图 2-16 所示。

图 2-16　同轴电缆的结构

由于外导体屏蔽层的作用，同轴电缆具有良好的抗电磁干扰和防辐射性能，被广泛应用于总线型以太局域网中。在 10Base-2 网络中，如果要将计算机网卡连接到同轴电缆上，还需要一个 T 型接头和 BNC 接插件。电缆外部绝缘蒙皮一般为黑色，材料是聚氯乙烯或聚四氟乙烯，分别有阻燃和非阻燃两种。阻燃型电缆内部有一个空气芯，外面有一层阻燃套，这种电缆主要用在室内，也可在有害气体环境中使用；室外电缆主要是非阻燃型的，它常用于建筑群之间或一些对安全要求不高的场合。用户在安装时不能把不同类型的电缆混合使用，原因是不同型号的同轴电缆其特征阻抗值是不同的，会导致网络连接失败。

通常将同轴电缆分成两类：基带同轴电缆和宽带同轴电缆。计算机网络一般选用基带同轴电缆进行数据传输，其屏蔽层是用铜做成网状形，特征阻抗为 50Ω，如 RG-8（粗缆）、RG-58（细缆）等。宽带同轴电缆是指采用了频分复用和模拟传输技术的同轴电缆，其屏蔽层通常是用铝冲压成的，特征阻抗为 75Ω，如 RG-59 有线电视 CATV 标准传输电缆。对于细同轴电缆，其主要用于 10Mbps 速率的 10Base-2 以太局域网络中，特征阻抗为 50Ω，最低传播速率约为 0.77c（c 为光速）。无论是粗缆还是细缆，网络综合布线中均采用总线型拓扑结构。

3. 光纤

光导纤维是光纤通信的传输介质，通常是由能传导光波的非常透明的石英玻璃拉成纤维细丝线芯，外加抗拉保护包层构成。光纤通信就是利用光导纤维传递光脉冲进行通信，有光脉冲相当于"1"，没有光脉冲相当于"0"；在发送端有光源，可以采用发光二极管或半导体激光器，它们在电脉冲的作用下能产生光脉冲，在接收端利用光电二极管做成光检测器，在检测到光脉冲时可还原出电脉冲。在光纤中，包层较线芯有较低的折射率，当光纤从高折射率的介质射向低折射率的介质时，其折射角将大于入射角，如果入射角足够大，就会出现全反射，此时光线碰到包层时就会折射回线芯，这个过程不断重复，光也就会沿着光纤传输下去。

实际上，只要射到光纤表面的光线的入射角大于某一临界角度就可以产生全反射，并且可以存在许多条不同角度入射的光线在一条光纤中传输，这种光纤就称为多模光纤，如图 2-17 所示，多模光纤一般采用发光二极管（LED）作为光源。

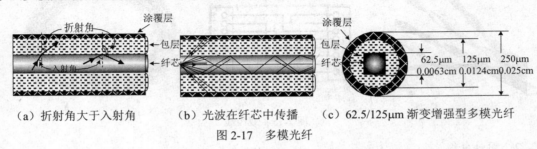

（a）折射角大于入射角　　　　（b）光波在纤芯中传播　　（c）62.5/125μm 渐变增强型多模光纤

图 2-17　多模光纤

有时光纤的直径可以减小到只有一个光的波长，光纤就像波导一样可使光线一直向前传播，这样的光纤就称为单模光纤。单模光纤的光源一般要使用昂贵的半导体激光器，而不能使用价格较便宜的发光二极管。

套塑后的光纤（此时为芯线）还不能在工程中使用，必须把若干根光纤疏松地置于特制的塑料绷带或铝皮内，再覆塑料或用钢带铠装，加上外护套后即成光缆。一根光缆可以包括一至数百根光纤，再加上加强芯和填充物就可以大大提高其机械强度。必要时还可放入远供电源线，最后加上包带层和外护套就可以使抗拉强度达到几公斤，以满足工程施工的要求。光缆的结构大致可分为缆芯（Cable Core）和保护层（Sheath）两大部分，图 2-18 所示为四芯光缆剖面的示意图。交叠型光缆保护层由两层相互反向绞合的外周加强构件再加上聚氯乙烯护套组成。为防止鼠咬或雷击，可在交叠型保护层外纵向包一层铜带后再纵向包一层不锈钢带，最外面再挤压一层聚氯乙烯护套。

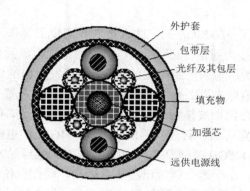

外护套
包带层
光纤及其包层
填充物
加强芯
远供电源线

图 2-18   四芯光缆剖面示意图

光纤作为传输介质具有很多优点，如光纤的数据传输率高、频带宽、通信容量大、损耗低、体积小、重量轻、传输距离远，并且不受电磁干扰或雷电和其他噪声的影响，安全保密性好，数据不易被窃取，尤其适合工作在有大电流磁场脉冲干扰的场所。

2.4.2　无线介质

1. 无线电短波通信

在一些电缆光纤难以通过或施工困难的场合，例如高山、湖泊或岛屿等，即使在城市中挖开马路敷设电缆有时也很不划算，特别是通信距离很远，对通信安全性要求不高，铺设电缆或光纤既昂贵又费时，若利用无线电波等无线传输介质在自由空间传播，就会有较大的机动灵活性，可以轻松实现多种通信，抗自然灾害能力和可靠性也较高。

2. 地面微波接力通信

无线电数字微波通信系统在长途大容量的数据通信中占有极其重要的地位，其频率范围为 300MHz～300GHz。微波通信主要有两种方式：地面微波接力通信和卫星通信。微波在空间中主要是直线传播，并且能穿透电离层进入宇宙空间，它不像短波那样经电离层反射传播到地面上其他很远的地方。由于地球表面是个曲面，因此其传播距离受到限制且与天线的高度有关，一般只有 50km 左右，长途通信时必须建立多个中继站，中继站把前一站发来的信号经过放大后再发往下一站，类似于"接力"，如果中继站采用 100m 高的天线塔，则接力距离可增大到 100km。微波接力通信可有效地传输电报、电话、图像、数据等信息，因为微波波段频率很高，其频段范围也很宽，因此其通信信道的容量很大且传输质量及可靠性较高；微波通信与相同容量和长度的电缆载波通信相比，建设投资少、见效快。

3. 红外线和激光

红外线通信和激光通信就是把要传输的信号分别转换成红外光信号和激光信号直接在自由空间中沿直线进行传播，它比微波通信具有更强的方向性，难以窃听、插入数据和进行干扰，但红外线和激光对雨雾等环境干扰特别敏感。红外线链路由一对发送/接收器组成，这对收发器调制不相干的红外光，收发器必须处于视线范围内，可以安装在屋顶或建筑物内部；安装红外系统不需要经过有关部门特许，几天时间就可以装好，对于短距离、中低速率数据传输非常实用。采用相干光调制的激光收发器也可以安装成类似系统，但因激光硬件会发出少量射线，所以必须经过特许才能安装。

4. 卫星通信

卫星通信就是利用位于 36000km 高空的人造地球同步卫星作为太空无人值守的微波中继站的一种特殊形式的微波接力通信。卫星通信可以克服地面微波通信的距离限制，其最大特点就是通信距离远，且通信费用与通信距离无关。同步卫星发射出的电磁波可以辐射到地球三分之一以上的表面，只要在地球赤道上空的同步轨道上等距离地放置 3 颗卫星，就能基本上实现全球通信。卫星通信的频带比微波接力通信更宽，通信容量更大，信号所受到的干扰较小，误码率也较小，通信比较稳定可靠。目前常用的频段为 6/4GHz，也就是上行（从地球站发往卫星）频率为 5.925GHz～6.425GHz，而下行（从卫星转发到地球站）频率为 3.7GHz～4.2GHz，频段的宽度都是 500MHz。由于这个频段已经非常拥挤，现在也使用频率更高的 14/12GHz 的频段。现在，一个典型的通信卫星通常拥有 12 个转发器，每个转发器的频带宽度都为 36MHz，可用来传输 50Mbps 的数据。

2.5　差错控制与校验

2.5.1　差错控制方法

差错控制编码就是对网络中传输的数字信号进行抗干扰编码，目的是为了提高数字通信系统的容错性和可靠性，它在发送端被传输的信息码元序列中以一定的编码规则附加一些校验码元，接收端利用该规则进行相应的译码，译码的结果有可能发现差错或纠正差错。在差错控制码中，检错码是指能自动发现出现差错的编码，纠错码是指不仅能发现差错而且能够自动纠正差错的编码。当然，检错和纠错能力是用信息量的冗余和降低系统的效率为代价来换取的。

我们以传输 3 位二进制码组为例来说明检测纠错的基本原理。3 位二进制码元共有 8 种组合：000、001、010、011、100、101、110、111。假如这 8 种码组都用于传递信息，在传输过程中若发生一个误码，则一种码组就会错误地变成另一种码组，但接收端却不能发现错误，因为任何一个码组都是许用码组。但是，如果只选取其中 000、011、101、110 作为许用码组来传递消息，则相当于只传递 00、01、10、11 这 4 种消息，而第 3 位是附加的，其作用是保证码组中 1 码的个数为偶数。除上述 4 种许用码组以外的另外 4 种码组不满足这种校验关系，称为禁用码组。在接收时一旦发现这些禁用码组，就表明传输过程中发生了错误。用这种简单的校验关系可以发现 1 或 3 个错误，但不能纠正。如果进一步将许用码组限制为 2 种：000 和 111，那么就可以发现所有 2 个以下的错误。如用来纠错，则可纠正 1 位错误。可见，码组之间的差别与码组的差错控制能力有着至关重要的关系。

2.5.2 常用的差错控制编码

1. 奇偶校验码

奇偶校验码是一种最简单也是最基本的检错码，一维奇偶校验码的编码规则是把信息码元先分组，在每组最后加一位校验码元，使该码中 1 的数目为奇数或偶数，奇数时称为奇校验码，偶数时称为偶校验码。例如信息码元每两位一组，加一位校验位使码组中 1 的总数为 0 或 2，即构成偶校验码。这时许用码组为 000、011、101、110，禁用码组为 001、010、100、111。接收端译码时，对各码元进行模 2 加运算，其结果应为 0，如果传输过程中码组任何一位发生了错误，则收到的码组必定不再符合偶校验的条件，因此就能发现错误。设码组长度为 n，记为 $a_{n-1}a_{n-2}a_{n-3}\ldots a_0$，其中前 $n-1$ 位为信息位，第 n 位为校验位，则偶校验时有 $a_0 a_1\ldots a_{n-1}= 0$；奇校验时有 $a_0 a_1 \ldots a_{n-1}=1$。不难看出，这种奇偶校验只能发现奇数个错误，而不能检测出偶数个错误，因此它的检错能力不高，只适用于检测随机的零星错码。

$$
\begin{array}{cccccc}
a_{n-1}^1 & a_{n-2}^1 & \cdots & a_1^1 & a_0^1 \\
a_{n-1}^2 & a_{n-2}^2 & \cdots & a_1^2 & a_0^2 \\
\vdots & \vdots & & \vdots & \vdots \\
a_{n-1}^m & a_{n-2}^m & \cdots & a_1^m & a_0^m \\
c_{n-1} & c_{n-2} & \cdots & c_1 & c_0
\end{array}
$$

图 2-19　二维奇偶校验码

在上述一维奇偶校验码的基础之上形成了二维奇偶校验码，又称水平垂直奇偶校验码或方阵码，它的编码规则是先将奇偶校验码的若干码组排列成矩阵，每一码组写成一行，然后再按列的方向增加第二维校验位，如图 2-19 所示。

其中 $a_0^1 a_0^2 \ldots a_0^m$ 为 m 行奇偶校验码中的 m 个校验位，$c_{n-1}c_{n-2}\ldots c_0$ 为按列进行第二次编码所增加的校验位，n 个校验位组成一个校验位行。除了能检验出所有行和列中的奇数个差错以外，方阵码有更强的检错能力。虽然每行的校验位 $a_0^1 a_0^2 \ldots a_0^m$ 不能用于检验本行中的偶数个错码，但按列的方向有可能由 $c_{n-1}c_{n-2}\ldots c_0$ 等校验位检测出来，这样就能检出大多数偶数个差错。此外，方阵码还对检测突发差错码有一定的适应能力。因为突发差错码常常成串出现，随后有较长一段无差错区间，所以在某一行中出现多个奇数或偶数错码的机会较多，而行校验和列校验的共同作用正适合于这种码。由于奇偶校验码的编码方法简单且实用性很强，所以很多计算机网络数据传输系统采用了这种编码。

2. 循环冗余码

循环冗余码（Cyclic Redundancy Code，CRC）校验（Check）是目前在计算机网络通信及存储器中应用最广泛的一种校验编码方法，它所约定的校验规则是：让校验码能为某一约定代码所除尽，如果除得尽，表明代码正确；如果除不尽，余数将指明出错位所在位置。CRC 是一种线性分组码，具有较强的纠错能力并有许多特殊的代数性质，前 k 位为信息码元，后 r 位为校验码元，它除了具有线性分组码的封闭性之外，还具有循环性。其编码和译码电路很容易用移位寄存器实现，因而在前向纠错系统中得到了广泛的应用。

在 CRC 中，采用了一种以按位加减为基础的模 2 运算，不考虑进位和借位，即通过模 2 减实现模 2 除，以模 2 加将所得余数拼接在被除数后面，形成一个能除尽的校验码。

可以将任何一个二进制数字或字符编码用多项式来描述。k 位要发送的待编信息（被除数）可对应一个$(k-1)$次多项式 $K(x)$，约定用来产生 r 位冗余位的生成多项式（除数）为 $G(x)$，所产生的 r 位余数（冗余校验位）则对应一个$(r-1)$次多项式 $R(x)$，由 k 位信息位后面加上 r 位冗余位组成的 $k+r$ 位循环校验码对应于一个$(k+r-1)$次多项式 $T(x)$。例如，信息位代码 1101011

对应的多项式为 $K(x)=x^6+x^5+x^3+x+1$，4 位冗余位 1110 对应的多项式为 $R(x)=x^3+x^2+x$，最终组成的循环校验码字为 11010111110，对应的多项式为 $T(x) = K(x)\cdot x^4 + R(x)= x^{10}+x^9+x^7+x^5+x^4+x^3+x^2+x$。由待编信息位产生冗余校验位的编码过程其实就是已知 $K(x)$ 再根据生成多项式 $G(x)$ 求 $R(x)$ 的过程，下面简略介绍其编码方法。

为了求得 r 位余数，首先将待编码的 k 位有效信息 $K(x)$ 左移 r 位，得 $K(x)\cdot x^r$；接着选取一个 $r+1$ 位的生成多项式 $G(x)$，对 $K(x)\cdot x^r$ 作模 2 除，即 $K(x)\cdot x^r/G(x)=Q(x)+R(x)/G(x)$；因为在按位运算中，模 2 加与模 2 减的结果是一致的，即 $K(x)\cdot x^r-R(x)= K(x)\cdot x^r + R(x)= Q(x)\cdot G(x) = T(x)$。$K(x)\cdot x^r$ 的末尾 r 位为 0，所以与余数 $R(x)$ 的加减实际上就是将 $K(x)$ 与 $R(x)$ 相拼接，拼接成的循环冗余校验码 $T(x)$ 必定能被约定的 $G(x)$ 所除尽。CRC 循环冗余码一般是指 $R(x)$ 部分的校验码。

例：若生成多项式为 1011，请将 4 位有效信息 1100 编成 7 位循环冗余校验码。

解：$K(x)=x^3+x^2$，即 1100

冗余位数 $r = 7-4 = 3$

$K(x)\cdot x^r = x^6+x^5$，即 1100000

$$\frac{K(x)\cdot x^3}{G(x)} = \frac{1100000}{1011} = 1110 + \frac{010}{1011}$$

模 2 除算式，供参考
```
           1110
      ┌─────────
1011  │ 1100000
        1011
        ────
        1011
        1010
        1011
        ────
        0010
        0000
        ────
         010
```

所以 7 位循环冗余校验码为：$T(x)= K(x)\cdot x^3 + R(x) = 1100000 + 010 = 1100010$，这个编好的循环冗余校验码称为（7，4）码。

接收端的校验过程（译码与纠错）就是将收到的循环校验码用约定的生成多项式 $G(x)$ 去除。若余数为 0，则认为传输无差错；若传输中受噪声干扰，在接收端某位出错，则余数不为 0，不同位出错则余数不同，余数代码与出错位序号之间有唯一的对应关系。

循环冗余校验码的检错能力取决于生成多项式 $G(x)$ 的选择，但并不是任何一个多项式都可以作为 $G(x)$。若从检错纠错的目的出发，生成多项式应能满足下列要求：任何一位数据发生错误时都应使余数不为 0，不同位出错则余数不同，余数代码与出错位序号之间最好有唯一的对应关系，并满足余数循环规律。在计算机网络通信系统中广泛使用的是下述 3 种标准：

- CRC-CCITT：$G(x)= x^{16}+x^{12}+x^5+1$
- CRC-16：$G(x)= x^{16}+x^{15}+x^2+1$
- CRC-32：$G(x)= x^{32}+x^{26}+x^{23}+x^{22}+x^{16}+x^{12}+x^{11}+x^{10}+x^8+x^7+x^5+x^4+x^2+x+1$

2.6　信息交换技术

数据在通信线路上传输的最简单的形式是在两个用某种类型的传输介质直接连接的设备之间进行通信。但是直接连接两个设备常常是不现实的，一般通过有中间节点的网络把数据从源地发送到目的地，以实现通信。这些中间节点并不关心数据内容，目的是提供一个交换设备。用这个交换设备把数据从一个节点传到另一个节点，直至到达目的地。

通常使用的数据交换技术有 3 种：电路交换、报文交换、分组交换，如图 2-20 所示。

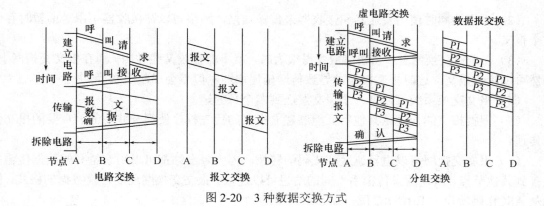

图 2-20　3 种数据交换方式

2.6.1　电路交换

使用电路交换（Circuit Switching）方式，就是通过网络中的节点在两个站之间建立一条专用的通信线路。最普通的电路交换例子是电话系统。

通过电路交换进行通信，指的是在两个站之间有一个实际的物理连接。这种连接是节点之间的连接序列。在每条线路上，通道专用于连接。电路交换方式的通信包括 3 种状态：

（1）线路建立。在传输任何数据之前，都必须建立端到端（站到站）的线路。

（2）数据传送。所传输的数据可以是数字的也可以是模拟的。

（3）线路拆除。在某个数据传送周期结束以后就要结束连接，通常由两个站中的一个来完成这个动作。

这种方式使用的设备及操作简单，特别适合于交互式通信和远距离成批处理，建立一次连接就可以传送大量数据。因为在数据传输开始以前必须建立连接通路，因此通路中的每对节点之间的通道容量必须是可用的，而且每个节点必须有内部交换能力来处理连接。交换节点必须具有智能以进行分配和求出通过网络的路径。电路交换可能效率很低，因为通道容量在连接期间是专用的，即使没有数据传送，别人也不能用。就性能而言，在数据传送之前，为了呼叫建立，有一个延迟，然而一旦建立了线路，网络对于用户实际上是透明的，用户可以用固定的数据传输速率来传输数据，除了通过传输链路时的传输延迟外，不再有别的延迟。在每个节点上的延迟是很小的。

2.6.2　报文交换

另一种网络通信的方法是报文交换（Message Switching）。在报文交换中不需要在两个站之间建立一条专用通路。如果一个站想要发送一个报文（信息的一个逻辑单位），只需要把一个目的地址附加在报文上，然后把报文通过网络从节点到节点地进行传送。在每个节点中，接收整个报文并暂存这个报文，然后发送到下一个节点。报文交换节点通常是一台通用的小型计算机，它具有足够的存储容量来缓存进入的报文。一个报文在每个节点的延迟时间等于接收报文的所有位所需的时间加上等待时间和重传到下一个节点所需的排队延迟时间。

这种方法与电路交换相比有以下优点：

（1）线路效率较高，因为许多报文可以分时共享一条节点到节点的通道。

（2）不需要同时使用发送器和接收器来传输数据，网络可以在接收器可用之前暂时存储这个报文。

（3）在电路交换网上，当通信量变得很大时，就不能接收某些呼叫。而在报文交换网上，仍然可以接收报文，这时报文被缓冲导致传送延迟增加，但不会引起阻塞。

（4）报文交换系统可以把一个报文发送到多个目的地。

（5）根据报文的长短或其他特征能够建立报文的优先权，使得一些短的、重要的报文优先传递。

（6）报文交换网可以进行速度和代码的转换。因为每个站都可以用它特有的数据传输率连接到其他节点，所以两个传输率不同的站也可以连接。报文交换网还能转换数据的格式，例如从 ASCII 码转换为 EBCDIC 码。

缺点是，报文交换不能满足实时或交互式的通信要求，经过网络的延迟时间相当长，而且由于负载不同，延迟时间有相当大的变化。这种方式不能用于声音连接，也不适合交互式终端到计算机的连接。

2.6.3　分组交换

分组交换（Packet Switching）试图兼有报文交换和电路交换的优点，而使两者的缺点最少。分组交换与报文交换的工作方式基本相同，主要差别在于分组交换网中要限制所传输的数据单位的长度。典型的最大长度是一千位至几千位，称为包（Packets）。报文交换系统却适应更长的报文。从一个站的观点来看，把超过最大长度的报文的数据块按限定的大小分割成一个个小段，为每个小段加上有关的地址信息以及段的分割信息并组成一个数据包，然后依次发送。为了区分这两种技术，分组交换系统中的数据单位通常称为分组。与报文交换的区别是，分组通常不归档，分组拷贝暂存起来的目的是为了纠正错误。

从表面上看，分组交换与报文交换相比没有什么特殊的优点。值得注意的是，把数据单位的最大长度限制在较小的范围内，这种简单的方法会在性能上有一个引人注目的结果。一个站要发送一个报文，若该报文长度比最大分组长度还长，它会先把该报文分成组，再把这些组发送到节点上。这种交换方式必须解决的问题是根据网络当前的状况为各个数据包选择不同的传输路径，以使网络中各信道的流量趋于平衡。

问题是网络将如何管理这些分组流呢？目前有两种方法：数据报和虚电路。

在数据报中，每个数据包被独立处理，就像在报文交换中每个报文被独立处理那样，每个节点根据一个路由选择算法为每个数据包选择一条路径，使它们的目的地相同。一个节点在发送多个同一目的地址的数据包时，可以根据线路的拥挤情况为各个包选择不同的转发节点，所以一个大数据段的各个数据包可能是从不同的路径到达目的地的，并且到达的先后顺序也不一定是分割时的顺序，这要根据网络中当时的具体流量等情况而定。每个数据包都有相应的分割信息，接收端可以根据这些信息再把它们重新组合起来，恢复原来的数据块。

在虚电路中，数据在传送以前，发送和接收双方在网络中建立起一条逻辑上的连接，但它并不是像电路交换中那样有一条专用的物理通路，该路径上各个节点都有缓冲装置，服从于这条逻辑线路的安排，也就是按照逻辑连接的方向和接收的次序进行输出排队和转发，这样每个节点就不需要为各个数据包作路径选择判断，就好像收发双方有一条专用信道一样。发送方依次发出的每个数据包经过若干次存储转发，按顺序到达接收方。双方完成数据交换后，拆除掉这条虚电路。

2.6.4　3种数据交换技术的比较

3种数据交换技术总结如下：

（1）线路交换：在数据传送之前需要建立一条物理通路，在线路被释放之前，该通路将一直被一对用户完全占有。

（2）报文交换：报文从发送方传送到接收方采用存储转发的方式。在传送报文时，只占用一段通路；在交换节点中需要缓冲存储，报文需要排队。因此，这种方式不满足实时通信的要求。

（3）分组交换：此方式与报文交换类似，但报文被分成组传送，并规定了分组的最大长度，到达目的地后需要重新将分组组装成报文。这是网络中最广泛采用的一种交换技术。

3种数据交换方式各有其特点，对于实时性强的交互式传输，电路交换最合适，不宜采用报文方式；对于网络中较轻的或间歇式负载，报文交换方式较合算；对于中等或稍重的负载，分组交换方式有较好的效果。

2.6.5　其他数据交换技术

随着通信和网络应用的发展，传统的交换技术已经不能满足需要。例如，交互式的会话通信对实时性要求很高，延时要小；高清晰度（HDTV）图像及高速数据的传送要求高速宽带的通信网。目前提高数据交换速度的方案有很多，主要有数字语音插空技术（DSI）、帧中继（Frame Relay）和异步传输模式（ATM）等。

DSI技术是对传统的线路交换技术进行了改进，仅当传输数字语音信号时才向通话用户分配通道，而在通话过程中的空闲时间则将通道释放；帧中继则是对X.25分组交换通信协议的简化和改进，它在链路上没有差错控制功能和流量控制功能，并且帧中继采用面向连接的模式，考虑到光纤通信的低误码率，无须在链路层进行差错控制且采用固定长度的分组，能显著提高传输效率，并可对分组呼叫进行带宽的动态分配；ATM则是线路交换与分组交换技术的结合，能最大限度地发挥线路交换与分组交换技术的优点，具有从实时的语音信号到高清晰度电视图像等各种高速综合业务的传输能力。

 习题二

一、选择题

1. 模拟信号数字传输的理论基础是（　　）。

　　A. ASK 调制　　　　　　　　　　B. 时分复用

　　C. 采样定理　　　　　　　　　　D. 脉冲振幅调制

2. "复用"是一种将若干个彼此独立的信号合并为一个可在同一信道上传输的（　　）的技术。

　　A. 调制信号　　　　　　　　　　B. 已调信号

　　C. 复合信号　　　　　　　　　　D. 单边带信号

3. 在采用线路交换进行数据传输之前，先要在通信子网中建立（　　）连接。

    A．逻辑链路　　　　　　　　　　　　B．虚拟线路

    C．物理线路　　　　　　　　　　　　D．无线链路

二、填空题

1．在＿＿＿＿＿＿方式中，信号只能向一个方向传输；在＿＿＿＿＿＿方式中，信号可以双向传送，但在一个时间只能向一个方向传送；在＿＿＿＿＿＿方式中，信号可以同时双向传送。

2．分组交换的具体方式可分为＿＿＿＿＿＿方式和＿＿＿＿＿＿方式。

三、简答题

1．何谓波特率和比特率？它们之间的关系是什么？

2．什么是信号？在数据通信系统中有几种信号形式？

3．什么是基带传输？什么是频带传输？在基带传输中采用哪几种编码方法？

4．何谓单工、半双工、全双工通信？请举例说明它们的应用场合。

5．为什么要使用信道复用技术？常用的信道复用技术有哪些？

6．试从多个方面比较电路交换、报文交换和分组交换的主要优缺点。

7．有哪几种常用的传输介质？各有什么特性？

8．通信中的同步方式有几种？什么叫同步传输？什么叫异步传输？

四、计算题

已知条件：生成多项式为 $G(x)=x^5+x^4+1$，数据的比特序列为 1001001010。试计算求出其 CRC 校验码的比特序列。

第 3 章　计算机网络体系结构

本章主要介绍计算机网络体系结构。通过本章的学习，读者应掌握以下内容：
- 开放系统互连参考模型中的若干重要概念
- OSI/RM 各层协议的功能及基本原理

3.1　网络体系结构概述

计算机网络是一个非常复杂的系统，要做到有条不紊地交换数据，每个节点必须要遵守一些事先约定好的规则才能高效协调地工作。这些为进行网络中的数据交换而建立的规则、标准或约定就称为网络协议，网络协议是计算机网络不可缺少的组成部分。早在最初的 ARPANET 设计时，对于非常复杂的网络协议就提出了分层结构处理的方法。分层处理带来的好处是：每一层可以实现一种相对独立的功能，因而可将一个难以处理的复杂问题分解为若干较容易处理的较小的问题。计算机网络协议采用层次结构，可以使各层之间相对独立，灵活性好，易于实现和维护，而且各层在结构上可以分割开，每层都可以采用最合适的技术来实现。由于每层的功能和所提供的服务都已经有了比较明确的描述，所以能够促进体系结构的标准化工作。计算机网络的体系结构（Architecture）是指这个计算机网络及其部件所应完成功能的一组抽象定义，是描述计算机网络通信方法的抽象模型结构，一般是指计算机网络的各层及其协议的集合。

协议的关键成分有：

（1）语法（Syntax）：包括数据格式、编码及信号电平等。

（2）语义（Semantics）：包括用于协调同步和差错处理的控制信息。

（3）时序（Timing）：定时包括速度匹配和排序。

1. OSI 基本参考模型

随着计算机网络技术的发展，其形式出现了多样化、复杂化，也出现了很多新问题，其中最突出的问题是不同体系结构的网络很难互连起来（即所谓的异种机连接问题）。为了更加充分地发挥计算机网络的效益，必须使不同厂家生产的计算机网络设备能够互相通信，于是越来越需要制定一个国际范围的标准，以便今后生产的网络设备尽可能遵循统一的体系结构标准。1977 年 3 月，国际标准化组织 ISO 的技术委员会 TC97 成立了一个新的技术分委员会 SC16 专门研究"开放系统互连"，并于 1983 年提出了开放系统互连参考模型，即著名的 ISO 7498 国际标准，记为 OSI/RM。开放系统互连（Open Systems Interconnection）的目的是使世界范围内的应用系统能够开放式地进行信息交换。"开放"是指只要遵循 OSI 标准，一个系统就可以和位于世界上任何地方的也遵循同一标准的其他任何系统进行通信。

在 OSI 中采用了三级抽象：参考模型（即体系结构）、服务定义和协议规范（即协议规格说明），自上而下逐步求精。OSI/RM 并不是一般的工业标准，而是一个为制定标准用的概念性框架。经过各国专家的反复研究，在 OSI/RM 中采用了如图 3-1 所示的七层参考模型。表 3-1 中给出了各层主要功能的简略描述，更准确的概念将在以后的有关章节中展开。

图 3-1　OSI 参考模型

表 3-1　OSI/RM 七层协议模型

层号	名称	英文名称	主要功能简介
7	应用层	Application Layer	作为与用户应用进程的接口，负责用户信息的语义表示，并在两个通信者之间进行语义匹配，它不仅要提供应用进程所需的信息交换和远地操作，而且还要作为互相作用的应用进程的用户代理来完成一些为进行语义上有意义的信息交换所必需的功能
6	表示层	Presentation Layer	对源站点内部的数据结构进行编码，形成适合于传输的比特流，到了目的站再进行解码，转换成用户所要求的格式并保持数据的意义不变，主要用于数据格式转换
5	会话层	Session Layer	提供一个面向用户的连接服务，它给合作的会话用户之间的对话和活动提供组织和同步所必需的手段，以便对数据的传送提供控制和管理，主要用于会话的管理和数据传输的同步
4	传输层	Transport Layer	从端到端经网络透明地传送报文，完成端到端通信链路的建立、维护和管理
3	网络层	Network Layer	分组传送、路由选择和流量控制，主要用于实现端到端通信系统中中间节点的路由选择
2	数据链路层	Data Link Layer	通过一些数据链路层协议和链路控制规程，在不太可靠的物理链路上实现可靠的数据传输
1	物理层	Physical Layer	实现相邻计算机节点之间比特数据流的透明传送，尽可能屏蔽掉具体传输介质和物理设备的差异

2. OSI 层次结构模型中的数据流动过程

OSI 层次结构模型中数据的实际传送过程如图 3-2 所示。图中发送进程送给接收进程的数据实际上是经过发送方各层从上到下传递到物理介质的；通过物理介质传输到接收方后，再经过从下到上各层的传递，最后到达接收进程。

在发送方从上到下逐层传递的过程中，每层都要加上适当的控制信息，即图中的 H7、

H6、...、H1，统称为报头；在数据链路层还要加上尾部数据 T2 进行校验及差错控制；到最底的物理层成为由"0"或"1"组成的数据比特流，然后再转换为电信号在物理介质上传输至接收方。接收方在向上传递时过程正好相反，要逐层剥去发送方相应层加上的控制信息。

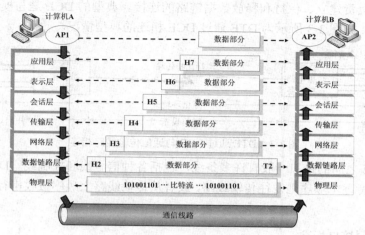

图 3-2　数据的实际传送过程

因接收方的每一层不会收到下层的控制信息，而高层的控制信息对于它来说是透明的数据，所以它只阅读和去除本层的控制信息，并进行相应的协议操作。发送方和接收方的对等实体看到的信息是相同的，就好像这些信息通过虚拟通信信道直接传给了对方一样。

3.2　物理层

3.2.1　物理层的功能

物理层协议是各种网络设备进行互连时的最低层协议。它的目的是在两个网络物理设备之间提供透明的二进制位流传输，尽可能屏蔽掉具体传输介质和物理设备的差异。需要注意的是，物理层并不是指连接计算机的具体物理设备或传输介质，如双绞线、同轴电缆、光纤等，而是要使其上面的数据链路层感觉不到这些差异。这样可使数据链路层只需要考虑如何完成本层的协议和服务，而不必考虑具体网络传输介质的差异。

物理层主要负责在物理链路上传输二进制位流，提供为建立、维护和拆除物理链路所需要的机械的、电气的、功能的和规程的特性。

（1）机械特性：说明接口所用接线器的形状和尺寸、引线数目和排列等。

（2）电气特性：说明接口电缆线上什么样的电压表示 1 或 0。

（3）功能特性：说明某条线上出现的某一电平的电压表示何种意义。

（4）规程特性：说明对于不同功能的各种可能事件的出现顺序及各信号线的工作规则。

3.2.2　DTE 和 DCE

数据终端设备（Data Terminal Equipment，DTE）是具有一定数据处理能力及发送和接收数据能力的设备。DTE 可以是一台计算机或终端，也可以是各种 I/O 设备。大多数数据处理终端设备的数据传输能力有限，如果将相距很远的两个 DTE 设备直接连接起来，往往不能进行通信，必须在 DTE 和传输线路之间加上一个称为数据电路端接设备（Data Circuit-terminating Equipment，DCE）的中间设备。DCE 的作用就是在 DTE 和传输线路之间提供信号变换和编码的功能，并且负责建立、保持和释放数据链路的连接。典型的 DCE 是与模拟电话线路相连接的调制解调器。如图 3-3 所示为 DTE 通过 DCE 相连的典型情况。

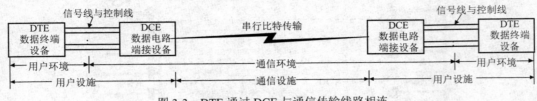

图 3-3　DTE 通过 DCE 与通信传输线路相连

DTE 和 DCE 之间的接口一般有许多条线，包括各种信号线和控制线。DCE 将 DTE 传送过来的数据按比特逐个顺序地发往传输线路，或者从传输线路上顺序接收串行比特流，然后再交给 DTE。

3.2.3　物理层接口标准

为了提高兼容性，必须对 DTE 和 DCE 的接口进行标准化，这种接口标准就是所谓的物理层协议。下面介绍几个最常用的物理层标准。

1. EIA-232-E/V.24 接口标准

EIA-232-E 是美国电子工业协会（Electronic Industries Association，EIA）制定的著名的 DTE 和 DCE 之间的物理层接口标准。EIA-232-E 接口标准的数据传输速率最高为 20kbps，连接电缆的最大长度不超过 15m。

物理层标准 EIA-232-E 的主要特点如下：

（1）机械特性。EIA-232-E 遵循 ISO 2110 关于插头座的标准，使用 25 根引脚的 DB-25 插头座，它的两个固定螺丝中心之间的距离为 47.04 ± 0.17mm，其他方面的尺寸也都有详细的规定，DTE 上安装带插针的公共接头连接器，DCE 上安装带插孔的母接头连接器，其引脚编号如图 3-4 所示，引脚分为上、下两排，分别有 13 根和 12 根引脚，当引脚指向自己的方向时，从左到右其编号分别为 1～13 和 14～25。

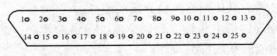

图 3-4　EIA-232-E 25 根引脚编号图

（2）电气特性。EIA-232-E 与 CCITT 的 V.28 建议书一致，采用负逻辑，此时逻辑 0 相当于对信号地线有+5～+15V 的电压，而逻辑 1 相当于对信号地线有-5～-15V 的电压。逻辑"0"相当于数据"0"（空号）或控制线的"接通"状态；逻辑"1"相当于数据"1"（传号）或控制线的"断开"状态。当连接电缆线的长度不超过 15m 时，允许数据传输速率不超过 20kbps。EIA-232-E 所规定的电压范围对过去广泛使用的晶体管电路很适合，但却远远超过了目前大部分芯片所使用的 5V 电压，这点必须加以注意。

（3）功能特性。EIA-232-E 的功能特性与 CCITT 的 V.24 建议书一致。它规定了什么电路应当连接到 25 根引脚中的哪一根以及该引脚信号线的作用。如图 3-5 所示是最常用的 10 根引脚信号线的作用，其余的一些引脚可以空着不用。在某些情况下，可以只用图 3-5 中的 9 根引脚（振铃指示 RI 信号线不用），这就是常见的 9 针 COM1 串行鼠标接口。

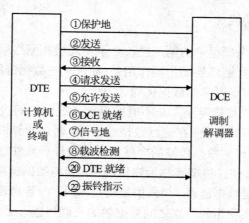

图 3-5　EIA-232-E/V.24 的主要信号线定义

（4）规程特性。EIA-232-E 的规程特性主要规定了控制信号在不同情况下有效（接通状态）和无效（断开状态）的顺序以及相互的关系。例如，只有当"DCE 就绪"和"DTE 就绪"信号都处于有效状态时才能在 DTE 和 DCE 之间进行操作。如果 DTE 要发送数据，则先要将"请求发送"置成有效状态；当等到 DCE 将"允许发送"置成有效状态后，DTE 方能在"发送"线上发送串行数据。这种握手信号对于半双工通信是十分有用的。还有一些规程特性，这里就不一一介绍了。

2. EIA RS-449 接口标准

由于 EIA-232-E 标准信号电平过高、采用非平衡发送和接收方式，所以存在传输速率低、传输距离短、串扰信号较大等缺点。1977 年底，EIA 颁布了一个新标准 RS-449，这些标准在保持与 EIA-232-E 兼容的前提下重新定义了信号电平，并改进了电路方式，以达到较高的传输速率和较大的传输距离。

RS-499 对标准连接器做了详细的说明，由于信号线较多，使用了 37 芯和 9 芯连接器。RS-449 的电气特性有两个标准，即平衡式的 RS-422 标准和非平衡式的 RS-423 标准。

RS-422 电气标准是平衡方式标准，它的发送器、接收器分别采用平衡发送器和差动接收器，由于采用完全独立的双线平衡传输，抗串扰能力大大增强。又由于信号电平定义为 ±6V（±2V 为过渡区域）的负逻辑，故当传输距离为 10m 时，速率可达 10Mbps；距离增至 1000m 时，速率可达到 100kbps，性能远远优于 EIA-232-E 标准。

RS-423 电气标准是非平衡标准，它采用单端发送器（即非平衡发送器）和差动接收器。虽然发送器与 RS-232C 标准相同，但由于接收器采用差动方式，所以传输距离和速度仍比 EIA-232-E 有较大的提高。当传输距离为 10m 时，速度可达到 100kbps；距离增至 100m 时，速度仍有 10kbps。RS-423 的信号电平定义为 ±6V（±4V 为过渡区域）的负逻辑。

从旧技术标准向新技术标准的过渡需要花费巨大的代价，要经过漫长的过程。RS-423 电气特性标准可以认为是从 EIA-232-E 向 RS-449 标准全面过渡过程中的一个台阶。

3.3 数据链路层

3.3.1 数据链路层的功能

数据链路层是 OSI 参考模型中的第二层，介于物理层和网络层之间，在使用物理层的基础上向网络层提供服务。数据链路层的主要作用是：通过一些数据链路层协议和链路控制规程，在不太可靠的物理链路上实现可靠的数据传输。

"线路"、"链路"和"数据链路"是不同的概念。线路中间没有任何交换节点，而链路是一条无源的端到端的物理线路段，在进行数据通信时，两台计算机之间的通信链路往往是由许多线路串接而成。把实现控制数据传输的一些规程的硬件和软件加到链路上就构成了像数据管道一样的数据链路。有时往往将链路称为物理链路，而将数据链路称为逻辑链路，即物理链路加上必要的通信规程就是数据链路。当采用复用技术时，一条物理链路上可以有多条逻辑数据链路。数据链路层为了实现相邻节点之间数据帧的正确传输，必须包括链路管理、帧同步、流量控制、差错校验与恢复等基本功能。

3.3.2 差错控制

在数据链路层，差错控制主要指错误检测和重传方法。传送帧时可能出现的差错有：位出错、帧丢失、帧重复、帧乱序。其中，位出错一般采用漏检率及其微小的 CRC 检错码再加上反馈重传的方法来解决。为了保证可靠传送，经常采用的方法是向数据发送方提供有关接收方接收情况的反馈信息。通常采用反馈检测和自动重发请求（ARQ）两种基本方法来实现。

1. 反馈检测法

反馈检测法也称回送校检法或"回声"法，主要用于面向字符的异步传输中，如终端与远程计算机间的通信。这是一种无须使用任何特殊代码的差错检测法。双方进行数据传输时，接收方将接收到的数据（可以是一个字符，也可以是一帧）重新发回发送方，由发送方检查是否与原始数据完全相符。若不相符，则发送方发送一个控制字符（如 DEL）通知接收方删去出错的数据，并重新发送该数据；若相符，则发送下一个数据。

反馈检测法原理简单、实现容易，也有较高的可靠性，但每个数据均被传输两次，信道利用率很低。这种差错控制方法一般用于面向字符的异步传输中，因为在这种场合下信道利用率并不是主要矛盾。

2. 自动重发请求法（ARQ 法）

实用的差错控制方法应该是既要求传输可靠性高，又要求信道利用率高。为此可使发送方将要发送的数据帧附加一定的冗余检错码一并发送，接收方则根据检错码对数据帧进行差错检测，若发现错误，就返回请求重发的应答，发送方收到请求重发的应答后便重新传送该数据帧。这种差错控制方法就称为自动重发请求法（Automatic Repeat reQuest），简称 ARQ 法。

ARQ 法仅需返回少量控制信息，便可有效地确认所发数据帧是否被正确接收。ARQ 法有几种实现方案，停止等待协议和连续 ARQ 协议是其中最基本的两种方案。

（1）停止等待协议。该方案规定发送方每发送一帧后就要停下来等待接收方的确认返回，仅当接收方确认已正确接收后发送方再继续发送下一帧。当发生帧出错或帧丢失时，接收方不会向发送方发送任何确认帧。为防止发送方无限等待接收方的确认帧，该协议设置了计时器，若到了计时器所设置的重传时间时还未收到接收方的确认帧,发送就重传前面所发送的这一数据帧。同时采用对发送的帧编号的方法，即赋予每帧一个序号，从而使接收方能从该序号来区分是新发送来的帧还是已经接收但又重发来的帧。例如，帧用 0 或 1 交替编号，肯定确认帧用 ACK0 和 ACK1 表示，ACK0 表示已接收到 1 号帧并准备接收 0 号帧。

停止等待协议方案的实现过程如下：

1）发送方每次仅将当前信息帧作为待确认帧保留在缓冲存储器中。

2）当发送方开始发送信息帧时，随即启动计时器。

3）当接收方收到无差错信息帧后，即向发送方返回一个确认帧。

4）当接收方检测到一个含有差错的信息帧时，便舍弃该帧。

5）若发送方在规定时间内收到确认帧，即将计时器清零，继而开始下一帧的发送。

6）若发送方在规定时间内未收到确认帧（即计时器超时），则应重发存于缓冲器中的待确认信息帧。

从以上过程可以看出，停止等待协议方案的收发双方仅需设置一个帧的缓冲存储空间，便可有效地实现数据重发并确保接收方接收的数据不会重复。停止等待协议方案最主要的优点就是所需的缓冲存储空间最小，因此在链路端使用简单终端的环境中被广泛采用。

（2）连续 ARQ 协议。连续 ARQ 协议方案是指发送方可以连续发送一系列信息帧，即不用等前一帧被确认便可发送下一帧。这就需要在发送方设置一个较大的缓冲存储空间（称做重发表），用以存放若干待确认的信息帧。当发送方收到对某信息帧的确认帧后便可从重发表中将该信息帧删除。所以，连续 ARQ 方案的链路传输效率大大提高，但相应地需要更大的缓冲存储空间。

与停止等待协议相比，连续 ARQ 方案与之相区别的地方在于：接收方对每一个正确收到的信息帧返回一个确认帧，同时接收方保存一个接收次序表，它包含最后正确收到的信息帧的序号；而对于发送方来说，当它检测出失序的确认帧（即第 N 号信息帧和第 N+2 号信息帧的确认帧已返回，而 N+1 号的确认帧未返回）后，便重发未被确认的信息帧。

当差错出现时，如何进一步处理可以有两种策略：GO-BACK-N 策略和选择重发策略。

GO-BACK-N 策略（也称为"回退 N 步协议"）的基本原理是，当接收方检测出失序的信息帧后，要求发送方重发最后一个正确接收的信息帧之后的所有未被确认的帧；或者当发送方发送了 N 个帧后，若发现该 N 帧的前一个帧在计时器超时后仍未返回其确认信息，则该帧被判为出错或丢失，此时发送方就不得不重新发送出错帧及其后的 N 帧。这就是 GO-BACK-N（退回 N）法名称的由来。因为，对接收方来说，由于这一帧出错，就不能以正常的序号向它的高层递交数据，对其后发送来的 N 帧也可能都因为不能接收而丢弃。GO-BACK-N 法的操作过程如图 3-6 所示。图中假定发送方发送完第 7 号帧后，发现第 2 号帧的确认返回在计时器超时后还未收到，则发送方只能退回从 2 号帧开始重发。

GO-BACK-N 可能将已正确传送到目的方的帧再重传一遍，这显然是一种浪费。另一种效率更高的策略是当接收方发现某帧出错后，其后继续送来的正确的帧虽然不能立即递交给接收方的高层，但接收方仍可接收下来，存放在一个缓冲区中，同时要求发送方重新传送出错的那一帧。一旦收到重传的帧，就可以与原已存于缓冲区中的其余帧一并按正确的顺序递交给高层。这种方法称为选择重发。显然，选择重发减少了浪费，但要求接收方有足够大的缓冲区空间。

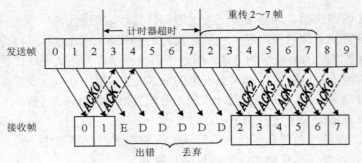

图 3-6 GO-BACK-N 法举例

3.3.3 流量控制

在数据链路层及较高层中，流量控制是一个重要的设计问题。通常，流量控制是与差错处理一起完成的，特别是在双工通信时，利用"捎带"技术使发送方知道接收方的速度能否跟得上发送方，从而决定是继续发送下一帧还是暂停发送。

1. 停止—等待协议

停止—等待协议（Stop and Wait）是数据链路层中最基本、最简单的协议。数据链路层从网络层接收一个分组后，加上数据链路层帧头和帧尾，再把它经物理层发送出去，同时启动一定时计数器，等待接收方回应的确认帧的到来。接收方链路层收到数据帧后，它必须首先回应一个确认帧 ACK（认为所接收的数据正确无误）或否定性确认帧 NAK（认为所接收的数据有误）给发送方链路层，再对接收的帧作出处理。正确接收的帧提交给网络层，将错误接收的帧丢弃。发送方如果在计时时间范围内得到的是 ACK，则发下一帧；如果收到的是 NAK 或者计时时间已到而没有收到 ACK，则将重发刚才送出去的帧。

由此可见，发送方每发完一帧就必须停下来，等待接收方的回应信息。因此，可以通过接收方的回应信息来进行流量控制。

2. 滑动窗口协议

停止—等待协议的主要问题是链路上只有一个帧在传输，不能连续发送多个数据帧，许多线路带宽都要浪费，滑动窗口协议可以克服这个缺点。

滑动窗口协议的主要思想是允许连续发送多个帧而无须等待应答。"窗口"是指能够连续发出或接收的帧的序号范围，它反映了正在流动的帧的个数。发送方保持的允许连续发送的帧的序号表称为发送窗口，接收方保持的允许连续接收的帧的序号表称为接收窗口。

在发送端和接收端分别设定所谓的发送窗口和接收窗口。发送窗口用来对发送端进行流量控制，而发送窗口的大小 W_S 就代表了在还没有收到对方确认的条件下发送端最多可以发送的数据帧数。发送窗口的概念用图 3-7 来说明，设发送序号用 3 个 bit 来编码，从 0 号至 7 号。在未收到对方确认信息的情况下，允许发送端最多发出 5 个数据帧，此时发送窗口大小 $W_S=5$。图 3-7（a）给出了刚开始发送时的情况。这时，在扇形的发送窗口内共有 5 个序号，从 0 号到 4 号，具有这些序号的数据帧就是发送端现在可以发送的帧。若发送端发完了这 5 个帧仍未收到确认信息，由于发送窗口已填满，就必须停止发送而进入等待状态。当 0 号帧的确认信息 ACK 收到后，发送窗口就沿顺时针方向旋转一个号，使窗口后沿再次与一个未被确认的帧号相邻（如图 3-7（b）所示）。由于这时 5 号帧的位置已经落入发送窗口之内，因此发送端现在就可以发送这个 5 号帧。设以后又有 1 至 3 号帧的确认帧到达发送端，于是发送窗口再沿顺时针方向向前旋转 3 个号（如图 3-7（c）所示），相应地发送端可以继续发送的数据帧的发送序号是 6 号、7 号和 0 号。

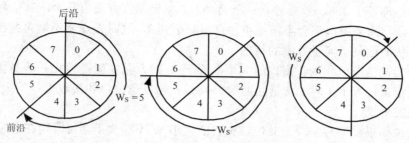

（a）允许发送 0～4 号帧　（b）允许发送 1～5 号帧　（c）允许发送 4～0 号帧

图 3-7　发送窗口 W_S 流程控制图

为了减少开销，连续 ARQ（Automatic Repeat reQuest，自动重发请求）协议还规定接收端不一定每收到一个正确的数据帧就必须发回一个确认帧，而是可以在连续收到几个正确的数据帧以后才对最后一个数据帧发确认信息。一旦对某一数据帧进行了确认，则表明该数据帧和这以前所有的数据帧均已正确无误地被收到了。这样做可以使接收端少发一些确认帧，从而减少开销。

在接收端设置接收窗口的目的是为了控制哪些数据帧可以接收而哪些帧不可以接收。在接收端只有当收到的数据帧的发送序号落入接收窗口内时才允许将该数据帧收下；若接收到的数据帧落在接收窗口之外，则一律将其丢弃。在连续 ARQ 协议中，接收窗口的大小 $W_R=1$。图 3-8（a）表示一开始接收窗口处于 0 号帧处，接收端准备接收 0 号帧。0 号帧一旦收到，接收窗口就沿顺时针方向向前旋转一个号（如图 3-8（b）所示），准备接收 1 号帧，同时向发送端发送对 0 号帧的确认信息。显然，若收到 1 号帧，则接收窗口将顺时针旋转一个号，并发出对 1 号帧的确认。但若收到的不是 1 号帧，情况就要复杂些了。如果收到的帧号落在接收窗口的前面（顺时针方向），例如收到了 2 号帧，这时接收端就必须丢弃它，并发出对 2 号帧的否认信息。但若收到的帧号落在接收窗口的后面，例如收到了 0 号帧（注意，0 号帧已收到，并对它发送过确认信息），这就表明已发出的对 0 号帧的确认帧没有被发送方收到，因此现在还要再发一次对 0 号帧的确认，不过这时不能再把 0 号帧送交主机（否则就重复了）。在这两种情况下，接收窗口都不得向前旋转。当陆续收到 1 号、2 号和 3 号帧时，接收窗口的位置应如图 3-8（c）所示。

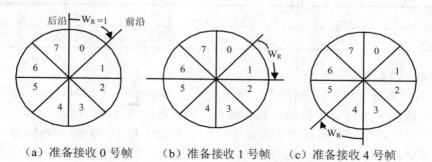

（a）准备接收 0 号帧　　（b）准备接收 1 号帧　　（c）准备接收 4 号帧

图 3-8　接收窗口 W_R 的意义

从以上的讨论可以看出，当接收窗口保持不动时，发送窗口无论如何也不会旋转，只有在接收窗口发生旋转后，发送窗口才有向前旋转的可能。正因为收发两端的窗口按照以上的规律不断地沿顺时针方向旋转滑动，因此这种协议就被称为滑动窗口协议。显然当发送窗口和接收窗口的大小都等于 1 时，就是停止—等待协议；如果接收方发出某个应答信号后不再发出新的应答信号，则两个窗口都会不断缩小，直至减小到 0，这时发送器不能再发出帧，接收器也不再接收，从而达到了流量控制的目的。

因此，当发送窗口和接收窗口的大小都等于 1 时，其实就是停止—等待协议；当发送窗口大于 1 接收窗口等于 1 时，就是回退 N 步协议；当发送窗口和接收窗口的大小均大于 1 时，就是选择重发协议。

为什么说如果帧编号字段为 k 位，窗口的大小 W 不能大于 2^k-1？现在通过反例来说明。

设帧编号字段为 3 位，帧编号为 0～7，如果 W=8，发送方发送了 0～7 共 8 个帧后，停止发送并等待应答。接收方正确收到 0～7 共 8 个帧，并向发送方返回应答确认 ACK=0，如果该 ACK=0 丢失，发送方在规定的时间内接收不到应答信号，发送方重新发送了 0～7 共 8 个帧，结果接收方误认为是新的 8 个帧，协议失败。

如果 W=7，发送方发送了 0～6 共 7 个帧后，发送方返回应答确认 ACK=7 丢失，发送方重新发送了 0～6 共 7 个帧。由于接收方期望接收的帧为 7，而到达的第一个帧为 0，接收方可以判断出 0～6 号是重发帧。这就解释了如果帧编号字段为 k 位，窗口的大小 W 不能大于 2^k-1 的原因。

3.3.4 高级数据链路控制协议

高级数据链路控制协议（High-level Data Link Control，HDLC）是国际标准化组织（ISO）根据 IBM 公司的 SDLC（Synchronous Data Link Control）协议扩展开发而成的。HDLC 是面向比特的传送协议，采用"0"插入技术实现数据的透明传送，它使用滑动窗口，可以全双工传送。HDLC 用统一结构的帧进行同步传送，所有的数据链路层的传输都是以帧为单位进行的，而所有的数据和控制信息的交换也都采用帧的格式。一个帧的结构具有固定的格式，信息字段的头尾各加上 24bit 的控制信息就构成了一个完整的 HDLC 数据帧。HDLC 的帧格式如表 3-2 所示。

表 3-2　HDLC 的帧格式

F	A	C	I	FCS	F
标志	地址	控制	信息	帧校验	标志
01111110	8bit	8bit	任意长	16bit	01111110

各字段的意义及功能如下：

（1）标志域 F（Flag）。帧标志序列 F 是一个 8 位的序列 01111110，由于帧中数据段长度可变，故用 F 来标志一帧的开始和结束。F 也可作为帧间的同步信号。当发送一些连续帧时，一个标志序列 F 可同时作为前一帧的结束标志和下一帧的开始标志。当帧与帧间不发送信息时，可连续地发送标志序列。由于帧中间也可能出现 01111110，会被当作标志，从而破坏帧的同步。为了避免这种错误的出现，要采用"0"插入技术，即发送器在发送的数据比特序列中一旦发现连续的 5 个 1，则在其后插入一个 0。这样就保证了传输的数据比特序列中不会出现和帧标志相同的 01111110。接收器则进行相反的操作：在接收的比特序列中如果发现 5 个连续 1 的序列，则检查第 6 位，若第 6 位为 0 则删除之；若第 6 位是 1 且第 7 位是 0，则认为是检测到帧尾的标志域；若第 6 位和第 7 位都是 1，则认为是发送站的停止信号。采用"0"插入技术，任意的位模式都可以出现在数据帧中，且不影响传输过程的控制，具有这种特点的数据传输叫做透明的数据传输。

（2）地址域 A（Address）。由主站发出的命令帧中的地址段指明接收帧的次站地址，当地址域的内容为全 1 代码（FFH）时，表示为广播地址；由次站发出的响应帧中的地址段则表示做出应答的次站地址，即说明该响应是由哪一个次站发出的。地址段长 8bit，可指示 256 个地址。若需要扩充指示的地址范围时，以 8bit 为单位进行地址扩充。每一个 8 位组的最低位指示该 8 位组是否是地址域的结尾：若为 1，表示是最后的 8 位组；若为 0，则不是。

（3）控制域 C（Control）。HDLC 定义了 3 种帧，可以根据控制域的格式来区分。信息帧（I 帧）装载着要传输的数据，此外还捎带着流量控制和差错控制的信号；管理帧（S 帧）用于提供实现 ARQ 的控制信息，当不使用捎带机制时用管理帧控制传输过程；无编号帧（U 帧）用于提供各种链路控制功能。

（4）信息域 I（Information）。信息域 I 位于控制段和帧校验序列之间，用来存放要传输的数据信息。可以是任意比特长组合，也未规定长度大小，但在实际应用中受到 FCS 的检验能力及站缓存大小的限制，一般规定最大信息长度不超过 256B。

（5）帧校验序列 FCS（Frame Check Sum）。帧校验序列 FCS 域中除标志域之外的所有其他域的校验序列，该字段采用 16 位 CRC 校验码进行差错控制，其生成多项式为 $X^{16}+X^{12}+X^5+1$。

3.4　网络层

3.4.1　网络层的功能

网络层是 OSI 参考模型的第三层，介于数据链路层和传输层之间。其任务是分组转发、路由选择和流量控制，最主要的功能是实现端到端通信系统中中间节点的路由选择。从 OSI/RM 的通信角度来看，网络层所提供的服务主要有两大类，即面向连接服务和无连接服务。这两种网络服务的具体实现就是所谓的虚电路服务和数据报服务。

1. 面向连接服务

连接是指两个对等实体之间为进行数据通信而进行的一种结合。面向连接服务就是在数据交换之前必须先建立连接，当数据交换结束后，则应该终止这个连接。通常面向连接服务是一种可靠的报文序列服务，在建立连接之后，每个用户都可以发送可变长度的报文，这些报文按顺序发送给远端的用户，报文的接收也是按顺序的。有时用户可以发送一个很短（1～2 字节长）的报文，但希望这个报文可以不按序号而优先发送，这就是"加速数据"，它常用来传送中断控制命令。

由于面向连接服务和线路交换的许多特性相似，因此面向连接服务在网络层中又称为虚电路服务。"虚"表示：在两个服务用户的通信过程中虽然没有自始至终都占用一条端到端的完整物理电路，但却好像占用了一条这样的电路。面向连接服务比较适合于在一定期间内要向同一目的地连续发送许多报文的情况。若两个用户经常进行频繁通信，则可建立永久虚电路，这样可免除每次通信时连接建立和连接释放这两个过程。

2. 无连接服务

在无连接服务的情况下，两个实体之间的通信不需要先建立好一个连接，因此其下层的有关资源不需要事先进行预定保留，这些资源是在数据传输时动态地进行分配的。无连接服务不需要通信的两个实体同时处于激活状态，当发送端的实体正在进行发送时，它必须是激活的，但这时接收端的实体并不一定要激活，只有当接收端的实体正在进行接收时，它才必须是激活的。无连接服务的优点是灵活方便和比较迅速，但无连接服务不能防止报文的丢失、重复或失序。采用无连接服务时由于每个报文都必须提供完整的目的站地址，因此其开销也较大。无连接服务大致有以下 3 种类型：

（1）数据报。特点是发送端发送出所有数据，而不需要接收端做任何响应。数据报服务简单、额外开销小，虽然数据报服务没有面向连接服务可靠，但可在此基础上由更高层构成可靠的连接服务。数据报服务适用于电子邮件，特别适合于广播或组播服务。

（2）证实交付。这是一种可靠的数据报服务。这种服务对每一个报文产生一个证实给发送方用户，不过这个证实不是来自接收端的用户而是来自提供服务的层。这种证实只能保证报文已经发给远端的目的站了，但并不能保证目的站的用户已经收到了这个报文。

（3）请求应答。这种类型的数据报服务是接收端用户每收到一个报文就向发送端用户发送一个应答报文。但是，收发双方发送的报文都有可能丢失。如果接收端发现报文有差错，则响应一个表示有差错的报文。

3.4.2 虚电路服务与数据报服务

下面结合网络层的特点简单对比一下这两种服务。

虚电路与存储转发这一概念相联系。当我们使用座机打电话时，在通话期间，自始至终地占用一条端到端的物理线路。但当我们占用一条虚电路进行计算机通信时，由于采用的是存储转发分组交换，所以只是断续地占用一段又一段的链路，感觉好像是占用了一条端到端的物理线路。使用虚电路服务，对网络用户来说，在呼叫建立后，整个网络就好像有两条连接两个网络用户的数字管道，所有发送到网络中的分组都按发送的先后顺序进入管道，然后按"先进先出"的原则沿着管道传送到目的站主机。在全双工通信中，每一条管道只沿一个方向传送分组，这些分组在到达目的站时的顺序与发送时的顺序一样。

数据报服务则不同，由于数据报服务没有建立虚电路的过程，每一个发出的分组都必须携带完整的目的站的地址信息，因而每一个分组都可以独立地选择路由。在此情况下，没有呼叫建立过程，对于网络用户来说，整个网络好像有许多条不确定的数字管道，所发送出去的每一个分组都可独立地选择一条管道来传送。这样，先发送出去的分组不一定先到达目的站主机。因此，数据报不能保证按发送顺序交付目的站。由于通常的数据传送都要求按发送顺序交付给目的站主机，所以在目的站必须采取一定的措施。例如，在目的站节点开辟缓冲区，把收到的分组缓存一下，等到可以按顺序交付主机时再进行交付。

在使用数据报时，每个分组必须携带完整的地址信息。但在使用虚电路的情况下，每个分组不需要携带完整的目的地址，而仅需要有一个虚电路号码的标志。这样就使分组的控制信息部分的比特数减少，因而减少了额外开销。当采用数据报服务时，端到端的流量控制由主机负责；而采用虚电路服务时，端到端的流量控制由网络负责。

对待差错处理，这两种服务也是有很大差别的。由于数据报服务不能保证按顺序交付，也不能保证不丢失和不重复，因此在使用数据报服务的情况下，主机要承担端到端的差错控制。但在使用虚电路的情况下，网络有端到端的差错控制功能，能够保证分组按顺序交付，而且不丢失、不重复。有些网络工程师认为，网络不管用什么方法进行设计都不可能做到绝对可靠。因此，在主机上无论如何也需要有端到端的差错控制。既然如此，网络就不要再重复地搞差错控制，只要能提供数据报服务就可以了。这就是他们极力主张使用数据报服务的理由。

数据报服务对军事通信有很重要的意义。这是因为每个分组可以独立地选择路由，当某个节点发生故障时，后续的分组可另选路由，因而提高了传输可靠性。数据报服务还很适合于将一个分组发送到多个地址进行广播或组播。ARPANET 网络兼有这两种服务的特点，其在网络内部采用数据报方式传送，但在交付主机之前，由于在目的节点的缓冲区将到达的分组按照发送序号重新排序，因此交付给主机的分组顺序与发送顺序相同，这一点和虚电路服务十分相似。表 3-3 归纳了虚电路服务与数据报服务的一些主要区别。

表 3-3 虚电路与数据报的对比

	虚电路	数据报
端到端的连接	必须有	不要
目的站地址	仅在连接建立阶段使用	每个分组都有目的站的全地址
分组的顺序	总是按发送顺序到达目的站	到达目的站时可能不按发送顺序
端到端的差错处理	由通信子网负责	由主机负责
端到端的流量控制	由通信子网负责	由主机负责

3.4.3 路由选择算法

通信子网为网络源节点和目的节点提供了多条传输路径的可能性。网络节点在收到一个分组后，要确定向下一节点传送的路径，这就是路由选择。在数据报方式中，网络节点要为每个分组路由做出选择；而在虚电路方式中，只需在连接建立时确定路由。确定路由选择的策略称为路由算法。

设计路由算法时要考虑诸多技术要素：第一，考虑是选择最短路由还是选择最佳路由；第二，要考虑通信子网是采用虚电路的还是采用数据报的操作方式；第三，是采用分布式路由算法，即每节点均为到达的分组选择下一步的路由，还是采用集中式路由算法，即由中央节点或始发节点来决定整个路由；第四，要考虑关于网络拓扑、流量和延迟等网络信息的来源；第五，确定采用静态路由选择策略还是动态路由选择策略。静态路由选择策略和动态路由选择策略是根据路由算法能否随网络的通信量或拓扑结构自适应地进行调整变化来划分的。集中式路由算法和分布式路由算法都属于动态路由选择策略。

1. 静态路由选择策略

静态路由选择策略不用测量也无需利用网络信息，这种策略按某种固定规则进行路由选择，其中还可分为洪泛路由选择、固定路由选择和随机路由选择 3 种算法。

（1）洪泛路由选择。这是一种最简单的路由算法。一个网络节点从某条线路收到一个分组后，再向除该线路外的所有线路分别发送该分组。结果，最先到达目的节点的一个或若干个分组肯定经过了最短的路径，而且所有可能的路径都被尝试过。这种方法用于诸如军事网络等强壮性要求很高的场合。即使有的网络节点遭到破坏，只要源、目的之间有一条信道存在，则洪泛路由选择仍能保证数据的可靠传送。另外，这种方法也可用于将一个分组数据源传送到所有其他节点的广播式数据交换中。它还可被用来进行网络的最短路径及最短传输延迟的测试。但这种方法传输效率低、额外开销大、冗余空间多，实际应用不多。

（2）固定路由选择。这是一种使用较多的简单算法。每个网络节点存储一张表格（路由表），该表格中每一项记录着对应某个目的节点的下一跳节点或链路。当一个分组到达某节点时，该节点只要根据分组上的地址信息便可从固定的路由表中查出对应的目的节点及所应选择的下一跳节点。一般，网络中都有一个网络控制中心，由它按照最佳路由算法求出每对源、目的节点的最佳路由，然后为每一节点构造一个固定路由表并分发给各个节点。固定路由选择算法的优点是简便易行，在负载稳定、拓扑结构变化不大的网络中运行效果很好。它的缺点是灵活性差，无法应付网络中发生的阻塞和故障。

（3）随机路由选择。在这种方法中，收到分组的节点，在所有与之相邻的节点中为分组随机选择出一个节点。方法虽然简单，但实际路由不是最佳路由，这会增加不必要的负担，而且分组传输延迟也不可预测，故此法应用不广。

2. 动态路由选择策略

节点的路由选择是依靠网络当前的状态信息来决定的策略，称为动态路由选择策略。这种策略能较好地适应网络流量、拓扑结构的变化，有利于改善网络的性能。但由于算法复杂，会增加网络的负担。有 3 种动态路由选择策略算法：独立路由选择、集中式路由选择和分布式路由选择。

（1）独立路由选择。在这种路由算法中，节点仅根据自己搜集到的有关信息做出路由选择的决定，与其他节点不交换路由选择信息。由于每个节点只考虑本节点的运行状态，这种算法不能正确确定距离本节点较远的路由选择，但还是能较好地适应网络流量和拓扑结构的变化，只是这种适应性比较有限。一种简单的独立路由选择算法是 Baran 在 1964 年提出的热土豆（Hot Potato）算法：当一个分组到来时，节点必须尽快脱手，将其放入输出队列最短的方向上排队，而不管该方向通向何方。

（2）集中式路由选择。集中式路由选择也像固定路由选择一样，在每个节点上存储一张路由表。不同的是，固定路由选择算法中的节点路由表由人工制作，而在集中式路由选择算法中的节点路由表由路由控制中心 RCC（Routing Control Center）定时根据网络状态计算、生成并分送到各相应节点。由于 RCC 利用了整个网络的信息，所以得到的路由选择是完美的，同时也减轻了各节点计算路由选择的负担。但它缺乏坚定性，一旦 RCC 出故障，整个网络的路由选择功能将瘫痪。

（3）分布式路由选择。在采用分布式路由选择算法的网络中，所有节点定期地与其相邻的每个节点交换路由选择信息。各节点均存储一张以网络中其他节点为索引的路由选择表，网络中每个节点占用表中一项。每一项又分为两个部分，一部分是所希望使用的到目的节点的输出线，另一部分是估计到达目的节点所需要的延迟或距离。度量标准可以是毫秒或链路段数、等待的分组数、剩余的线路和容量等。

3.4.4　拥塞控制技术

拥塞现象是指到达通信子网中某一部分的分组数量过多，使得该部分网络来不及处理，以致引起这部分乃至整个网络性能下降的现象，严重时甚至会导致网络通信业务陷入停顿，即出现死锁现象。这种现象跟公路网中常见的交通拥挤一样，当节假日公路网中车辆大量增加时，各种走向的车流相互干扰，使每辆车到达目的地的时间都相对增加（即延迟增加），甚至有时在某段公路上车辆因堵塞而无法开动（即发生局部死锁）。

网络的吞吐量与通信子网负荷（即通信子网中正在传输的分组数）有着密切的关系。当通信子网负荷比较小时，网络的吞吐量（分组数/秒）随网络负荷（每个节点中分组的平均数）的增加而线性增加。当网络负荷增加到某一值后，若网络吞吐量反而下降，则表明网络中出现了拥塞现象。在一个出现拥塞现象的网络中，到达某个节点的分组将会遇到无缓冲区可用的情况，从而使这些分组不得不由前一节点重传，或者需要由源节点或源端系统重传，从而使通信子网的有效吞吐量下降。由此引起恶性循环，使通信子网的局部甚至全部处于死锁状态，最终导致网络有效吞吐量接近为零。

引起网络拥塞的原因是多方面的，由于网络各部分的速率、带宽、容量、分组数量等的不匹配都会造成网络拥塞。

比如，当某个节点缓冲区的容量太小时，到达该节点的分组会因无空间缓存而不得不被丢弃，又不得不被多次重传，从而发生网络拥塞现象。假如现在将该节点的缓冲区容量扩展到非常大，是不是就不会出现拥塞了呢？不是的。扩大缓冲容量虽然可以使到达该节点的分组都能在这缓存的队列中排队而不受任何限制，但由于输出链路的容量和处理机的速度并未提高，那么在该队列中的绝大多数分组就会因为排队等待的时间过长而被上层软件认为超时，从而把它们重传。因此，只有所有的部分都匹配了，拥塞的问题才能解决。拥塞控制就是要控制如何有效、公平地分配网络资源。

拥塞控制方法一般有以下 3 种：缓冲区预分配方法、分组丢弃法和定额控制法。

（1）缓冲区预分配方法。该法用于虚电路分组交换网中。在建立虚电路时，让呼叫请求分组途经的节点为虚电路预先分配一个或多个数据缓冲区。若某个节点缓冲器已被占满，则呼叫请求分组另择路由，或者返回一个"忙"信号给呼叫者。

（2）分组丢弃法。该法不必预先保留缓冲区，当缓冲区占满时，将到来的分组丢弃。若通信子网提供的是数据报服务，则用分组丢弃法来防止阻塞发生不会引起大的影响。但若通信子网提供的是虚电路服务，则必须在某处保存被丢弃分组的备份，以便拥塞解决后能重新传送。

（3）定额控制法。这种方法在通信子网中设置适当数量的称做"许可证"的特殊信息，一部分许可证在通信子网开始工作前预先以某种策略分配给各个源节点，另一部分则在子网开始工作后在网中四处环游。当源节点要发送来自源端系统的分组时，它必须首先拥有许可证，并且每发送一个分组注销一张许可证。目的节点方则每收到一个分组并将其递交给目的端系统后，便生成一张许可证。这样便可确保子网中分组数不会超过许可证的数量，从而防止了拥塞的发生。

拥塞的极端情况是死锁。死锁是网络中最容易发生的故障之一，即使在网络负荷不很重时也可能会发生。死锁发生时，一组节点由于没有空闲缓冲区而无法接收和转发分组，节点之间相互等待，既不能接收分组也不能转发分组，并一直保持这一僵局，严重时甚至导致整个网络的瘫痪。此时，只能靠人工干预来重新启动网络，解除死锁。但重新启动后并未消除引起死锁的隐患，所以可能再次发生死锁。死锁是由于控制技术方面的某些缺陷所引起的，起因通常难以捉摸、难以发现，即使发现，也常常不能立即修复。因此，在各层协议中都必须考虑如何避免死锁问题。

拥塞控制是很难设计的，因为它是一个动态的问题。不过总的来说可以用开环控制和闭环控制两种方法。开环控制方法就是，在设计网络时事先将有关发生拥塞的因素考虑周到，为求网络在工作时不产生拥塞，一旦系统运行起来就不能改了。闭环控制是通过监测系统来检测拥塞在何时何处发生，然后将拥塞发生的信息传送到可采取行动的地方，从而调整网络系统的运行以解决出现的问题。

3.5 传输层

3.5.1 传输层的功能

传输层又称运输层，是介于低三层通信子网系统和高三层之间的一层。传输层的作用是从端到端经网络透明地传送报文，完成端到端通信链路的建立、维护和管理。所谓端到端就是从进程到进程。传输层向高层用户屏蔽了高层以下通信子网的细节，使高层用户看不见实现通信功能的物理链路是什么，看不见数据链路采用什么控制规程，也看不见下面到底有几个子网以及这些子网是怎样互联起来的。传输层让高层用户看见的就好像是在两个传输层实体之间有一条端到端的可靠通信通路。通信子网中没有传输层，传输层只存在于通信子网以外的主机中。一个传输层协议通常可同时支持多个进程的连接。若通信子网所提供的服务越多，传输协议就可以做得越简单；反之，若通信子网所提供的服务越少，传输协议就必然越复杂。传输协议有时可以看成是传输层所提供的服务与网络层提供的服务之差。在极端情况下，若网络层提供的服务达到了传输层应提供的服务，则传输协议甚至就不需要了。由于有了传输层，用户（即会话实体）在进行通信时就不必知道通信网的构成及线路质量等，也不必考虑子网是局域网还是公用分组交换网，用户在传送数据时不必关心数据传送方法的细节，但传输层不对所传送的数据内容进行加工处理。

传输层协议与数据链路层协议相比，主要区别为：数据链路层的环境是两个分组交换节点直接通过一条物理信道进行通信，而传输层的环境则是两个主机以整个子网为通信信道进行通信。这样就使传输层的环境比数据链路层的环境复杂得多，因而其流量控制也较为复杂。

3.5.2 传输协议的分类

网络的服务质量大致有 3 种类型：A 型、B 型、C 型。

- A 型：网络连接具有可接受的低差错率和可接受的低故障通知率。A 型网络服务是一个完善的、理想的、可靠的网络服务，这时的传输层协议非常简单。然而实际的网络很少能达到这个水平。

- B 型：网络连接具有可接受的低差错率和不可接受的高故障通知率。对于 B 型网络连接，传输协议必须提供差错恢复的功能。多数 X.25 公用分组交换网络提供的是 B 型网络服务。

- C 型：网络连接对传输层服务用户来说具有不可接受的高差错率。C 型网络服务质量最差。此时要求传输层具有更强的差错恢复能力。大多数无线分组网属于这种类型。

为了能够在各种不同的网络上进行不同类型的数据传送，ISO 定义了 5 类传输协议，即第 0～4 类传输协议，它们都是面向连接的。

第 0 类传输协议最简单，它的功能就是建立一个简单的端到端的传输连接，并可以在数据传送阶段将长数据报文分段传送，没有差错恢复功能，也没有将多条传输连接复用到一条网络连接上的能力，主要是面向 A 型网络服务。

第 1 类传输协议也较简单，只是增加了基本的差错恢复功能，主要是面向 B 型网络服务。

第 2 类传输协议具有连接复用功能，但没有对网络连接出现故障的恢复功能，这类协议还具有相应的流量控制功能，主要是面向 A 型网络服务。

第 3 类传输协议包含了第 1 类和第 2 类传输协议的功能，既有差错恢复功能又有复用功能，主要是面向 B 型网络服务。

第 4 类传输协议是最复杂的，功能较齐全，具有差错检测、控制、恢复、复用等功能，可以在质量较差的网络上保证高可靠的数据传输，主要是面向 C 型网络服务。

ISO 关于传输协议只提供了一种连接突然释放服务，在这种释放中，处于两个传输实体之间的数据有可能丢失，美国国家标准局联邦信息处理标准 NBS FIPS 中则有一个可以使正在传送的数据不因连接释放而丢失的服务选项，即文雅释放（Graceful Close）。

3.5.3 传输层协议的要素

传输层协议的实现取决于它赖以运行的网络环境以及它提供的服务类型。下面假定传输层必须满足不可靠的网络服务，传输层协议必须要解决如下 5 个问题：

（1）寻址。

寻址功能关系到用户如何在网络中标识自己或得到其他用户的名字地址，这是传输层协议必须具备的功能。对地址的编排多采用层次型地址，例如：

地址=<国家><网络><主机><端口>

<国家>和<网络>字段在整个网络中有效，而<主机>和<端口>只在它所属的系统中有局部意义。

（2）建立连接、数据传送和拆除连接。

- 建立连接。传送层连接的建立要保证双方建立起连接，使通信双方确信对方存在，协商任选参数（传输协议数据单元 TPDU 长度、窗口大小、服务质量等）和分配传输实体资源（存储缓冲区、连接入口表项等）。

- 数据传送。用户进程建立起连接后，就进入数据传送阶段。数据传送按 TPDU 的大小和格式组织，数据传送包括一般数据传送和加速数据传送。加速数据传送比一般数据传送有更高的优先权。传输层要向用户提供可靠的、透明的数据传送，以保证传输层协议数据单元 TPDU 不出错、不丢失、不重复和按次序向目的地提交数据，还要进行流量控制。

- 拆除连接。如传输实体从用户收到一个拆除连接的通知，就除去未送完的数据，并发出一个拆除连接请求 TPDU 给对方。当对方传输层收到拆除请求后，就发回一确认 TPDU，除去未接收完的数据，并通知用户。为增加拆除连接的可靠性，常用三次握手法拆除连接。

（3）流量控制。

传输层的流量控制，在很多方面与数据链路层相似，都是为防止发送过快而超过接收者的能力，采用的方法都是基于滑动窗口的原理。数据链路层由于连线少、通信量大，常采用固定窗口大小，而传输层则采用动态窗口管理和动态缓冲分配策略。

（4）多路复用。

当传输服务用户进程产生的信息流较少时，可将多个传输连接映射到一个网络连接上，以便充分利用网络连接的传输效率，即所谓向上多路复用。相反，当一对进程间传送的信息量大于网络连接（即一条虚电路）所能传送的信息量时，该传输连接可打开多个网络连接（即多条虚电路），以便多条网络连接共同传送同一个传输连接的信息，实现对传输服务用户进程信息分流传输，以保证传输层信息吞吐量的要求，即所谓向下多路复用。

（5）崩溃恢复。

当传输实体所在的主机系统崩溃后，所有连接状态信息都丢失了。如果主机系统重新启动，受崩溃影响的连接就变成了半开通的连接，因为另外一方没有经历崩溃的灾难，并不知道对方出了问题。传输实体应该保留一个"放弃定时器"，这个定时器测量等待一个多次重传的TPDU 的应答信号的时间。定时器超时后，传输实体就认为另外一边的传输实体或中间的网络已经失效，自动关闭连接，并把异常情况通知上层的传输用户。未崩溃方等待对方重新启动后发来的信号，双方进行协调后，再从崩溃处开始新的工作。

3.6 高层

3.6.1 会话层

会话层建立在传输层提供的完整提交平台上，因而它不必担心协议数据单元的损坏和丢失，差错恢复的工作都由传输层完成了。会话层的任务主要是在传输连接的基础上提供增值服务，对端用户之间的对话进行协调和管理。所谓一次会话，就是两个用户进程之间为完成一次完整的通信而建立会话连接。应用进程之间为完成某项处理任务而需要进行一系列内容相关的信息交换，会话层就是为有序地、方便地控制这种信息交换提供控制机制。

会话层完成的主要功能有：

（1）会话连接到传输连接的映射。

会话连接要通过传输连接来实现，会话连接和传输连接有 3 种对应关系：一个会话连接对应一个传输连接；多个会话连接对应一个传输连接，它表示相继建立的几个会话使用同一个传输连接，但不能把多个会话连接同时对应一个传输连接，即会话层不支持多路复用；一个会话连接对应多个传输连接，它表示一个会话跨越了几个传输连接。

（2）数据传送。

会话用户进程间的数据通信大多数是交互式的半双工通信方式，对半双工交互式的会话服务用户之间的通信用数据令牌来控制，有数据令牌的会话服务用户才可以发送数据，另一方只能接收数据。当数据发完后，就将数据令牌转让给对方，对方也可以请求令牌。持有释放令牌的会话服务用户可以释放连接，任一方释放连接都要得到对方的认可才可执行释放连接的动作；否则要继续维持数据交换，这称为有序释放或协商释放，以避免随意释放引起的数据丢失。这样解决了谁发送以及发送完整数据的问题，使会话有顺序地进行。数据分为常规数据、加速数据、特权数据和能力数据。

（3）同步。

用户的会话可由对话单元组成，一个对话单元是基本的交换单元且每个对话单元都是单向的、连续的。会话用户可按对话单元交互传送。因此，不同的对话单元可以不是一个方向的，主同步点就是在数据流中标出对话单元。一个主同步点表示前一个对话单元的结束，下一个对话单元的开始。在一个对话单元内部即两个主同步点之间可以设置次同步点，用于对话单元数据的结构化。同步点的设置是为了便于实现同步操作，即重新同步。如将一个文件连续发送给对方，一旦出现错误，从双方同意的同步点处重新开始继续传送，而不必从文件的开头恢复会话，以提高传送的效率。

（4）活动管理。

会话服务用户之间的交互对话可以划分为不同的逻辑单元，每个逻辑单元称为活动。每个活动完全独立于它前后的其他活动，并且具有完整的逻辑功能。一个活动可以包含多个对话单元，活动包含的信息是双向的，一个对话单元只能是单方向的，而一个会话包含多个活动，一个活动又可以被中断，当它恢复执行时不会丢失信息。活动管理是构成一个会话的主要方法。

3.6.2　表示层

表示层向应用提供数据的表示，要解决不同系统的数据表示问题，解释所交换数据的意义，进行正文压缩及各种变换，如代码转换、格式变换等，以便用户使用，使采用不同表示方法的各开放系统之间能相互通信。此外，利用密码对正文进行加密、解密也是该层的任务。

1. 数据转换

不同的计算机有不同的数据内部表示，如不同的机器字长、不同的浮点数格式、不同的字符编码等。在采用 ASCII 码的计算机中，使用的编码也不尽相同。显然这就使得开放的系统之间不能简单地交换数据。数据转换的主要任务是把要传送的数据按协议格式表示成收发双方都能理解的形式。因此，为使不同计算机之间进行通信时不曲解原数据含义，必须建立一种统一的数据格式转换机制。为此国际标准化组织 ISO 综合和吸收了许多高级程序设计语言对数据类型的描述方法，制定了被称为抽象语法表示法 ASNI.1（Abstract Syntax Notaion.1）标准（即 ISO8824）和相配套的基本编码规则 BER（Basic Encoding Rule）。通过抽象语法和传送语法把信息传送到远端系统，远端系统按照同样的方法对信息进行还原。

2. 数据压缩

在网络环境下，为了节省通信带宽、减少传输费用和加快传输速度，常常采用数据压缩的办法来减少发送的数据量。数据压缩的方法有多种，如缩写法、霍夫曼（Huffman）编码、上下文相关编码等。

3. 数据加密

为了保证网络上传输的数据不被恶意地复制、窃听或加入非法信息，必须对传输的信息加密，收方收到加密的信息后再进行解密。

3.6.3　应用层

应用层是 OSI 的最高层，也是用户访问网络的接口层，是直接面向用户的。在 OSI 环境下，为用户提供各种网络服务，如电子邮件、文件传输、虚拟终端、远程登录等。

应用层包含了若干独立的、用户通用的服务模型，其主要目的是为用户提供一个窗口，用户通过这个窗口互相交换信息。应用层的内容完全取决于用户，各用户可以各自决定要完成什么功能和使用什么协议，该层包括的网络应用程序有的由网络公司提供，有的是用户自己开发。对于一些常用的服务功能，人们制定了标准，避免了一些重复的工作。

 习题三

一、选择题

1. 在组成网络协议的三要素中，（　　）是指用户数据与控制信息的结构与格式。

　　A. 语法　　　　　　B. 语义　　　　　　C. 时序　　　　　　D. 接口

2. 在 OSI 参考模型中，（　　）是介于低三层通信子网系统和高三层之间的一层。

　　A. 物理层　　　　　B. 数据链路层　　　C. 网络层　　　　　D. 传输层

3. 在 OSI 参考模型中，数据链路层的数据服务单元是（　　）。

　　A. 比特序列　　　　B. 分组　　　　　　C. 报文　　　　　　D. 帧

二、填空题

1. 路由算法主要依据两种路由选择策略：一种是静态路由选择策略，另一种是_____。

2. 物理层标准规定了物理接口的_____、_____、_____和_____。

3. _____是实现高层网络互连的设备。

三、简答题

1. 什么是网络体系结构？为什么要定义网络体系结构？

2. 网络互连有何实际意义？进行网络互连时，有哪些共同的问题需要解决？

3. 请比较虚电路服务与数据报服务的异同。

4. 简述防止拥塞的几种方法。

第 4 章   TCP/IP 体系结构

本章主要介绍 TCP/IP 的体系结构。通过本章的学习，读者应能够：
- 了解 TCP/IP 模型以及与 OSI 参考模型的比较
- 熟悉和掌握 TCP/IP 模型各层协议的功能及基本原理

4.1   TCP/IP 协议概述

TCP/IP（Transmission Control Protocol/Internet Protocol，传输控制协议/网际协议）是 Internet 的基本协议。TCP/IP 于 20 世纪 70 年代开始被研究和开发，经过不断的应用和发展，目前已广泛应用于各种网络中，它既可用于组成局域网，也可用于构造广域网环境。可以说，TCP/IP 的逐步发展为 Internet 的形成奠定了基础。目前，UNIX、Windows、NetWare 等一些著名的网络操作系统都将 TCP/IP 纳入其体系结构中，TCP/IP 已成为事实上的国际标准。

TCP/IP 是个协议族，是由一系列支持网络通信的协议组成的集合。它除了代表 TCP 和 IP 这两个通信协议外，还包括与 TCP/IP 相关的数十种通信协议，如 ICMP、ARP、RARP、SLIP、PPP、UDP、DNS、SMTP、SNMP、Telnet、FTP 等。在 TCP/IP 协议族里，每一种协议负责网络数据传输中的一部分工作，为网络中数据的传输提供某一方面的服务。

4.1.1   TCP/IP 模型

TCP/IP 模型也称为互联网参考模型，虽然它与 OSI 模型各有自己的结构，但这两种模型的设计目的是很相似的，并且它们的设计者之间进行过许多沟通和相互学习，从而使得 OSI 模型与 TCP/IP 模型之间具有一定的关联。TCP/IP 模型由 4 个层次组成：网络接口层、网际层、传输层和应用层，如图 4-1 所示。

OSI 模型	TCP/IP 协议					TCP/IP 模型
应用层	文件传输协议 FTP	远程登录协议 Telnet	电子邮件协议 SMTP	网络文件服务协议 NFS	网络管理协议 SNMP	应用层
表示层						
会话层						
传输层	TCP		UDP			传输层
网络层	IP	ICMP	ARP	RARP		网际层
数据链路层	Ethernet IEEE 802.3	FDDI	Token-Ring/ IEEE 802.5	ARCnet	PPP/SLIP	网络接口层
物理层						硬件层

图 4-1   TCP/IP 模型与 OSI 模型的比较

其各层的功能如下：

（1）网络接口层。

网络接口层又称数据链路层，处于网际层之下，负责接收 IP 数据报，并把数据报通过选定的网络发送出去，或者从网络口接收物理帧，装配成 IP 数据报上交给网际层。

该层包含操作系统中的设备驱动程序和计算机中对应的网络接口卡，也可能是一个复杂的使用自己的数据链路协议的子系统（例如，网络是由分组交换机组成的时候，这些分组交换机是使用 HDLC 协议与主机进行通信的）。它们一起处理与电缆（或其他任何传输媒介）的物理接口细节。目前基于以太网（Ethernet）技术的局域网使用最普遍。

网络接口层与硬件层之间传递的是各种不同格式的网络帧，如以太网、令牌环网的帧，它屏蔽了具体物理网络的各种差异，为 IP 层提供了统一的处理接口。

（2）网际层。

网际层又称 IP 层，主要负责机器之间的通信问题。该层行使寻址、数据的封装、数据报的分段和路由选择功能，它类似于 OSI 的网络层。网际层包括的核心协议有：

- 网际协议（IP）。IP 为一路由协议，负责 IP 寻址、信息包的分装和重组。
- 网间控制消息协议（ICMP）。ICMP 负责提供诊断功能，报告关于 IP 信息包传送的错误或信息。
- 地址解析协议（ARP）。ARP 负责将 IP 地址转换为物理地址。
- 逆向地址解析协议（RARP）。RARP 通过广播发送物理地址来获取主机的 IP 地址。

（3）传输层。

该层负责提供应用程序间（即端到端）的通信。源端的应用进程通过传输层可以与目的端的相应进程进行直接会话。它包含 OSI 传输层的功能和 OSI 会话层的某些功能。传输层的核心协议是 TCP 协议和用户数据报协议（UDP）。

TCP 协议是一个面向连接的数据传输协议，它提供数据的可靠传输。TCP 负责 TCP 连接的确立、信息包发送的顺序和接收，防止信息包在传输过程中丢失。

UDP 协议是一个提供无连接服务的协议。UDP 协议提供的传输是不可靠的，它虽然实现了快速的请求与响应，但是不具备纠错和数据重发功能。当被转移的数据量很小（如数据刚好为一数据报）时，或不想建立一个 TCP 连接时，或上层协议提供可靠传输时，采用 UDP。

（4）应用层。

应用层处在 TCP/IP 模型的最高层，用户调用应用程序来访问 TCP/IP 互联网络，以享受网络上提供的各种服务。应用程序负责发送和接收数据。每个应用程序可以选择所需要的传输服务类型把数据按照传输层的要求组织好，再向下层传送。应用层包括 DNS、SMTP、SNMP、Telnet、FTP、HTTP 等协议。

4.1.2　TCP/IP 与 OSI 参考模型的比较

TCP/IP 与 OSI 两种参考模型有很多相似之处：

- 都是分层的结构。
- 在同层都确定协议栈（也称簇）的概念。
- 以传输层为分界，其上层都希望由传输层提供（终）端—（终）端的、与网络环境无关的传输服务。传输层的上层都是传输服务的用户，这些用户以信息处理为主导。

然而，TCP/IP 与 OSI 仍有较大区别：

- 在物理层和链路层，TCP/IP 未做规定，表明 TCP/IP 可以使用 OSI 的物理层和链路层协议，所以这里的区别很小。由于这两层的功能很多，必须分两层讲述，TCP/IP 不分层正是它的缺陷，也是一种失算。OSI 的高层分为会话层、表示层、应用层，从理论上构成完美的结构。而 TCP/IP 在这里未做分层，一揽子称为各种应用协议，即应用层，因此有利于计算机网络的工业生产，所以称为工业标准。

- OSI 先有分层模型，后有协议规范。这一点意味着该分层模型不偏向任何特定的协议，因此具有通用性。而 TCP/IP 先有协议后有模型，模型是对协议的分层描述，因此该模型只适用于 TCP/IP 协议，对非 TCP/IP 网络并不适用。况且，OSI 的分层严格，有利于网络功能的相对独立，有利于网络建造和维护。而 TCP/IP 的层次观念并不像 OSI 那样严格。与分层相关联，OSI 具有明确的服务与协议区别，从而完善了分层协议的独立性，更有利于在技术上对协议修正，甚至是替换。

- 就通信方式而言，OSI 非常重视连接通信，建立了连接型通信的完美体系，但对无连接的数据报通信并不重视；而 TCP/IP 一开始就重视数据报通信。计算机网络发展的进程表明，数据报传送不仅适用于互联网中的数据传送，而且还适用于话音分组传送，有利于高速、综合业务网的建立。故 TCP/IP 的研究者战略眼光更远大。OSI 的网络层同时支持面向连接的通信和无连接的数据报通信，但是其传输层只支持面向连接的通信；而 TCP/IP 的传输层既支持面向连接的通信，也支持无连接的数据报通信，从而给高层用户提供可选择通信方式的机会，其网际层只支持无连接的数据报通信。

- 对网络互联问题，二者也有区别。OSI 提出使用标准的公用数据网为主干网，且将各种不同系统连接在一起，而 TCP/IP 专门建立了互联网协议 IP，用于各种异构网的互联。从目前全世界网络五花八门的现状来看，TCP/IP 的考虑甚为实用。

总体上来讲，OSI 是严格的分层结构的理论模型，实现起来比较困难。而 TCP/IP 是简化的分层结构的实用模型，实现起来比较容易。

4.2 网际层协议

在 TCP/IP 协议族中，工作在网络层的协议主要有 IP 协议、ICMP 协议、ARP 协议和 RARP 协议、SLIP 协议和 PPP 协议。

4.2.1 IP 协议

IP 协议的主要作用是逻辑地标识网络节点的位置，以及向数据封装中添加信息以表明数据的原始发送者和最终接收者。IP 地址是 IP 协议用来在网络中逻辑地标识网络节点位置的工具，它是一种逻辑地址（相对的 MAC 地址被看做是物理地址）。IP 协议负责为传输层产生的数据段封装 IP 首部，在该首部中主要添加了源 IP 地址和目的 IP 地址，从而指示了该数据报所要到达的目的端主机在网络上的逻辑位置。

图 4-2 给出了 IP 首部的格式，在网络运行中，每个协议层或每个协议都包含一些供它自己使用的信息。这些信息通常置于数据的前面，通常把它叫做首部。首部中含若干特定的信息

单元，称为字段。一个字段可以包含数据报要发往的地址，或者用来描述数据到达目的地时应该对数据进行何种操作。

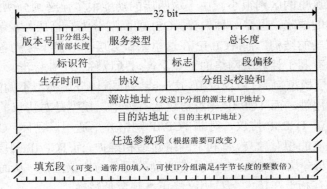

图 4-2　IP 首部的格式

在网际层中，数据以 IP 数据报的格式相互进行传递。其中 IP 数据报格式中的前面部分就是 IP 首部，紧接着的才是 IP 数据报数据的有效负载。源计算机上的 IP 协议软件负责创建 IP 首部（即打包），而目的地计算机的 IP 软件则要查看 IP 首部信息中的指令（即解包），以确定应对数据报中的数据有效负载执行什么操作。IP 首部中存在着大量的信息，包括源主机和目的主机的 IP 地址，甚至包含对路由器的指令。IP 数据报从源计算机经过的每个路由器都要查看甚至更新 IP 首部中的某个部分。

下面分别说明 IP 首部中每一个字段的意义。

（1）版本号。该 4 位字段标识当前协议支持的 IP 版本号，在处理 IP 分组之前，所有的 IP 软件都要检查分组的版本号字段，以保证分组格式与软件期待的格式一样。如果标准不同，机器将拒绝与其协议版本不同的 IP 分组。这里给出的是对版本为 4 的 IP 的描述。

（2）IP 分组首部长度。该 4 位字段表示 IP 分组首部的长度，取值范围是 5～15。由于 IP 分组首部格式的长度单位是 4 字节，因此首部长度的最大值是 15×4=60 字节。当 IP 分组首部长度不是 4 字节的整数倍时，必须利用最后一个填充字段加以填充。这样，数据部分永远在 4 字节的整数倍时开始，实现起来比较方便。首部长度限制为 60 字节的缺点是有时不够用（如长的源路由），但这样做的用意是要用户尽量减少额外开销。

（3）服务类型。该 8 位字段说明分组所希望得到的服务质量，它允许主机制定网络上传输分组的服务种类及高层协议希望处理当前数据报的方式，并设置数据报的重要性级别，允许选择分组的优先级，以及希望得到的可靠性和资源消耗。

（4）总长度。该 16 位字段给出 IP 分组的字节总数，包括分组首部和数据的长度。由于总长度字段有 16 位，所以最大 IP 分组允许有 65536 字节，这对某些子网来说是太长了，这时应将其划分成较短的分组报文段，每一段加上首部后构成一个完整的数据报。IP 的总长度并不是指未分段前的 IP 报文总长度，而是指分段后形成的 IP 分组的首部长度与数据长度的总和。

（5）标识符。该 16 位字段包含一个整数，用来使源站唯一地标识一个未分段的 IP 分组，该分组的标识符、源站和目的站地址都相同，且"协议"字段也相同。该字段可以帮助将数据报再重新组合在一起。IP 分组在传输时，其间可能会通过一些子网，这些子网允许的最大协议数据单元 PDU 的长度可能小于该 IP 分组长度，为处理这种情况，IP 为以数据报方式传送的 IP 分组提供了分段和重组的功能。当一个路由器分割一个 IP 分组时，要把 IP 分组首部中的大多数段值拷贝到每个分组片段中，这里讨论的标识符段必须拷贝。它的主要目的是使目的站地址知道到达的哪些分组片断属于哪个 IP 分组。源站点计算机必须为发送的每个 IP 分组分别产生一个唯一的标识符字段值。为此，IP 软件在计算机存储中保持一个全局计数器，每建立一个 IP 分组就加 1，再把结果放到 IP 分组标识符字段中。

（6）标志段。3 位的标志段含有控制标志，如图 4-3 所示。不可分段位（Don't Fragment，DF）的意思是不许将数据报进行分段处理，因为有时目的站并不具备将收到的各段组装成原来数据报的能力。DF 置"1"，禁止分段；DF 置"0"，允许分段。当一个分组片到达时，分组首部中的总长度是指该分组的长短，而不是原始报文的长短，这样就无法判断该报文的所有分组段是否已收集齐全。当"还有分组段位"置"0"时，就说明这个分组段的数据为原始报文分组的尾部；置"1"时，表明不是最后的分组段。未定义字段，必须是"0"。

图 4-3　标志段的含义

（7）段偏移。13 位的段偏移（Fragment Offset）字段表明当前分组段在原始 IP 数据分组报文中数据起点的位置，以便目的站点能够正确地重组原始数据报。

（8）生存时间。8 位的生存时间字段指定 IP 分组能在 Internet 互联网中停留的最长时间，记为 TTL（Time To Live），计数器单位为秒。当该值降为 0 时，IP 就被放弃。该段的值在 IP 分组每通过一个路由器时都减去 1。该段决定了源发 IP 分组在网上存活时间的最大值，它保证 IP 分组不会在一个互联网中无休止地循环往返传输，即使在路由表出现混乱，造成路由器为 IP 分组循环选择路由时也不会产生严重的后果。

（9）协议。8 位的协议字段表示哪一个高层协议将用于接收 IP 分组中的数据。高层协议的号码由 TCP/IP 中央权威管理机构予以分配。例如，该段值的十进制值表示对应于互联网控制报文协议 ICMP 是 1，对应于传输控制协议 TCP 是 6，对应于外部网关协议 EGP 是 8，对应于用户数据报协议 UDP 是 17，对应于 OSI/RM 第 4 类传输层协议 TP4 是 29。

（10）分组首部校验和。16 位的分组首部校验和字段保证了 IP 分组首部值的完整性，当 IP 分组首部通过路由器时，分组首部发生变化（如 TTL 生存时间段值减 1），校验和必须重新计算。校验和的计算非常简单，首先在计算前将校验和字段的所有 16 位均赋值 0，然后 IP 分组首部从头开始每两个字节为一个单位相加，若相加的结果有进位，则将和加 1。如此反复，直至所有分组首部的信息都相加完为止，将最后的和值对 1 求补，即得出 16 位的校验和。

（11）源站地址。32 位，发送数据报的源主机 IP 地址。

（12）目的站地址。32 位，接收数据报的目的主机 IP 地址。

（13）任选参数项。可变长度，用于提供任选服务，如时间戳、错误报告和特殊路由等。

（14）填充段。可变长度，在必要的时候插入值为 0 的填充字节，这样就保证了 IP 首部始终是首部长度 32 bit 的整数倍（这是首部长度所要求的）。

IP 首部后紧接着的部分是 IP 数据报数据的有效负载，它通常包含传输层中的 TCP、UDP 数据信息，或是同层的 ICMP 等数据，其长度可变（但不能超过最大传输单位）。

4.2.2 IP 地址的使用

TCP/IP 协议使用 IP 地址逻辑地标识网络上的节点。同时，IP 协议通过向数据报内添加源 IP 地址和目的 IP 地址表示数据报的来源和目的地。另外，工作在网络层上的网络设备，如路由器，可以根据 IP 地址学习路由信息，为数据报寻找到达目的地的最佳路径。

在 TCP/IP 网络上，每台连接在网络上的计算机与设备都被称为"主机"，而主机与主机之间的沟通需要通过以下 3 个桥梁：IP 地址、子网掩码和 IP 路由器。

1．IP 地址

在以 TCP/IP 为通信协议的网络上，每台主机都必须拥有唯一的 IP 地址，该 IP 地址不但可以用来标识每一台主机，其中也隐含着网络的信息。

IP（版本 4）地址共占用 32 个二进制位，一般是由 4 个十进制数来表示（W.X.Y.Z），每个数字占一个字节，它们之间用点隔开，例如 192.168.2.3，这种表示方法叫做点分十进制法。

这个 32 位的 IP 地址包含了 Network ID 与 Host ID 两部分：

- Network ID：网络标识码，每个网络区域都有唯一的网络标识码。
- Host ID：主机标识码，同一个网络区域内的每一台主机都必须有唯一的主机标识码。

如果网络要与外界沟通，为了避免网络中主机所使用的 IP 地址与外界其他网络内的主机 IP 地址相同，必须为网络申请一个 Network ID，也就是该网络区域内的主机都使用一个相同的 Network ID，然后给网络中的每台主机分配唯一的 Host ID，因此网络上的每台主机都有唯一的 IP 地址（Network ID 与 Host ID 的组合）。

为了适合不同大小规模的网络需求，IP 地址被分为 A、B、C、D、E 五大类，其中 A、B、C 类是可供 Internet 网络上主机使用的 IP 地址，而 D、E 类是供特殊用途使用的 IP 地址。可以根据具体的网络规模来申请适合的 Network ID 类别。

- A 类：A 类的 IP 地址适合于超大型的网络，其 Network ID 占用一个字节（W），但 W 值的可用范围是 1～126。因此，总共有 126 个 A 类的 Network ID。Host ID 共占用 X、Y、Z 三个字节，它提供 $2^{24}-2=16777214$ 个 IP 地址。减 2 是因为 Host ID 全为 0 或全为 1 的地址被保留，有特殊用途。
- B 类：B 类的 IP 地址适合于大中型网络，其 Network ID 占用两个字节（W、X），但 W 值的可用范围为 128～191，它可提供 (191-128+1)*256= 16384 个 B 类的网络。Host ID 占用 Y、Z 两个字节，因此每个 B 类网络可支持 $2^{16}-2=65534$ 台主机。
- C 类：C 类的 IP 地址适合于小型网络，其 Network ID 占用三个字节（W、X、Y），但 W 值的可用范围为 192～223，它可提供 (223-192+1)*256*256=2097152 个 C 类的网络。Host ID 只占用 Z 一个字节，因此每个 C 类网络可支持 $2^{8}-2=254$ 台主机。
- D 类：D 类的 Network ID 用于多点播送，其 W 值的可用范围为 224～239。
- E 类：这是一个用于扩展的 Network ID，其 W 值的可用范围为 240～254。

这五大类的 IP 地址中，只有 A、B、C 类可供 Internet 网络上的主机使用。在使用时，还需要排除以下几种特殊的 IP 地址：

- Network ID 不可以为 127：127 是用来做循环测试的，不可以做其他用途。可以用 ping l27.0.0.1 命令作为循环测试，以便检查网卡及其驱动程序是否正常运行。
- Network ID 与 Host ID：以二进制位来看不可以全为 1 或全为 0（以十进制来看，不可以是 255 或 0）。例如，不可以将某一台主机的 IP 设为 192.168.2.255。255 代表广播地址，如果向 192.168.2.255 这个地址发送信息，则表示是将信息广播给 Network ID 为 192.168.2 网段内的每一台主机。

如果公司所申请的 IP 地址数不够用，或者出于安全性的考虑，不让某些主机直接与外界沟通，那么如何让公司内部网络所有的计算机都能够使用 TCP/IP 协议呢？

利用私有地址是一个较好的方法，通过在企业或组织内部使用私有地址，可以不为局域网中的主机分配互联网可用的地址，从而节约有限的 IP 地址资源。

在 A、B、C 类地址中都保留了一些私有地址，供这类网络自行使用，如表 4-1 所示。

表 4-1　私有 IP 地址

私有 IP 地址	子网掩码
10.0.0.0～10.255.255.255	255.0.0.0
169.254.0.0～169.254.255.255	255.255.0.0
172.16.0.0～172.31.255.255	255.255.0.0
192.168.0.0～192.168.255.255	255.255.255.0

私有地址是不可以在互联网上使用的。当 IP 数据报的目的主机地址为私有地址时，路由器不会转发这些数据报，以确保其不会出现在 Internet 上。

2. 子网掩码

（1）利用子网掩码获得 IP 地址的 Network ID 和 Host ID。当 TCP/IP 网络上的主机相互通信时，可以利用子网掩码从 IP 地址中得到 Network ID 和 Host ID，然后判断这些主机是否处在相同的网络区段内，即 Network ID 是否相同。

A 类 IP 地址的子网掩码为 255.0.0.0，B 类 IP 地址的子网掩码为 255.255.0.0，C 类 IP 地址的子网掩码为 255.255.255.0（255 为二进制的 8 位 1，0 为二进制的 8 位 0）。其中为 1 的位用来确定 Network ID，为 0 的位用来确定 Host ID。

例如，某 A 主机的 IP 地址为 192.168.2.3，计算其 Network ID 的方法是将 IP 地址与子网掩码（子网掩码为 255.255.255.0，因为该 IP 地址是 C 类地址）相对应的二进制位做 AND 逻辑运算，取得子网掩码为 1 的 IP 地址的相应位，即为 Network ID。在 IP 地址中去除 Network ID 后，其余的部分就是 Host ID。

```
192.168.2.3    →    11000000  10101000  00000010  00000011
255.255.255.0  →    11111111  11111111  11111111  00000000
AND 后的结果   →    11000000  10101000  00000010  00000000
                     （192）     （168）     （2）
```

因此，IP 地址 192.168.2.3 的 Network ID 是 192.168.2，而 Host ID 为 3。

若 C 主机的 IP 地址为 192.168.2.4（子网掩码为 255.255.255.0），当 A 主机要和 C 主机通信时，A 主机和 C 主机都会分别将自己的 IP 地址与子网掩码做 AND 运算，得到这两台主机的 Network ID 都是 192.168.2。因此，判断这两台主机是在同一个网络区域内，可以直接通信。如果两台主机不在同一个网络区域内（Network ID 不同），则无法直接沟通，必须通过路由器进行通信。

（2）利用子网掩码划分子网。子网掩码的另一个作用就是将一个网络划分为几个以 IP 路由器连接的子网，如果单位有多个分散的网络，则每个网络都需要有一个单独的 Network ID。当然，可以为每个分散的网络申请一个 Network ID；但是也可以只申请一个 Network ID，然后借助于子网掩码将这个 Network ID 划分为若干个子网。

例如，某单位有 4 个分布于各地的局域网，每个网络都各有约 60 台主机，但是因为经费上的考虑，只申请了一个 C 类的 Network ID（如为 202.197.147）。正常情况下，C 类 IP 地址的子网掩码应该设为 255.255.255.0，这样所有的计算机必须在同一个网络区域内才能相互沟通，而现在网络却分散在 4 个地区。若将分散的 4 个局域网通过路由器连接起来，而其 4 个网络的 Network ID 又相同，则发生冲突。解决办法就是更改子网掩码，将原 Host ID 中的最高两位更改作为子网 ID，也就是说，将 Host ID 中最高的两位用来划分子网，这两位已经不再属于 Host ID 了。这时子网掩码设为 255.255.255.192，注意最后一个字节为 192，而不是 0（192 的二进制值为 11000000，其最高的 2 位是 11）。

两个二进制位有 00、01、10、11 共 4 种组合，它可划分出 4 个子网。这时，每个子网可提供的 IP 地址将如何分布呢？IP 地址的前 3 个字节当然还是 202.197.147，而第 4 个字节则如表 4-2 所示。

表 4-2　IP 地址的第 4 个字节

子网	子网 ID	第 4 个字节的二进制值	第 4 个字节的十进制值
第 1 个子网	00	00000001～00111110	1～62
第 2 个子网	01	01000001～01111110	65～126
第 3 个子网	10	10000001～10111110	129～190
第 4 个子网	11	11000001～11111110	193～254

在 IP 地址的第 4 个字节中，属于 Host ID 的只有 6 位（位 0 到位 5），还必须去掉全部为 0（000000）与全部为 1（111111）的地址，而位 6、位 7 已成为子网 ID 了。

因此，各子网所提供的 IP 地址范围与子网掩码的设置将如表 4-3 所示。

表 4-3　IP 地址与子网掩码

子网	子网 ID	可用的 IP 地址	子网掩码
第 1 个子网	00	202.197.147.1～202.197.147.62	255.255.255.192
第 2 个子网	01	202.197.147.65～202.197.147.126	255.255.255.192
第 3 个子网	10	202.197.147.129～202.197.147.190	255.255.255.192
第 4 个子网	11	202.197.147.193～202.197.147.254	255.255.255.192

这 4 个划分的子网都各有 62 个 IP 地址，分别可以满足 60 台主机的需求。

3．默认网关

在同一个网络区域（Network ID 相同）内的主机，可以直接相互通信；而在不同网络区域（Network ID 不同）内的主机，则无法直接相互沟通，必须通过 IP 路由器进行中转。

两个使用 TCP/IP 协议的网络之间的连接可以依靠 IP 路由器来完成，例如图 4-4 中的甲、乙两个网络是利用路由器来连接的。如果网络甲上的主机 A 要向网络乙上的主机 F 发送信息。首先，主机 A 会将自己的 IP 地址和目标主机 F 的 IP 地址分别与子网掩码做 AND 运算，得知这两者的 Network ID 不同，不是在同一个网络区域内，故无法直接沟通，则必须通过路由器进行通信。其次，主机 A 会将数据送到默认网关路由器；再次，由路由器根据路由表将数据送到网络乙，最后送到网络乙的主机 F。

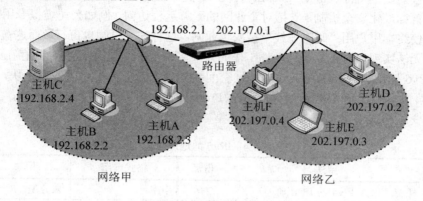

图 4-4　通过路由器沟通

4. IPv6 的介绍

IPv4 地址总量约为 43 亿个，随着网络的迅猛发展，全球数字化和信息化步伐加快，目前 70%的地址资源已经被占用，然而 IP 地址的需求仍在增长，越来越多的设备、电器、各种机构、个人等加入到争夺 IP 地址的行列中，由此 IPv6 的出现解决了现有 IPv4 地址资源匮乏的问题。

IPv6 是 IPv4 的升级版，是 IP 协议的 6.0 版本，也是下一代网络的核心协议，它在今后网络的演进中，将对基础设施、设备服务、媒体应用、电子商务等诸多方面产生巨大的推动力。

目前我国已建成了世界上最大的 IPv6 骨干网络，实施了一系列的 IPv6 应用，培育了一定规模的 IPv6 用户群和研究团队。

（1）IPv6 的特点。IPv6 于 1995 年正式公布，研究修订后于 1999 年确定并开始部署。IPv6 主要有以下几个特点：

- 地址长度（Address Size）。IPv6 地址为 128 位，代替了 IPv4 的 32 位，地址空间大于 3.4×10^{38}。如果整个地球表面（包括陆地和水面）都覆盖着计算机，那么 IPv6 允许每平方米拥有 7×10^{23} 个 IP 地址。可见，IPv6 的地址空间是巨大的。

- 自动配置（Automatic Configure）。IPv6 区别于 IPv4 的一个重要特性就是它支持无状态和有状态两种地址自动配置的方式。这种自动配置是对动态主机配置协议（DHCP）的改进和扩展，使得网络（尤其是局域网）的管理更加方便和快捷，并为用户带来极大方便。无状态地址自动配置方式是获得地址的关键。在这种方式下，需要配置地址的节点使用一种邻居发现机制获得一个局部连接地址。一旦得到这个地址之后，它使用另一种即插即用的机制，在没有任何人工干预的情况下获得一个全球唯一的路由地址。

- 首部格式（Header Format）。IPv6 简化了首部，减少了路由表长度，同时减少了路由器处理首部的时间，降低了报文通过 Internet 的延迟。

- 可扩展的协议（Extensible Protocol）。IPv6 并不像 IPv4 那样规定了所有可能的协议特征，增强了选项和扩展功能，使其具有更高的灵活性和更强的功能。

- 服务质量（QoS）。对服务质量作了定义，IPv6 报文可以标识数据所属的流类型，以便路由器或交换机进行相应的处理。

- 内置的安全特性（Inner Security）。IPv6 提供了比 IPv4 更好的安全性保证。IPv6 协议内置标准化安全机制，支持对企业网的无缝远程访问，例如公司虚拟专用网络的连接。即使终端用户用"时时在线"接入企业网，这种安全机制也可行，而这在 IPv4 技术中则无法实现。对于从事移动性工作的人员来说，IPv6 是 IP 级企业网存在的保证。

（2）IPv6 地址空间分配。IPv6 的地址空间被划分为若干大小不等的地址块，其初始划分情况如表 4-4 所示。其中格式前缀（Format Prefix，FP）指地址的高 n 位部分，$3 \leqslant n \leqslant 10$，n 为整数并可变，格式前缀标识了地址所属类型。

表 4-4　IPv6 的地址分配

格式前缀	用法	份额	格式前缀	用法	份额
0000 0000	保留（嵌入 IPv4 的 IPv6 地址）	1/256	101	未分配	1/8
0000 0001	未分配	1/256	110	未分配	1/8
0000 001	为 OSI 网络服务访问点（NSAP）地址分配保留	1/128	1110	未分配	1/16
0000 010	为网络互联包交换（IPX）地址分配保留	1/128	1111 0	未分配	1/32
0000 011	未分配	1/128	1111 10	未分配	1/64
0000 1	未分配	1/32	1111 110	未分配	1/128
0001	未分配	1/16	1111 1110 0	未分配	1/512
001	可集聚全球单播地址	1/8	1111 1110 10	本地链路地址	1/1024
010	未分配	1/8	1111 1110 11	本地网点地址	1/1024
011	未分配	1/8	1111 1111	组播地址	1/256
100	未分配	1/8			

由表 4-4 可见，初始只划定了约 15% 的地址空间，还有大部分地址尚未分配，以备将来使用。实际上除了前缀为 11111111 的组播地址外，其余的均为单播地址，而任意播地址来自于单播地址空间，两者在构成上没有直接的区别。

（3）IPv6 地址表示法。128 位的 IPv6 地址，如果延用 IPv4 的点分十进制法则要用 16 个十进制数才能表示出来，读写起来非常麻烦，因而 IPv6 采用了一种新的方式——冒分十六进制表示法。将地址中每 16 位作为一组，写成 4 位的十六进制数，两组间用冒号分隔，称为冒分十六进制表示法。

例如　105.220.136.100.255.255.255.255.0.0.18.128.140.10.255.255（点分十进制）可转为 69DC:8864:FFFF:FFFF:0000:1280:8C0A:FFFF（冒分十六进制）。

IPv6 的地址表示有以下几种特殊情形：

- IPv6 地址中每个 16 位分组中的前导零位可以去除做简化表示，但每个分组必须至少保留一位数字。例如 21DA:00D3:0000:2F3B:02AA:00FF:FE28:9C5A 去除前导零位后可写成 21DA:D3:0:2F3B:2AA:FF:FE28:9C5A。

- 某些地址中可能包含很长的零序列,可以用一种简化的表示方法——零压缩(Zero Compression)进行表示,即将冒号十六进制格式中相邻的连续零位合并,用双冒号 "::"表示。"::"符号在一个地址中只能出现一次,该符号也能用来压缩地址中前部和尾部的相邻连续零位。例如地址 FF0C:0:0:0:0:0:0:B1、0:0:0:0:0:0:0:1、0:0:0:0:0:0:0:0 分别可表示为压缩格式 FF0C::B1、::1、::。

- 在 IPv4 和 IPv6 混合环境中,有时更适合于采用另一种表示形式:x:x:x:x:x:x:d.d.d.d,其中 x 是地址中 6 个高阶 16 位分组的十六进制值,d 是地址中 4 个低阶 8 位分组的十进制值(标准 IPv4 表示)。例如地址 0:0:0:0:0:0:13.1.68.3 和 0:0:0:0:0:FFFF:129.144.52.38 写成压缩形式为::13.1.68.3 和::FFFF:129.144.52.38。

(4)我国现有 IPv6 总数。2011 年 2 月全球 IPv4 地址资源已分发完毕,截至 2012 年 6 月,我国 IPv4 地址数量达到 3.30 亿,IPv4 向 IPv6 全面转换更加紧迫。IPv6 将原来的 32 位地址转换到 128 位地址,几乎可以不受限制地提供地址,可以解决互联网 IP 地址资源分配不足的问题。我国 IPv6 地址数量也在近几年一直飞速增长,截至 2012 年 6 月底,我国拥有 IPv6 地址数量为 12499 块/32,在全球排名第 3 位,仅次于巴西(65728 块/32)和美国(18694 块/32)。

(5)从 IPv4 到 IPv6 的演进。从 IPv4 到 IPv6 的演进是一个逐渐演进的过程,而不是彻底改变的过程。一旦引入 IPv6 技术,要实现全球 IPv6 互联,仍需要一段时间使所有服务都实现全球 IPv6 互联。在第一个演进阶段,只要将小规模的 IPv6 网络接入 IPv4 互联网,就可以通过现有网络访问 IPv6 服务。但是基于 IPv4 的服务已经很成熟,它们不会立即消失。重要的是一方面要继续维护这些服务;另一方面还要支持 IPv4 和 IPv6 之间的互通性。演进阶段,IPv4 与 IPv6 将共存并平滑过渡。

4.2.3 ICMP 协议

Internet 控制报文协议 ICMP(Internet Control Message Protocol)是网际层的另一个比较重要的、可用于网络管理的协议,其作用是用于发送差错和控制信息。由于互联网络自身的复杂性,IP 数据报在传输过程中可能出现各种差错和故障,如线路不通、网关或主机出错、TTL 超时、主机或网关发生拥塞等。ICMP 都可以在第一时间内向数据报的发送方报告差错。ICMP 协议在诞生初期只是为了向 IP 层提供数据报在传输过程中所出现错误的及时报告。随着互联网络的发展,它已不仅仅局限于错误通告,在错误控制方面也有了相应的功能。ICMP 协议的错误控制功能虽然不如 TCP 强大,但其也具有一定的实用性。

ICMP 报文通常被 IP 层或更高层协议(如 TCP、UDP)使用,并经常被用户进程调用,为用户进程传递 ICMP 差错信息。另外 ICMP 报文是被封装在 IP 报文中运行的,如图 4-5 所示。

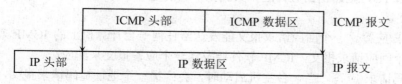

图 4-5　ICMP 报文在 IP 报文中封装

1. ICMP 报文格式

ICMP 报文格式分头部和数据区两部分。其中头部包含"类型"、"代码"和 "校验和" 3 个字段，如图 4-6 所示，类型占 1 字节，指出 ICMP 报文的类型。

类型（8 bit）	代码（8 bit）	校验和（16 bit）
数据段（不定长）		

图 4-6　ICMP 报文格式

类型字段的取值范围及其相应含义如表 4-5 所示。

表 4-5　ICMP 消息类型及其含义

类型	消息含义	类型	消息含义
0	回应应答	12	数据报参数问题
3	目的地不可达	13	时间戳请求
4	抑制该类型报文的发送	14	时间戳应答
5	重定向	17	地址屏蔽码请求
8	回应请求	18	地址屏蔽码应答
11	数据报超时		

ICMP 定义了 5 种差错报文和 4 种信息报文。5 种 ICMP 差错报文如下：

● 源抑制。当路由器收到太多的数据报以至于用光了缓冲区时，就发送一个源抑制报文。也就是说，一个路由器临时用光了缓冲区，必须丢弃后来的数据报，因此在丢弃一个数据报时路由器就会向创建该数据报的主机发送一个源抑制报文，并请求它降低数据报发送速率。

● 数据报超时。有两种情况会发送超时报文：当一个路由器将一个数据报的生存时间字段减到零时，路由器会丢弃这一数据报，并发送一个超时报文；在一个数据报的所有段到达之前，如果重组时间戳截止，则主机会发送一个超时报文。

● 目的不可达。当一个路由器检测到数据报无法传递到它的最终目的地时，就会向创建这一数据报的主机发送一个目的不可达报文。

● 重定向。当一台主机创建了一个数据报发往远程网络时，主机先将这一数据报发给一个路由器，由路由器将数据报转发到它的目的地。如果路由器发现主机错误地将应发给另一路由器的数据报发给了自己，则使用一个重定向报文通知主机应改变它的路由。一个重定向报文能指出一台特定主机或一个网络的变化。

● 分段请求。如果路由器收到一个不允许分片的数据报，而它又大于必须经过的转发网络的 MTU，则路由器丢弃这一数据报，并发送一个分段请求报文。

4 种信息报文是：

● 回应请求/应答。一个回应请求报文能发送给任何一台计算机上的 ICMP 软件。对收到的一个回应请求报文，ICMP 软件要发送一个应答报文来回应。

● 地址掩码请求/应答。当一台主机启动时，会广播一个地址掩码请求报文，路由器收到请求后就会发送一个地址掩码应答报文，其中包含了本网使用的 32 位的子网掩码。

2. ICMP 实用程序

ping 是最常用的 TCP/IP 故障诊断工具。ping 的基本功能是将消息发送给网络上的另一个 TCP/IP 系统，以便确定网络层以下的各个 TCP/IP 协议是否运行正常。所有的 Windows 系统都将一个名叫 Ping.exe 的命令行程序安装在系统目录中。

ping 命令运行时，首先要使用 Internet 控制消息协议（ICMP）将一连串回送请求消息发送给某个 IP 地址。当使用该 IP 地址的计算机接收到该消息时，便生成一个回送应答消息，对每个回送请求做出响应，并且将回送应答消息发回给发送端系统。ICMP 消息是直接放在 IP 数据报中进行传输的。它不涉及任何传输层协议，因此，如果 ping 命令的测试取得了成功，那么就表示从网络层以下该协议组都能够正常运行。如果发送端系统没有接收到对它的回送请求的应答，就表示发送端系统或接收端系统的某个方面运行不正常，也可能是它们之间的网络连接有问题。

除了用于确定系统是否已经启动和正在运行外，ping 实用程序还有其他许多诊断用途。如果能够使用某个系统的 IP 地址成功地将 ping 命令发送给该系统，但是发送给该系统名字的 ping 命令失败了，就可以知道问题是出在名字转换过程中。当试图与一个 Internet 站点建立联系时，上面这种情况就表示工作站的 DNS 服务器的配置或 DNS 服务器本身存在问题。如果能够成功地用 ping 命令测试本地网络上的各个系统，但是却无法测试 Internet 上的系统，就可以知道工作站的默认网关的设置或者与 Internet 的连接存在问题。

在大多数 ping 实用程序中，可以使用辅助命令行参数来更改各个 ping 命令发送的回送请求信息的大小和数量，也可以修改其他的运行特性。

ping 的语法：ping[参数][网址或 IP 地址]

ping 的参数相当多，这里仅说明较常用的参数：

-a：用于将 IP 地址转换成主机名。

-f：将 IP 首部的 Don't Fragment 字段设为 1，默认为 0。

-n count：设定要发送的回送请求的数量，默认为 4 次。

-i TTL：设定回送请求数据报的 IP TTL 值，默认为 32。

-t：测试指定的目的系统，直到用户（按 Ctrl+C 组合键）停止测试为止。

-v TOS：设定每个回送请求数据报的 IP 服务类型的值。

-w timeout：设定系统等待每个应答应该需要的时间（以毫秒为单位），默认为 1000。

可以利用命令 ipconfig 与 ping 命令来检查 TCP/IP 协议设置是否正确。首先选择"开始" → "程序" → "附件" → "命令提示符"命令，打开"命令提示符"窗口，然后利用以下步骤进行测试：

（1）执行 ipconfig 命令，以便检查 TCP/IP 协议是否已经正常启动，IP 地址是否与其他主机相冲突。

● 如果设置正确，窗口会提示当前的 IP 地址、子网掩码、默认网关等信息，如图 4-7 所示。如果利用"ipconfig　/all"命令来检查，则能提供更详细的信息。

● 如果提示的 IP 地址和子网掩码都为 0.0.0.0，则表示 IP 地址与网络上的其他主机相冲突。

● 如果自动向 DHCP 服务器索取 IP 地址时失败，则会自动获取一个"专用的 IP 地址"。

（2）测试 Loopback 地址（127.0.0.1），验证网卡是否可以正常传送 TCP/IP 的数据。这里，键入"ping　l27.0.0.1"命令进行循环测试，其数据直接由"输出缓冲区"传回"输入缓冲区"，

并没有离开网卡。此命令可以检查网卡与驱动程序是否运行正常，如果正常，则将出现如图
4-8 所示的提示信息。

图 4-7　ipconfig 的结果

（3）检查 IP 地址是否正常，键入命令"ping　[本机的 IP 地址]"。如果该地址有效，并
没有与其他的主机冲突，则会出现如图 4-9 所示的提示。

图 4-8　ping 127.0.0.1 的结果　　　　图 4-9　"ping 主机自己的 IP 地址"的结果

（4）检查 IP 路由器是否运行正常，键入"ping　[默认网关]"。若出现如图 4-9 所示的提
示，则表明网络的 IP 路由器工作正常。

（5）ping 位于其他网络区域内的主机。若出现类似图 4-9 的提示，则表明网络工作正常。

事实上，只要步骤（5）成功，则表明网络工作正常，步骤（1）至步骤（4）都可以省略。
但如果步骤（5）失败，则可以按步骤倒退，依次进行前面的测试，分析、找出故障。

4.2.4　ARP 和 RARP 协议

地址解析协议 ARP（Address Resolution Protocol）及反向地址解析协议 RARP（Reverse
ARP）是驻留在网际层中的另一组重要协议。IP 地址作为一种逻辑地址实际上只起到标识主
机的作用，在物理网络中通信必须使用物理地址（MAC 地址）。ARP 的作用是将 IP 地址转换
为物理地址，RARP 的作用是将物理地址转换为 IP 地址。网络中的任何设备，如主机、路由
器、交换机等均有唯一的物理地址，该地址通过网卡给出，每个网卡出厂后都有着唯一的编号
和物理地址。另一方面，为了屏蔽底层协议及物理地址上的差异，IP 协议又使用了 IP 地址，
因此，在数据传输过程中必须对 IP 地址与物理地址进行相互转换。

1. 地址解析协议 ARP

地址解析协议 ARP 的作用是将 IP 地址映射到物理地址。由于 ARP 是由 TCP/IP 控制的，

所以应用程序不能与其直接进行通信。当应用程序希望与某台网络设备通信时，如果主机不知道对方的 MAC 地址，则不能完成数据帧的封装。所以，主机的 TCP/IP 协议会发送 ARP 解析广播去寻找对应于目的 IP 地址的 MAC 地址。

每一台主机在内存中都维护着一个 ARP 表，其初始值为空。这个 ARP 表就是 ARP 高速缓存。ARP 高速缓存存放了最近使用的 IP 地址到 MAC 地址之间的映射条目。

在 Windows 中提供了 ARP.EXE 程序，方便使用者查看与编辑 ARP 高速缓存的内容。在 DOS 模式下输入"C:\>ARP-a"命令可以查看内存中的 ARP 表；输入"C:\>ARP-d [IP 地址]"命令可以删除 ARP 缓存中指定的记录；输入"C:\>ARP-s [IP 地址] [MAC 地址]"命令可以在 ARP 缓存中添加一条新的记录。

当源主机想要与目的主机进行通信时，源主机已经知道目的主机的 IP 地址，但由于实际数据传输需要物理地址，所以在此之前必须确定目的主机的物理地址。源主机开始搜索本机内存中的 ARP 表，希望能够找到关于目的主机的物理地址的映射条目。但由于是第一次通信或很长时间没有通信，在 ARP 表中没能找到相应的条目。在这种情况下，源主机发送一个 ARP 请求包，这个请求包中包含目的主机的 IP 地址。目的主机收到这个请求包后，首先检查包中的目的 IP 地址是否和自己的 IP 地址一样。如果一样，则目的主机以单点广播形式向源主机回应一个响应包，其中包含了双方的 IP 地址和目的主机的物理地址。源主机通过接收响应包得知目的主机的物理地址，并将其映射加入本机内存的 ARP 表中。这样源主机就可以利用该映射向目的主机发送数据了。

2. 反向地址解析协议 RARP

反向地址解析协议 RARP 的作用是能够将物理地址映射成 IP 地址，这主要用于无盘工作站上。网络中的无盘工作站在网卡上有自己的物理地址，但没有 IP 地址，因此必须有一个转换过程。为了完成这个转换过程，网络中有一个 RARP 服务器，网络管理员事先必须把网卡的 IP 地址和相应的物理地址存储到 RARP 服务器的数据库中。

用 RARP 进行物理地址到 IP 地址转换的过程如下：

（1）当网上的计算机启动时，以广播方式发送一个 RARP 请求包。在这个 RARP 广播请求中包含了自己的物理地址。

（2）由 RARP 服务器进行响应，即生成并发送一个 RARP 应答包，包中包含对应的 IP 地址。

4.2.5 SLIP 和 PPP 协议

在 TCP/IP 协议中，串行线路网际协议（SLIP）和点到点协议（PPP）是比较独特的协议，专门用于调制解调器和其他直接连接。在这些连接中不需要进行介质访问，能够提供完整的数据链路层功能。由于 SLIP 和 PPP 只连接两个系统，因此它们称为"点到点"协议或"端到端"协议。

SLIP 和 PPP 属于面向连接的协议，能够提供两个系统之间的最简单的数据链路。它们能够对 IP 数据进行封装，以便在两个计算机之间进行传输，就像以太网协议和令牌环网协议那样，但是它们使用的帧要简单得多。这是因为这两个协议不存在 LAN 协议所遇到的那些问题。由于它的链路只包括两个计算机之间的连接，因此不需要使用 CSMA/CD 或者令牌传递之类的介质访问控制机制。另外，它们也不存在将数据报传递到特定目的地的寻址问题，因为它们提供的连接上只有两台计算机，数据只能传递到一个目的地。

1. SLIP 协议

SLIP 是 1984 年开发的一个协议，它为在串行连接上进行数据传输提供了一个最简单的解决方案。SLIP 帧本身是非常简单的。在链路上发送的每个 IP 数据报的后面有一个带有十六进制值 c0 的标志字节，用作 END 定界符。END 定界符负责通知接收端系统当前传送的数据报已经结束。如果数据报包含一个值为 c0 的字节，系统会在发送数据报之前将该字节改为两字节的字符串 db dc，以避免数据报在不正确的位置上结束。如果数据报包中含有 db 作为数据的组成部分，系统在发送数据报之前将用字符串 db dd 取代 db。

2. PPP 协议

PPP 是作为 SLIP 的替代协议而建立的，用于提供更强大的功能。PPP 能支持差错检测，支持各种不同的网络层协议，并且支持不同的身份验证协议。PPP 协议有以下 3 个组成部分：

- 将 IP 数据报封装到串行链路的方法。IP 数据报在 PPP 帧中就是其信息部分，可清楚地区分帧的起始和结束，这种帧格式还可用于处理差错检测。
- 用来建立、配置和测试数据链路连接的链路控制协议 LCP（Link Control Protocol）。通信的双方可协商一些选项。
- 一套网络控制协议 NCP（Network Control Protocol），其中的每一个协议支持不同的网络层协议，如 IP、OSI 的网络层、DECnet、AppleTalk 等。

PPP 帧的长度很小，只有 8 个字节，它的帧结构如图 4-10 所示。

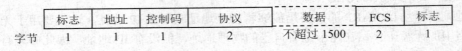

标志	地址	控制码	协议	数据	FCS	标志
字节　1	1	1	2	不超过 1500	2	1

图 4-10　PPP 帧的格式

各个字段的意义如下：

（1）标志（1 字节），包含一个十六进制值 7e，起到数据报定界符的作用，类似 SLIP 协议 END 定界符的作用。

（2）地址（1 字节），包含一个十六进制值 0ff，表示所有的站都接收这个帧。

（3）控制码（1 字节），包含一个十六进制值 03，表示该帧不使用编号。

（4）协议（2 字节），包含一个代码，用于标识生成数据字段中的信息的协议。当协议字段为 0x0021 时，PPP 帧的信息字段就是 IP 数据报；若为 0x002b，则信息字段是 Novell IPX 数据报；若为 0xc021，则信息字段是 PPP 链路控制数据；0x8021 表示这是网络控制数据。

（5）数据和填充位（长度可变，最大为 1500 个字节），包含数据报的负载，最大默认长度是 1500 个字节。

（6）帧检验序列（FCS）（2 字节或 4 字节），包含为整个帧（不包括帧的标志字段和帧检验序列字段）计算 CRC 值，用于对数据报进行错误检查。

（7）标志（1 字节），包含一个十六进制值 7e。当系统连续发送两个数据报时，可以省略一个标志字段，因为如果连续使用两个标志字段，将被误认为是一个空帧。

下面用一个拨号用户的使用实例来说明如何运用 PPP 提供的功能来建立连接。当用户通过调制解调器拨号接入 ISP 时，路由器的调制解调器对拨号做出确认，并建立一条物理连接。

这时，PC 机向路由器发送一系列的 LCP 分组（封装成多个 PPP 帧）。这些分组及其响应选择了将要使用的一些 PPP 参数。接着就进行网络层配置，NCP 给新接入的 PC 机临时分配一个新的 IP 地址。这样，PC 机就成为 Internet 上的一个主机了。当用户通信完毕时，NCP 首先释放网络层连接，收回原来分配的 IP 地址；接着，LCP 释放数据链路层连接；最后释放的是物理层的连接。

4.3　传输层协议

传输层的功能是为数据流提供端到端（end-to-end）的数据传输服务。传输层把应用层的数据流分割并且封装成"数据段"，同时在该数据段的封装中加入传输层的控制信息，比如为数据段加入序列号，以表示该数据段在整个数据流中的位置。接收方网络设备的传输层将数据段按照序列号重新组装成数据流，交给应用层处理。

在传输层对数据传输的操作中，可以使用两种协议：TCP 协议和 UDP 协议。

TCP 协议是面向连接的协议，它的数据传输是可靠的，TCP 协议通过三次握手的操作建立数据的发送方和接收方之间的逻辑连接来保证数据报传递的可靠性。同时，TCP 协议还使用滑动窗口技术实施流量控制，最大限度地使用网络带宽。

UDP 协议是无连接的协议，它的数据传输是不可靠的，UDP 协议不建立逻辑连接，也不对数据报是否到达接收方进行确认，它只管向数据的接收方发送数据，而不进行任何可靠性操作。UDP 协议依靠上层的其他协议或应用程序提供可靠性。

4.3.1　端口与套接字

在应用层上有许多的应用协议，它们提供各种不同的应用功能。但是，当传输数据时，传输层怎么知道数据是由哪一种应用协议或应用程序发出的，或者所接收到的数据是要访问哪一个应用协议或者应用程序呢？TCP/IP 协议使用端口解决这个问题。

在应用层与传输层之间，TCP/IP 协议为每一个应用协议或者应用程序提供了唯一的端口。端口的作用就是让应用层的各种应用进程都能将其数据通过端口向下交付给传输层，以及让传输层知道应当将其报文段中的数据向上通过端口交付给应用层相应的进程。

端口用一个 16bit 端口号进行标志。每种应用层协议或应用程序都具有与传输层唯一连接的端口，并使用唯一的端口号将这些端口区分开来。

端口根据其对应的协议或应用不同被分配了不同的端口号，负责分配端口号的机构是 Internet 编号管理局（IANA）。目前，端口有 3 类：保留端口、动态分配的端口、注册端口。

1. 保留端口

保留端口的端口号一般都小于 1024，它们基本上都被分配给了已知的应用协议。目前，这一类端口的端口号分配已经被广大网络应用者接受，形成了标准，在各种网络的应用中调用这些端口号就意味着使用它们所代表的应用协议。这些端口由于已经有了固定的使用者，所以不能再被分配给其他应用程序。表 4-6 给出了一些常用的保留端口。

2. 动态分配的端口

这种端口的端口号一般都大于 1024，没有固定的使用者，它们可以被动态地分配给应用程序使用。在使用应用软件访问网络的时候，可以向系统申请一个大于 1024 的端口号，临时代表这个软件与传输层交换数据，并且使用这个临时的端口号与网络上的其他主机通信。

表 4-6　常用的保留端口

	端口号	应用协议	含义
UDP 保留端口	53	DNS	域名服务
	69	TFTP	简单文件传输协议
	161	SNMP	简单网络管理协议
TCP 保留端口	21	FTP	文件传输协议
	23	Telnet	远程登录协议
	25	SMTP	简单邮件传输协议
	53	DNS	域名服务
	80	HTTP	超文本传输协议

3. 注册端口

注册端口比较特殊，它也是固定为某个应用服务的端口，但是它所代表的不是已经形成标准的应用层协议，而是某个软件厂商开发的应用程序。

某些软件厂商通过使用注册端口，使它的特定软件享有固定的端口号，而不用向系统申请动态分配的端口号。这些特定的软件要使用注册端口，其厂商必须向端口的管理机构注册。大多数注册端口的端口号都大于 1024。

IP 地址与端口号的组合称为套接字或插口（Socket）。通过套接字才能区分多个主机中同时通信的多个进程。

4.3.2　TCP 协议

1. TCP 数据报的首部格式

TCP 数据报的首部由 20 字节的固定头和一些可选项组成，其格式如图 4-11 所示。

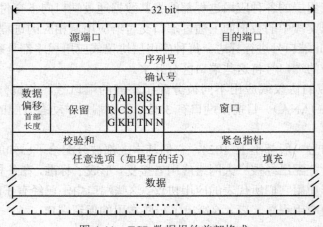

图 4-11　TCP 数据报的首部格式

下面是 TCP 数据段固定部分各个字段的作用。

（1）源端口（2 字节），用于标识生成 TCP 数据报中携带数据的发送端系统中进程的端口号。

（2）目的端口（2 字节），用于标识负责接收 TCP 数据报中携带数据的目的系统上进程的端口号。

（3）序列号（4 字节），用于设定该数据报中数据与整个数据序列之间的相对位置。它在 TCP 流中起到标识数据报的作用，这在通信双方发送、接收时很重要，如果序号不对，会造成延迟和重传。

（4）确认号（4 字节），用于设定接收端系统期望从发送方那里接收到的下一个数据报的序号。

（5）数据偏移（4 位），用于设定以 4 字节字为单位的 TCP 数据报首部的长度（它可以包含有关的选项，从而将它扩展为 60 字节）。

（6）保留（6 位），保留为今后使用，目前置为 0。

（7）控制位（6 位），包含 6 个 1 位的标志，负责执行下列功能：

- URG 用于表示该数据序列包含了紧急数据，并且负责激活紧急数据指针字段。
- ACK 用于表示该消息是对以前发送数据的确认，并且激活确认号字段。
- PSH 用于命令接收端系统将当前数据序列中的所有数据全部推送到端口号标识的应用程序，但是并不等待其余的数据。
- RST 用于命令接收端系统删除迄今为止已经发送的数据序列中的所有数据报，并且释放 TCP 连接。
- SYN 在建立连接的过程中用于对源系统与目的系统中的序号进行同步。
- FIN 用于向另一个系统表示，数据传输已经完成，连接将被终止。

（8）窗口（2 字节），通过设定系统能够从发送方那里接收的字节数量实现 TCP 数据流的控制机制。

（9）校验和（2 字节），校验和字段检查的范围包括首部和数据两部分。当接收方收到数据报时，会使用该校验和进行校验，以确定数据段在网络传输过程中没有被损坏。

（10）紧急指针（2 字节），由 URG 位激活，用于设定数据序列中应该被接收方作为紧急数据处理的这些数据。

（11）可选项（长度可变），它可以包含用于 TCP 连接的辅助配置参数，以及用于填入最近的 4 字节边界的字段的填充位。可以使用的选项如下：

- 最大数据段长度：用于设定当前系统能够从连接系统那里接收的最大数据段长度。
- 窗口伸缩因子：用于将窗口大小字段的值从 2 字节增加为 4 字节。
- 时间戳：用于携带接收端系统在它的确认消息中返回的数据报中的时间戳，使发送方能够计算出往返所需要的时间。

（12）数据（长度可变），它可以包含从应用层协议传输下来的一个信息段。在 SYN、ACK 和 FIN 数据报中，本字段为空。

2．TCP 的连接与终止

TCP 协议是面向连接的协议，连接的建立和释放是每一次通信必不可少的过程。TCP 协议采用"三次握手"方法建立连接。TCP 的每个连接都有一个发送序号和接收序号，建立连接的每一方都发送自己的初始序列号，并且把收到对方的初始序列号加 1 作为相应的确认序列号，向对方发送确认信息，这就是 TCP 协议的"三次握手"。实际上，TCP 协议建立连接的过程就是一个通信双方序号同步的过程。

假如主机 A 的客户进程要与主机 B 建立一个 TCP 连接，该连接三次握手过程如图 4-12 所示。

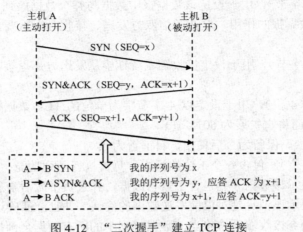

图 4-12　"三次握手"建立 TCP 连接

首先，主机 A 向 B 发送一个 SYN=1 的 TCP 连接请求数据报，同时为该数据报生成一个序号 SEQ（Sequence Number）=x，放在数据首部中一起发送出去。

然后，主机 B 若接受本次连接请求，则返回一个确认加同步的数据报（SYN=1 且 ACK=x+1），这就是"第二次握手"。其中，同步的序号由主机 B 生成，如 SEQ=y，与 x 无关。同时用第一个数据报的序号值 x 加 1 作为对它的确认。

最后，主机 A 再向 B 发送第二个数据报（SEQ=x+1），同时对从主机 B 发来的数据报进行确认，序号为 y+1。

通过以上步骤，TCP 建立过程中的请求端和接收端分别向对方发送了用于同步的 SYN 数据报，并且分别为对方的 SYN 数据报进行了确认。双方都确认可以与对方进行正常的数据连接，从而在双方之间的 TCP 会话被建立，数据可以得到可靠的传输。

TCP 建立一个连接需要三次握手，而终止一个连接要经过四次握手，这是由于 TCP 工作方式中的半关闭造成的。因为一个 TCP 连接是全双工的（即数据在两个方向上能同时向对方传递），因此在数据传输的每个方向必须单独进行关闭。这种原则就是当一方完成它的数据发送任务后发送一个 FIN 来终止这个方向的连接。当一端收到一个 FIN 时，它必须通知应用层中相应的应用程序：另一端已经终止了那个方向的数据传送。发送 FIN 通常是应用层进行关闭的结果。收到一个 FIN 信息只意味着在这一方向上没有数据流动。一个 TCP 连接在收到一个 FIN 后仍能发送数据。

如图 4-13 所示，主机 A 的应用进程先向其 TCP 发出连接释放请求，并且不再发送数据。TCP 通知对方要释放从 A 到 B 这个方向的连接，将发往主机 B 的 TCP 报文段首部的终止比特 FIN 置 1，其序号 x 等于前面已传送过的数据的最后一个字节的序号加 1。

主机 B 的 TCP 收到释放连接通知后即发出确认 ACK，其序号为 x+1。这样，从 A 到 B 的连接就释放了，连接处于半关闭状态。此后，主机 B 不再接收主机 A 发来的数据。但若主机 B 还有一些数据要发往主机 A，则还可以继续发送。主机 A 只要正确收到数据，仍应向主机 B 发送确认。

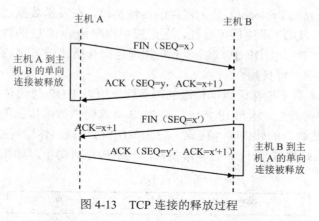

图 4-13　TCP 连接的释放过程

在主机 B 向主机 A 的数据发送结束后，其应用进程就通知 TCP 释放连接，主机 B 发出的连接释放报文段必须将终止比特 FIN 置 1，并使其序号 x′ 等于前面传送过的数据的最后一个字节的序号加 1，还必须重复上次已发送过的 ACK=x+1。主机必须对此发出确认，给出 ACK= x′+1。这样才能把从 B 到 A 的连接释放掉。这样整个连接已经全部释放，数据传输终止。

3．TCP 的数据传输

一旦 TCP 连接在两个方向上建立起来，就可以进行数据传输。

TCP 协议是面向连接的协议，它的工作方式是：数据的发送方发出一个数据报，等待接收方确认；收到确认后，再发送下一个顺序的数据报。如果在规定的时间内发送方没有得到接收方对某个数据报的确认，发送方会重新传送该数据报。这种确认机制保证 TCP 的数据传输是可靠的。

除此之外，TCP 协议通过提供滑动窗口管理机制，在确保数据传输可靠性的同时，充分地利用网络带宽，提高数据传输效率和网络的利用率。滑动窗口主要负责对流量进行控制，它实际上使接收方可以将它有多少缓存空间可供使用的情况通知发送方。滑动窗口协议详见第 3 章。

另外，由于互联网络自身的复杂性，经常会发生负载超过处理能力的情况，这时便会产生拥塞现象。TCP 协议通过提供拥塞窗口管理机制来实现拥塞控制。

TCP 在建立连接时很希望避免拥塞的出现，以保证数据的正常传输。虽然双方可以通过协商一个适合双方的窗口大小来避免接收方的缓冲区由于溢出所造成的超时，可是这样不能防止互联网络内部的拥塞所产生的不良后果。所以，发送方非常希望在保持和接收方缓冲区一致性的同时又能够处理来自于网络的拥塞问题。这不仅需要滑动窗口机制，而且需要另一种窗口机制——拥塞窗口来协调解决。所有的发送方都维持这两个窗口，这两个窗口都指明了发送方可以发送的字节数，但发送方会选择二者当中较小的一个作为最终发送数据报大小的依据。这样，发送数据的主动权落在了发送方手里，非常有利于对拥塞的控制。如果接收方通知发送方自己可以接收 16KB 的数据，但发送方通过拥塞窗口得知：发送大于 8KB 的数据就会产生拥塞，那么发送方就会发送最大为 8KB 的数据；如果接收方通知发送方自己可以接收 16KB 的数据，而且发送方通过拥塞窗口得知：发送 32KB 的数据不会造成拥塞，那么发送方就会发送 16KB 的数据。

4.3.3 UDP 协议

UDP（User Datagram Protocol）是无连接的传输协议，在发送数据之前不用建立连接，它具有很高的传输效率。UDP 不提供可靠性，它把应用程序传给 IP 层的数据发送出去，但是并不保证它们能到达目的地。UDP 协议适合于在物理连接介质比较可靠的网络环境中使用，或者在传递很少量数据的时候使用。

由于 UDP 协议本身不能保证数据传输的可靠性，所以 UDP 协议依靠应用层协议或应用软件保证数据传输的可靠性，这与 IP 协议依靠 TCP 协议提供数据传输可靠性类似。当我们开发使用 UDP 协议传输数据的软件时，应该考虑为 UDP 协议提供传输可靠性保障。

UDP 数据报的首部格式与 TCP 的非常相似，但结构相对简单，如图 4-14 所示。

0	15 16	31
源端口号	目的端口号	
长度	校验和	
数据		

图 4-14 UDP 数据报首部格式

UDP 数据报首部格式中各个字段的作用如下：

（1）源端口号（2 字节），用于标识生成 UDP 数据报中携带数据的发送端系统中进程的端口号。

（2）目的端口号（2 字节），用于标识负责接收 UDP 数据报中携带数据的目的系统中进程的端口号。

（3）UDP 的长度（2 字节），用于设定包括首部和数据字段在内的整个 UDP 数据报的长度，单位是字节。

（4）校验和（2 字节），用于 UDP 首部和数据域计算的校验和，负责检验数据是否出错。

（5）数据（长度可变，最长为 65507 个字节），它包含了上层协议提供的数据。

4.4 应用层协议

应用层协议有 DNS、SMTP、SNMP、Telnet、FTP 和 HTTP 等，所有这些协议，为用户提供了许多应用功能及应用程序的接口，为用户提供多种多样的服务。

应用层的许多协议都是基于客户/服务器方式。客户和服务器都是指通信中所涉及的两个应用进程。客户/服务器方式所描述的是进程之间服务和被服务的关系。客户是服务请求方，服务器是服务提供方。

4.4.1 域名系统 DNS

不论网络有多大的规模，要在网络上确定一台特定的设备，其前提条件是该设备在网络上有唯一的标识以区别于其他设备。在前面已经提到了能担当此重任的就是该设备的物理地址，而物理地址的唯一性是由设备的生产商来确定的。在 TCP/IP 的互联网络中，为唯一确定网络上的一台设备，又定义了设备的 IP 地址。IP 地址在网络上也具有唯一性，并能明确地标识出该设备在网络中的逻辑位置,从而能更有效地实现在网络上的寻址。IP 地址能通过 TCP/IP 的地址解析协议(ARP)转换为物理地址。但是,长达 32bit 的 IP 地址即使是用点分十进制表示也很难记忆。正是由于这样的原因,人们构造了域名和域名系统。

在局域网中,为便于人们记忆,常用主机名为特定的主机命名,主机名就是具有一定意义的字母和数字组成的字符序列。如在 Windows 中就有 hosts 文件来记录主机名和 IP 地址的映射关系,UNIX 系统中也有这样的 hosts 文件。但对于 Internet,如此简单的命名显然就力不从心了。一方面一个简单的字符序列很难保证全球的唯一性;另一方面,这种集中管理的方式也很难适应 Internet 主机不断增加和变化的要求。鉴于此,TCP/IP 开发了一种树状命名协议,这就是域名系统 DNS,用于实现域名和主机 IP 地址的映射。

1. 域名结构

域名系统是把整个 Internet 划分为一系列域进行工作的,域又可进一步划分为子域,这种结构类似于树形的层次结构,如图 4-15 所示。

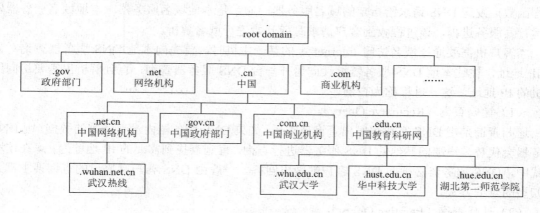

图 4-15　域名空间树

第一层对应树的根节点,为顶级域,下面依次为二级域、三级域……其次,每一级有相应的管理机构,被授权管理下一级子域的域名,顶级域名由 Internet 中心管理机构管理,每一级负责其管理域名的唯一性,这样就保证了所有域名的唯一性;另外,DNS 还规定了这种层次域名的语法结构,即一个完整域名是各级域名按低级到高级从左至右依次排列,中间用点号隔开,最多可包括 5 个子域名;每一级域名由字母、数字和连字符组成,长度不超过 63 个字符,而且不区分大小写,整个地址的长度不超过 255 个字符。在实际使用中,每个域名的长度一般小于 8 个字符。通常其格式如:<主机名>.<机构名>.<网络名>.<顶层域名>。

例如,jsj.hue.edu.cn 就是中国科研和教育网上湖北第二师范学院的一台主机域名地址。

域名和 IP 地址相对应,它与 IP 地址等效。当用户使用 IP 地址时,可直接与对应的主机联系;而使用域名时,则必须先将域名送往域名服务器,通过服务器上的域名和 IP 地址对照表翻译得到 IP 地址,再使用该 IP 地址与主机联系。域名与 IP 地址之间没有固定的连接关系,有些 IP 地址没有对应域名,另一些 IP 地址可以对应多个域名。一台主机从一个地方移到另一个地方,当它属于不同的网络时,其 IP 地址必须更换,但是可以保留原来的域名。

2. 域名解析

将域名翻译为对应 IP 地址的过程称为域名解析。请求域名解析服务的软件称为域名解析器，它运行在客户端，通常嵌套于其他应用程序之内，负责查询域名服务器，解释域名服务器的应答，并将查询到的有关信息返回给请求程序。

域名解析是依靠一系列的域名服务器来完成的。域名服务器属于数据库服务器，它们将部分区域的主机域名到 IP 地址的映射信息存放在资源记录中。这些域名服务器构成了域名系统 DNS，域名系统实际上就是一个庞大的联机分布式数据库系统。

域名服务器与域名系统的层次结构是相关的，但并不完全对等。每一个域名服务器的本地数据库存储一部分主机域名到 IP 地址的映射，同时保存到其他域名服务器的链接。最高层域名服务器是一个根域名服务器，它通常用来管理到各顶级域名服务器的链接。例如，中国教育科研网的域名服务器管理所有后缀为 edu.cn 的域名到 IP 地址的映射（如.hue.edu.cn、.hust.edu.cn），同时也保存到上一层（.cn）域名服务器的链接。

DNS 域名服务采用的是客户/服务器工作模式，域名服务的客户方被称为解析过程函数，它们被嵌套在其他客户应用程序内。当用户运行这些应用程序时，应用进程就会调用域名解析过程函数，发送 DNS 请求给指定的域名服务器，通常是本地域名服务器。本地域名服务器始终运行其服务进程，该进程收到客户请求时就开始进行域名解析。

当客户机需要通过域名访问 Internet 上的某一主机时，首先向本地 DNS 服务器查询对方的 IP 地址，往往本地 DNS 服务器继续向另外一台 DNS 服务器查询，直到解析出需要访问的主机的 IP 地址，这一过程称为查询。

（1）递归查询（Recursive Query）。

递归查询是指 DNS 客户端发出查询请求后，如果 DNS 服务器内没有所需的数据，则 DNS 服务器会代替客户端向其他的 DNS 服务器进行查询，直到查找到需要的 IP 地址为止。在这种方式中，DNS 服务器必须向 DNS 客户端做出回答。一般由 DNS 客户端提出的查询请求都是递归型的查询方式。

（2）迭代查询（Iterative Query）。

多用于 DNS 服务器与 DNS 服务器之间的查询方式。当第一台 DNS 服务器向第二台 DNS 服务器提出查询请求后，如果在第二台 DNS 服务器内没有所需要的数据，则它会提供第三台 DNS 服务器的 IP 地址给第一台 DNS 服务器，让第一台 DNS 服务器直接向第三台 DNS 服务器进行查询。依此类推，直到找到所需的数据为止。

例如，当主机的应用程序请求和主机 www.sohu.com 通信时，具体的域名解析过程如图4-16所示。

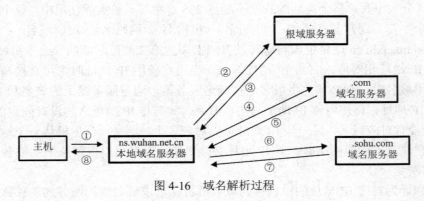

图 4-16　域名解析过程

①主机的用户程序向本地域名服务器 ns.wuhan.net.cn 发送解析域名 www.sohu.com 的请求；②在本地域名服务器中未找到 www.sohu.com 对应的记录，于是向根域服务器发送请求；③根据请求中的顶级域名称，根域服务器查询数据库后得到顶级域.com 域名服务器的地址，将其返回给本地域名服务器；④本地域名服务器根据该地址将查询请求发送给.com 域名服务器；⑤.com 域名服务器通过查询后向本地域名服务器回复其所管理的域.sohu.com 的域名服务器的 IP 地址；⑥根据得到的 IP 地址，本地域名服务器向.sohu.com 的域名服务器发送查询请求；⑦. sohu.com 域名服务器在其数据库中找到域名 www.sohu.com 对应的 IP 地址，并将该解析结果发送给本地域名服务器；⑧本地域名服务器得到最终的解析结果后，先将结果保存到缓存，再将其转发给主机。

需要注意的是，域名、IP 地址和物理地址是主机标识符的 3 个不同层次：第一，当用户与应用程序交互时使用域名；第二，DNS 将这个域名解析为 IP 地址，数据报使用 IP 地址而不是域名；第三，使用 ARP 协议将 IP 地址翻译成机器的物理地址，在物理层发送的帧头部中使用这些物理地址。

4.4.2　电子邮件及 SMTP 协议

1. 电子邮件

电子邮件是一种通过计算机网络与其他用户进行联系的快速、简便、高效、价廉的现代化通信手段。电子邮件地址的格式是"邮箱名@域"。其中邮箱名通常是接收者的账户名，而域是单位的名字或者是互联网服务提供商在互联网中的域名，如 jjlei@hue.edu.cn 等。

E-mail 系统基于客户机/服务器模式，整个系统由 E-mail 客户软件、E-mail 服务器和通信协议 3 部分组成。

一个 E-mail 系统通常都应具备下列功能：信件的起草与编辑、信件发送、收信通知、信件读取与检索、信件回复与转发、退信说明、信件管理、转储和归纳、邮箱的保密等。

2. SMTP 体系结构

电子邮件系统主要采用了 SMTP（Simple Mail Transfer Protocol，简单邮件传输协议），SMTP 协议描述了电子邮件的信息格式及其传递处理方法，保证被传送的电子邮件能够正确地寻址和可靠地传输。SMTP 体系结构如图 4-17 所示。

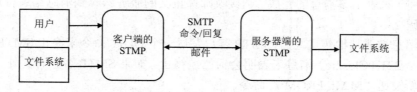

图 4-17　SMTP 体系结构

SMTP 在两个主机之间传送信息时使用了 TCP 协议进行传送，所以在传送之前必须进行通信链路的连接（SMTP 服务器在 TCP 的 25 号端口侦听连接请求），使用 SMTP 命令将电子邮件传送给接收主机，之后必须进行通信链路的关闭。

3. 邮件发送的实现过程

SMTP 协议将 Internet 消息封装在邮件对象中，SMTP 协议的邮件对象是由信封（实际上该信封是 SMTP 协议命令）和内容（也就是封装在信封中的 Internet 消息，该消息本身又包括首部和消息体）两部分组成的。SMTP 命令和应答分别是由一系列字符以及一个表示消息结束的回车换行字符组成的。

完整的 SMTP 协议消息交换过程是从客户端请求使用端口 25 来建立与服务器的 TCP 连接开始的。接着标准的 SMTP 服务器将向该客户回送协议应答代码 220 来响应该客户的连接请求，该应答码中向客户端提供了服务器的域名，并通知该客户端服务器已准备好接收其命令。

下面是完成一个邮件事务的步骤。

（1）客户端（发送消息的系统）创建与服务器（接收消息的系统）的 TCP 连接，收到消息后，该服务器向客户端回送应答码（220）表示该服务器可以提供 SMTP 服务。

（2）客户端收到应答码后通过发送 EHLO（扩展的"HELLO 命令"）命令启动客户端与服务器之间的会话。该客户端发送的"EHLO 命令"用来向服务器端提供客户端的标识信息并请求提供邮件服务。此时，服务器端将回送应答码 250，向该客户端表示其请求的服务（对本例来说，客户申请的服务就是为其提供一个邮件服务会话）已经实现。

（3）客户端通过 SMTP 协议的邮件命令 MAIL 开始进行邮件消息的传输，MAIL 命令的功能是向服务器指定一个接收发送消息过程中可能返回错误信息的邮箱地址。该 MAIL 命令是 SMTP 消息信封的一个组成部分。

（4）客户端接着使用 RCPT 命令（收件人）来发送附加的信封信息。对每个目标信箱都要使用单独的 RCPT 命令。如果 SMTP 服务器可以接收 RCPT 命令中的收件人的消息，则该服务器将响应该客户端的申请，如果服务器无法为某个邮箱接收消息，则该服务器将拒绝客户的申请。

（5）客户端发送 DATA 命令向服务器表示将要发送邮件消息，而服务器方则通过应答来表示将把后继接收的 SMTP 消息作为邮件消息接收。它同时也指明用来结束消息的文本体的字符串。

（6）客户端开始发送邮件消息的正文部分。此时实际消息便被传送到 SMTP 服务器中。消息是使用 7 位的 ASCII 码字符传送的。如果在消息中还有附件，这个附件必须使用 BinHex、uuencode 或 MIME 以编码成一个 7 位的流。DATA 命令一般只有在所有的 RCPT 命令都提交给 SMTP 服务器后才能发送。当正文结束后，该客户端发送一个"."字符（相当于消息结束的回车换行符）来表示该消息的完成。当接收邮件正文的服务器收到消息结束符后，该服务器将回送应答码 250。

（7）当消息被成功地传送之后，SMTP 客户发送一个 QUIT 命令来终止 SMTP 会话。SMTP 服务器以一个 221（Closing）消息来表明会话已经终止。如果 SMTP 客户有另外一个消息要传送，它可重新发送"MAIL FROM:"命令。

此时，消息发送客户端可以继续发送消息，也可以立即终止本次 SMTP 会话。

由上可知，客户端在完成一次邮件消息的传输过程中始终起着控制作用，即客户端首先启动 SMTP 会话并通知服务器准备接收发往某个收件人（或多个收件人）的邮件消息，接着由客户端发送数据，消息发送完毕后断开本次 SMTP 会话。

4. 关于 SMTP 协议的讨论

SMTP 是面向文本的网络协议，其缺点是不能用来传送非 ASCII 码文本和非文字性附件，在日益发展的多媒体环境中以及人们关注的邮件私密性方面，更显出它的局限性，后来的一些协议，包括多用途 Internet 邮件扩充协议 MIME（Multi-Purpose Internet Mail Extensions）及增强私密邮件保护协议 PEM（Privacy Enhanced Mail）弥补了 SMTP 协议的缺点。而 SMTP 协议是用在大型多用户、多任务的操作系统环境中，将它用在 PC 机上收信是十分困难的，所以在 TCP/IP 网络上大多数邮件管理程序使用 SMTP 协议来发信，且采用 POP（Post Office Protocol）协议（常用的是 POP3）保管用户未能及时取走的邮件。

4.4.3 简单网络管理协议

简单网络管理协议（Simple Network Management Protocol，SNMP）是在应用层上进行网络设备通信的管理，它可以用来进行网络状态监视、网络参数设定、网络流量的统计与分析、发现网络故障等。由于它的使用及开发极为简单，所以得到了普遍的应用。

1988 年，IETF 制定了 SNMP V.1。1993 年，IETF 制定了 SNMP V.2，该版本受到各网络厂商的广泛欢迎，并成为事实上的网络管理工业标准。SNMP V.2 是 SNMP V.1 的增强版。SNMP V.2 较 SNMP V.1 版本主要在系统管理接口、协作操作、信息格式、管理体系结构和安全性几个方面有较大的改善。

SNMP 主要用于 ISO/OSI 七层模型中较低层次的管理，采用轮询监控方式。管理者按一定的时间间隔向代理请求管理信息，根据管理信息判断是否有异常事件发生。当管理对象发生紧急情况时，也可以使用称为 Trap 信息的报文主动报告。轮询监控的主要优点是对代理资源要求不高、SNMP 协议简单、易于实现；缺点是管理通信开销大。

SNMP 代理和管理站通过标准消息通信，这些消息中的每一个都是一个单个的包。因此，SNMP 使用 UDP（用户数据报协议）作为传输协议。UDP 使用无连接的服务，因此 SNMP 不需要依靠在代理和管理站之间保持连接来传输消息。

4.4.4 远程登录协议

1. 远程登录的概念

远程登录是 Internet 最早提供的基本服务功能之一。Internet 中的用户远程登录是指用户使用 Telnet 命令使自己的计算机暂时成为远程计算机的一个仿真终端的过程。一旦用户成功地实现了远程登录，用户使用的计算机就可以像一台与对方计算机直接连接的本地终端一样进行工作。

远程登录允许任意类型的计算机之间进行通信。远程登录之所以能提供这种功能，是因为所有的运行操作都是在远程计算机上完成的，用户的计算机仅仅是作为一台仿真终端向远程计算机传送击键信息及显示结果。

TCP/IP 协议族中有两个远程登录协议：Telnet 协议和 rlogin 协议。rlogin 协议是 Sun 公司专为 BSD UNIX 系统开发的远程登录协议，它只适用于 UNIX 系统，因此还不能很好地解决异质系统的互操作性。

2. 远程登录的工作原理

Telnet 同样也是采用了客户机/服务器模式（其结构如图 4-18 所示）。在远程登录过程中，用户的实终端（Real Terminal）采用用户终端的格式与本地 Telnet 客户机进程通信；远程主机采用远程系统的格式与远程 Telnet 服务器进程通信。通过 TCP 连接，Telnet 客户机进程与 Telnet 服务器进程之间采用了网络虚拟终端 NVT 标准来进行通信。网络虚拟终端 NVT 格式将不同的用户本地终端格式统一起来，使得各个不同的用户终端格式只跟标准的网络虚拟终端 NVT 格式打交道，而与各种不同的本地终端格式无关。Telnet 客户机进程与 Telnet 服务器进程一起完成用户终端格式、远程主机系统格式与标准网络虚拟终端 NVT 格式的转换。

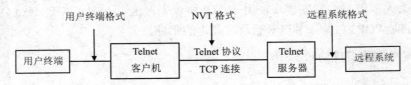

图 4-18　Telnet 的客户机/服务器模型

3. 如何使用远程登录

使用 Telnet 的条件是用户本身的计算机或向用户提供 Internet 访问的计算机支持 Telnet 命令；另一个条件是在远程计算机上有自己的用户账户（包括用户名与用户密码）或该远程计算机提供公开的用户账户来供没有账户的用户使用。用户在使用 Telnet 命令进行远程登录时，应在 Telnet 命令中给出对方计算机的主机名或 IP 地址，并键入自己的用户名与用户密码。有时还要根据对方的要求回答自己所使用的仿真终端的类型。

Internet 有很多信息服务机构提供开放式的远程登录服务，登录到这样的计算机时，不需要事先设置用户账户，使用公开的用户名就可以进入系统。这样，用户就可以使用 Telnet 命令，使自己的计算机暂时成为远程计算机的一个仿真终端。一旦用户成功地实现了远程登录，用户就可以像远程主机的本地终端那样工作，使用远程主机对外开放的全部资源，如硬件、程序、操作系统、应用软件及信息资源。

Telnet 也经常用于公共服务或商业目的。用户可以使用 Telnet 远程检索大型数据库、公众图书馆的信息资源库或其他信息。

4.4.5　文件传输协议

1. 文件传输的概念

所谓文件传输是指用户直接将远程文件拷入本地系统，或将本地文件拷入远程系统。在异构系统间传输文件同样存在许多问题，如文件命名规则、文件中目录系统规则、文件中数据的表示格式等可能不同。

为了完成不同系统之间文件的传送，必须有一种大家共同遵循的规则，这就是 FTP 协议（File Transfer Protocol，文件传输协议）。

文件传输服务提供了任意两台 Internet 计算机之间相互传输文件的机制，是广大用户获得丰富的 Internet 资源的重要方法之一。使用网页浏览器（如 IE、Firefox）或者专门的 FTP 客户端程序（如 AcuteFTP）都可以实现 FTP 文件传输功能。

Internet 由于采用了 TCP/IP 协议作为它的基本协议，所以无论两台与 Internet 连接的计算机在地理位置上相距多远，只要它们都支持 FTP 协议，它们之间就可以随时相互传送文件。Internet 上许多公司、大学的主机上含有数量众多的公开发行的各种程序和文件，这是 Internet 上的巨大和宝贵的信息资源。利用 FTP 服务，用户就可以方便地访问这些信息资源。

同时，采用 FTP 传输文件时，不需要对文件进行复杂的转换，因此具有较高的效率。Internet 与 FTP 的结合等于使每个联网的计算机都拥有了一个容量巨大的备份文件库，这是单个计算机无法比拟的优势。但是，这也造成了 FTP 的一个缺点，那就是用户在文件"下载"到本地之前无法了解文件的内容。所谓下载就是把远程主机上的软件、文字、图片、图像与声音信息转到本地硬盘上。

2．FTP 的工作原理

FTP 是建立在 TCP 传输服务基础上的，它按照客户机/服务器模式交互式工作。当启动 FTP 程序与远程计算机相互传输文件时，可提供 FTP 服务的有两个程序：一是本地客户机上的 FTP 客户程序提出传输文件的请求；二是运行在远程计算机上的 FTP 服务器程序负责响应请求并把指定的文件传送到提出请求的计算机，如图 4-19 所示。

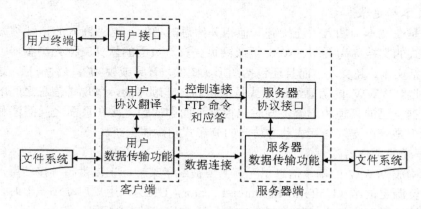

图 4-19　FTP 客户机与服务器工作原理

本地客户端程序完成如下功能：

● 接收用户从键盘输入的命令。
● 分析命令并传送给服务程序请求。
● 接收并在本地屏幕上显示来自服务程序的信息。
● 根据命令送或接数据。

远程计算机的 FTP 服务器程序完成如下功能：

● 接收并执行客户程序发送过来的命令。
● 与客户程序建立 TCP 连接。
● 完成与客户机交换文件的功能。
● 将执行状态信息返回给客户机。

使用 FTP 传输文件时，客户机与服务器之间要建立两次 TCP 连接，即控制连接和数据连接。控制连接用于传送客户机与服务器间的命令和响应，数据连接用于客户机与服务器间的数据交换。

3．如何使用 FTP

Windows 系统与其他支持 TCP/IP 协议的软件都包含 FTP 实用程序。FTP 服务的使用方法很简单：启动 FTP 客户端程序，与远程主机建立连接，然后向远程主机发出传输命令，远程主机在接收到命令后，就会立即响应，并完成文件的传输。

FTP 提供的命令十分丰富，涉及文件传输、文件管理、目录管理、连接管理等方面。

用户在进行 FTP 操作时，首先应在 FTP 命令中给出远程计算机的主机名或 IP 地址，然后根据对方系统的询问正确键入用户名与密码。通过上述操作就可以建立与远程计算机之间的连接，然后将需要传输的文件上传或下载。

4.4.6　WWW 和 HTTP 协议

WWW（World Wide Web）称为环球网、全球网或万维网，它是一种在 Internet 网络传输平台上设计开发的超文本分布信息查询服务系统，是一种与 FTP、Telnet、NFS 以及分布数据库等网络应用服务具有相同性质的计算机网络应用服务系统。WWW 与 Internet 捆绑在一起，几乎成了 Internet 的同义词，这可能正是 WWW 被称为环球网和全球网的原因。

1. 超文本和超媒体

超文本是在文本中加入了连接到其他相关信息的指针，这种嵌入的指针称为超链接。采用超文本方式的文档称为页面、Web 页或网页。查看页面的软件就称为浏览器。如果文档的内容不仅包括文本、超文本，而且还包括图形、图像、音频或视频等多种信息，这种文档被称为超媒体文档。WWW 的信息组织方式是网状的、非顺序的，体现了信息之间的普遍联系。用户可以根据自己的兴趣和思维，同时也根据页面中的超链接在页面之间阅读和搜索信息。WWW 实际上是一个支持交互式动态访问的分布式超媒体系统。

2. 统一资源定位器

网页是构成 WWW 的基本信息单元，需要被赋予某种标识以供超链接使用。这种标识被定义为统一资源定位器（Uniform Resource Locator，URL）。用户启动浏览器时，便需要在浏览器界面的地址栏中输入要浏览内容的 URL。标准格式的 URL 如下：

<通信协议>://<主机>:<端口号>/<路径>/<文件名>

- 通信协议：指提供该文件的服务器所使用的通信协议，Ftp 指文件传输协议；Telnet 指远程登录协议；Http 指超文本传送协议。
- 主机：指上述服务器所在主机的域名。
- 端口号：所使用的端口号。
- 路径：指该文件在所述主机上的路径。
- 文件名：指文件的名称。

例如 http://www.hue.edu.cn/index.php。

3. HTTP 协议

超文本传输协议（HTTP）是一个应用层协议，用于分布协作式的超媒体信息系统。公开发布的第一个 HTTP 版本 HTTP/0.9 是一个简单的协议，可以在 Internet 中传输原始数据。HTTP/1.0 对原协议进行了改进，引入了关于待传输数据的类似于 MIME 消息的元信息，以及带有请求/响应语义的修饰符号。然而，HTTP/1.0 并未考虑层次代理的影响、缓存以及永久性连接或虚拟主机的需求。目前最新的正式版本是 HTTP/1.1。这一协议比 HTTP/1.0 更为严谨，确保了其特性实现的可靠性。

HTTP 协议是一个请求响应协议，即客户提出请求，服务器予以响应。请求和响应都是靠消息传递实现的。一个客户建立到服务器的连接后，就发送请求消息，包括规定请求方法、一个 URL 和协议版本，以及一个类 MIME 消息，它包括请求限定符、客户信息和附加的实体信息。服务器完成请求的工作后，发送响应消息，包括一个状态行、协议版本和成功或失败的代码，并跟随一个类 MIME 消息，其中包括服务器信息、实体元信息以及可能的实体主体内容。

HTTP 消息只有两个类型：请求消息和应答消息。每个 HTTP 消息都由以下几部分组成：

- 起始行：包含请求命令或应答状态标识符，再加上一系列的变量。
- 首标：包含一连串的 0 或更多的字段，这些字段包含关于消息或发送消息的系统的信息。
- 空行：包含一个空行，用于表示首标部分的结束。
- 实体主体：包含发送给对方系统的消息负载。通常它是不用的。

习题四

一、选择题

1. 以下不属于 TCP/IP 模型的是（　　）。

　　A．网际层　　　　　　　　B．数据链路层　　　C．应用层　　　　　D．传输层

2. 网络端口是指（　　）。

　　A．与一台计算机的连接点　　　　　　　B．主板上的插槽

　　C．协议的接口　　　　　　　　　　　　D．连接于应用的接口

3. Internet 中的 ARP 协议负责将（　　）。

　　A．网络层地址映射为链路层地址　　　　B．物理层地址映射为链路层地址

　　C．链路层地址映射为网络层地址　　　　D．网络层地址映射为会话层地址

二、填空题

1. 通过第一个十进制数可以判断出 IP 类型，例如 12.0.0.0 是_____地址；128.23.0.7 是_____地址；201.112.48.66 是_____地址。

2. DNS 是一个_____系统，该系统由域名空间、_____和地址转换请求程序 3 部分组成。通过 DNS，任何在域名空间有定义的域名都可以查找到任何有定义的域名。

3. TCP 协议采用_____方法建立连接。

三、简答题

1. 计算机网络可以向用户提供哪些服务？

2. 什么是子网掩码？它有什么用途？

3. 域名系统（DNS）的基本功能是什么？其基本原理是什么？

4. 协议和服务有什么区别？有什么联系？

5. 试述 TCP 连接释放的过程。

四、计算题

某集团公司给其下属的武汉子公司分配了一段 210.10.30.0～210.10.30.135 的 IP 地址，武汉子公司在武汉地区有 7 个分公司，这些分公司每个都通过路由器与武汉子公司相连，同时这些公司希望能够通过内部网访问集团公司的资源。假如你是武汉子公司的网络管理员，你会怎样给这些公司分配 IP 地址和子网掩码？

第 5 章　计算机局域网

学习目标

本章主要介绍计算机局域网、无线局域网和虚拟局域网技术，以及计算机网络工程等知识。通过本章的学习，读者应掌握以下内容：

- 计算机局域网的定义、组成、特点和分类
- 计算机局域网的体系结构
- 计算机局域网的组网技术
- 无线局域网和虚拟局域网技术
- 计算机网络工程技术

5.1　局域网概述

5.1.1　局域网的定义和组成

计算机局域网是计算机网络的重要分支，自 20 世纪 70 年代中期产生至今 30 多年的时间里，得到了飞速的发展。美国 IEEE 局域网络标准委员会将其定义为"局域网络中的通信被限制在中等规模的地理范围内，例如一幢办公楼、一座工厂或一所学校，能够使用具有中等或较高数据速率的物理信道，且具有较低的误码率；局域网络是专用的，由单一组织机构所使用。"这一定义虽然没有被普遍认同，但它确定了局域网在地理范围、经营管理规模和数据传输速率等方面的主要特征。

局域网最基本的目的是为连接在网上的所有计算机或其他设备之间提供一条传输速率较高、误码率较低、价格较低廉的通信信道，从而实现相互通信及资源共享。

决定局域网特性的主要技术有 3 个方面：用以传输数据的传输介质、用以连接各种设备的拓扑结构、用以共享资源的介质访问控制方法。这 3 种技术在很大程度上决定了传输数据的类型、网络的响应时间、吞吐量和利用率，以及网络应用等各种网络特性。其中最重要的是介质访问控制方法，它对网络特性具有十分重要的影响。

局域网由网络硬件和网络软件两部分组成。网络硬件用于实现局域网的物理连接，为连接在局域网上的计算机之间的通信提供一条物理信道和实现局域网间的资源共享。网络软件主要用于控制并具体实现信息的传送和网络资源的分配与共享。这两部分互相依赖，共同完成局域网的通信功能。

5.1.2　局域网的特点

局域网的主要特点是高数据速率、短距离和低误码率，具体如下：

（1）覆盖的地理范围较小。如一幢大楼、一座工厂、一所学校或一个区域，其范围一般不超过 25km。

（2）以微机为主要联网对象。局域网连接的设备可以是计算机、终端和各种外围设备等，但微机是其最主要的联网对象，也可以这样说，局域网是专为微机设计的联网工具。

（3）通常属于某个单位或部门所有。局域网是由一个单位或部门负责建立、管理和使用的，完全受该单位或部门的控制。这是局域网与广域网的重要区别之一。广域网可能分布在一个国家的不同地区，甚至不同的国家，由于经济和产权方面的原因，它不可能被某一组织所有。

（4）传输速率高。局域网由于通信线路短、数据传输快，目前通信速率通常在 100Mbps以上，因此局域网是计算机之间高速通信的有效工具。

（5）管理方便。由于局域网范围较小，且为单位或部门所有，因而网络的建立、维护、管理、扩充和更新等都十分方便。

（6）价格低廉。由于局域网区域有限、通信线路短，且以价格低廉的微机为联网对象，因而局域网的性能价格比相当理想。

（7）实用性强，使用广泛。局域网中既可采用双绞线、光纤、同轴电缆等有形介质，也可采用无线、微波等无形信道。此外，还可采用宽带局域网，实现对数据、语音和图像的综合传输。在基带上，采用一定的技术可实现语音和静态图像的综合传输。这使得局域网有较强的适应性和综合处理能力。

5.1.3　局域网的分类

局域网常用的分类方式如下：

（1）按拓扑结构分类。

按拓扑结构的不同，局域网可分为总线型网、环型网、星型网和树型网。但在实际应用中，以树型网居多。

（2）按传输的信号分类。

按传输介质上所传输的信号方式不同，局域网可分为基带网和宽带网。基带网传送数字信号，信号占用整个频道，但传输距离较小。宽带网传输模拟信号，同一信道上可传输多路信号，它的传输距离较大。目前局域网中绝大多数采用基带传输方式。

（3）按网络使用的传输介质分类。

局域网使用的传输介质有双绞线、光纤、同轴电缆、无线电波、微波等，因此对应的局域网有双绞线网、光纤网、同轴电缆网、无线局域网、微波网。目前小型局域网大都是双绞线网，而较大型局域网则采用光纤和双绞线传输介质的混合型网络。近年来，无线网络技术发展迅速，它将成为未来局域网的一个重要发展方向。

（4）按介质访问控制方式分类。

从局域网介质访问控制方式的角度可以把局域网分为共享介质局域网和交换局域网。目前在实际应用中大都采用交换局域网。

5.1.4　局域网传输介质类型与特点

局域网常用的传输介质有：同轴电缆、双绞线、光纤与无线通信信道。早期应用最多的是同轴电缆。但随着技术的发展，双绞线与光纤的应用十分迅速。目前在数据传输率为

100Mbps、1Gbps 的局域网中，双绞线用得比较多；而在高速局域网或远距离传输中，光纤的使用也已非常普遍；在有移动节点的局域网中，采用无线通信信道的趋势已经越来越明显。

局域网产品中使用的双绞线可以分为两类：屏蔽双绞线和非屏蔽双绞线。屏蔽双绞线由外部保护层、屏蔽层与多对双绞线组成，非屏蔽双绞线由外部保护层与多对双绞线组成。屏蔽双绞线的抗干扰能力优于非屏蔽双绞线。

5.2　局域网体系结构

5.2.1　局域网参考模型

在第 3 章中我们介绍了基于七层协议的 OSI 开放系统互连网络参考模型（OSI/RM）。局域网是计算机网络的分支，它也应遵循 OSI 关于开放式系统互连的七层参考模型。但局域网具有连接距离短、频带宽、延时小、成本低等特性，因此它与广域网存在许多差别，它的参考模型与 OSI/RM 也有所不同。

在通信领域，制定标准的组织机构很多，其中以 ISO 和 IEEE（美国电气和电子工程师协会）802 委员会在局域网标准化方面最为权威。IEEE 802 委员会提出的 IEEE 802 标准已提交给国际标准化组织，并得到公认。ISO 的 OSI/RM 是网络体系结构的支柱，在 OSI/RM 中，其中三层主要涉及的是通信功能，在这方面局域网有自身的特点。首先，局域网中数据以帧为单位传输；其次，局域网一般不需要中间交换，其拓扑结构有总线型、星型和环型，故路径选择功能可大大简化，常不设单独的网络层。结合局域网自身的特点，参考 OSI/RM，IEEE 802 提出了局域网体系结构的参考模型（LAN/RM），它与 OSI/RM 的对应关系如图 5-1 所示。

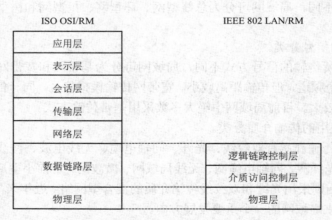

图 5-1　OSI/RM 与 LAN/RM 对应关系图

与 OSI/RM 相比，LAN/RM 只相当于 OSI 的最低两层。物理层用来物理连接是必需的，数据链路层将数据构成编址帧形式传输，并实现帧的排序控制、差错控制及流量控制功能，使不可靠的链路成为可靠链路，因此也是必需的。由于局域网没有路由问题，任何两点之间都可用一条直线链路进行传输，所以不需要设置网络层。考虑到局域网种类繁多，其介质访问控制方式也各不相同，为了使局域网中的数据链路层不至过于复杂，并减轻其负担，LAN/RM 将其划分为两个子层，即介质访问控制（MAC）子层和逻辑链路控制（LLC）子层。把与访问各种传输介质有关的问题都放在 MAC 层，与介质访问无关的部分都集中在 LLC 子层。

下面介绍 LAN/RM 中物理层和数据链路层的功能。

1. 物理层

物理层主要处理在物理链路上发送、传递和接收非结构化的数据流，包括对带宽的频道分配和对基带的信号调制，建立、维持、撤消物理链路等，并要实现电气、机械、功能和规程四大特性的匹配。物理层可采用一些特殊的通信媒体，其信息可组成多种不同格式。

2. 数据链路层

数据链路层的功能分别由 MAC 子层和 LLC 子层承担。

（1）介质访问控制层 MAC。MAC 子层支持数据链路功能，并为 LLC 子层提供服务。其主要功能是控制对传输介质的访问，支持的介质访问控制方式有 CSMA/CD、Token-Ring、Token-Bus 等。MAC 层还实现帧的封装和拆卸、帧的寻址和识别、实现和维护 MAC 协议、完成帧检测序列产生和检验等功能。

（2）逻辑链路控制层 LLC。LLC 子层向高层提供一个或多个逻辑接口，并提供两种控制类型：无连接的控制和面向连接的控制。LLC 子层具有帧顺序控制及流量控制等功能，还包括某些网络层功能，如数据报、虚拟控制和多路复用等。

5.2.2　IEEE 802 标准

从 20 世纪 70 年代后期开始，局域网迅速发展，产品的种类和数量剧增，造成了局域网在传输介质的使用、访问控制方式以及数据链路控制方法上的多样化，为了使不同系统能相互交换信息，美国电气和电子工程师学会 IEEE 于 1980 年 2 月成立了专门的机构来制定局域网的有关标准，并按成立时间取名为"IEEE 802 局域网标准委员会"。

IEEE 802 共有 12 个分委员会，分别制定了相应的标准，有些标准还在不断制定中，其中 IEEE 802.1～IEEE 802.6 已成为 ISO 的国际标准 ISO8802.1～ISO8802.6。

IEEE 802 为局域网 LAN 内的数字设备提供了一系列连接的标准，这些标准分别是：

- IEEE 802.1A：局域网和城域网标准，综述及体系结构。
- IEEE 802.1B：局域网的寻址、网络互联及网络管理。
- IEEE 802.2：逻辑链路控制 LLC，是高层协议与 MAC 子层间的接口。
- IEEE 802.3：定义了 CSMA/CD 总线的 MAC 子层和物理层标准。
- IEEE 802.3i：10 Base-T 访问控制方法和物理层技术规范。
- IEEE 802.3u：100 Base-T 访问控制方法和物理层技术规范。
- IEEE 802.4：令牌总线访问控制方法，定义了其 MAC 子层和物理层标准。
- IEEE 802.5：令牌环网访问控制方法，定义了其 MAC 子层和物理层标准。
- IEEE 802.6：城域网访问控制方法，定义了城域网的 MAC 子层和物理层标准。
- IEEE 802.7：宽带局域网标准。
- IEEE 802.8：光纤局域网标准。
- IEEE 802.9：综合话音数据局域网标准。
- IEEE 802.10：可互操作的局域网的安全标准。
- IEEE 802.11：无线局域网标准。

● IEEE 802.12：新型高速局域网标准。

5.2.3　局域网介质访问控制方式

局域网介质访问控制方式主要是解决介质使用权的算法或机构问题，从而实现对网络传输信道的合理分配。局域网介质访问控制方式是局域网最重要的一项基本技术，对局域网体系结构、工作过程和网络性能产生决定性影响。

局域网介质访问控制的内容主要有两个方面：一是要确定网络上每一个节点能够将信息发送到介质上去的特定时刻；二是要解决如何对共享传输介质访问和利用加以控制。常用的介质访问控制方式有 3 种：载波侦听多路访问/冲突检测法（CSMA/CD）、令牌环访问控制（Token-Ring）和令牌总线访问控制（Token-Bus）。

1. CSMA/CD 访问控制方式

载波侦听多路访问（Carrier Sense Multiple Access，CSMA）是一种适合于总线结构的具有信道检测功能的分布式介质访问控制方法，其控制手段称为"载波侦听"。在这里所用的"载波"不是习惯上的高频正弦波信号，而是一种术语的借用，指的是检测正在信道上传输的信号。查看信号的有无，称为载波侦听，而多路访问是指多个工作站共同使用一条线路。

CSMA 控制方式又称为"先听后讲"，其基本思想是：任何一个站点需要发送信息时，首先侦听当前有无另一个站点正在发送信息，即介质上有无信息传输，如果侦听的结果是信道空闲，则该站点可以立即发送信息；如果侦听的结果是信道上有信息传送，就继续侦听，直到信道空闲时再立即发送信息。

由于传输介质有一定的长度，信息在介质上传输存在一定时间的延迟，这给载波侦听结果的真实性带来了困难。例如，有两个站点需要发送信息，其中一个站点先开始发送信息，这时另一个站点也想发送信息，然而在它侦听过程中由于信息传输延时而未检测到信道上有一个站点已发出信息，认为信道是空闲的，也就发送信息，这样就造成了两个站点的信息在信道中发生冲突。因此这种先侦听后发送的策略不可能彻底避免总线冲突。

为了检测冲突，在每个站点的网络接口单元中设置有相应电路，当有冲突时，该站点延迟一个随机时间，再重新侦听，以使冲突的双方在下一次发送信息的时间上能够错开，尽量减小冲突发生的可能性。

实际上，当一个站开始发送信息时，检测到本次发送有无冲突的时间很短，它不超过该站点与距离该站点最远站点信息传输时延的 2 倍。假设 A 站点与距离 A 站点最远 B 站点的传输延时为 T，如图 5-2 所示，那么 2T 就作为一个时间单位。若该站点在信息发送后 2T 时间内无冲突，则该站点取得使用信道的权力，利用它可以正确地发送信息。可见，要检测是否冲突，每个站点发送的最小信息长度必须大于 2T 时间。

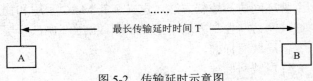

图 5-2　传输延时示意图

由于 CSMA 设有检测冲突的功能，当两个站点发送信息后，即使冲突已经发生，仍然要将已破坏的信息发送完，这就造成了总线利用率的下降。

一种改进的 CSMA 方案可提高总线的利用率，即带冲突检测的载波侦听多路访问式 CSMA/CD（CSMA with Collision Detection）。CSMA/CD 发送过程流程图如图 5-3 所示。

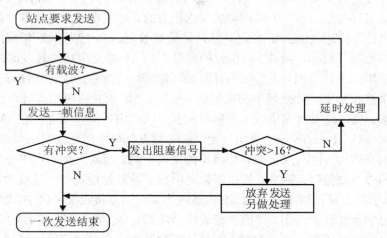

图 5-3　CSMA/CD 发送过程流程图

CSMA/CD 又被称为"先听后讲，边听边讲"，其具体工作过程概括如下：

（1）先侦听信道，如果信道空闲则发送信息。

（2）如果信道忙，则继续侦听，直到信道空闲时立即发送。

（3）发送信息后进行冲突检测，如发生冲突，立即停止发送，并向总线上发出一串阻塞信号（连续几个字节全为 1），通知总线上各站点冲突已发生，使各站点重新开始侦听与竞争。

（4）已发出信息的各站点收到阻塞信号后，等待一段随机时间，重新进入侦听发送阶段。

CSMA 按其算法的不同存在以下 3 种方式：

● 非－坚持 CSMA。若信道忙，则不再侦听，隔一定时间间隔后再侦听；若信道空闲，则立即发送。由于在信道忙时放弃侦听，就减少了再次冲突的机会，但会使网络的平均延迟时间增加。

● P－坚持 CSMA。若信道忙，继续侦听。但当发现信道空闲时，并不总是发送信息，为减少冲突，以概率 P 发送信息，而以概率(1-P)延迟一个单位时间，再侦听，此方式能够降低在信道空闲时多个站同时发送信息的冲突概率。"坚持"侦听是为了减少随机等待方式造成的较长延迟时间。

● 1－坚持 CSMA。若信道忙，一直侦听，直到发现信道空闲时，立即发送信息。若有冲突，回退一个概率时间重新侦听，由于此时 P=1，所以取名 1－坚持，即只要侦听到信道空闲就发送信息，发送信息的概率为 1。IEEE 802.3 采用 1－坚持 CSMA/CD 方式。

CSMA/CD 访问控制方式是一种争用协议，每个站点都处于平等地位去竞争传输介质，算法较简单，技术上较易实现，但它不能提供优先级控制。此外，不确定的延时难以满足远程控制的要求。为此已产生改进型的带优先权或带应答包的 CSMA/CD 访问控制方式。

CSMA/CD 方式是一种适用于总线型网络的介质访问控制方式，已由 IEEE 802 委员会建议成为局域网控制协议标准之一，即 IEEE 802.3 标准。

2．令牌环访问控制方式

在令牌环网中，令牌也叫通行证，它具有特殊的格式和标记。令牌有"忙"和"空闲"两种状态。当环路上各个站点都没有信息发送时，令牌标志为"空闲（Free Token）"，此空闲令牌一站接一站沿环传送。当一个站点准备发送信息时，必须等到它在获取空闲令牌后，把空闲令牌设置为"忙"标志（Busy Token），然后才能接着发送一个以"帧"（帧由源地址、目标地址及要发送的数据等数据项组成）为单位的信息。下一个站点用按位转发的方式转发经过本站点但又不属于本站点接收的信息。因为环是循环结构，当信息到达目标站点并被接收后，接收站点要做一个接收标志（改变帧中的控制位），当信息回到发送源站点时，由源站点根据该标志清除信息帧。当信息发送完毕或者定时时间到（以克服死循环状态）时，发送站点必须把忙令牌改为空闲令牌（Free Token）发出，使以后的站点有权使用环路发送信息。由于在此前，环路中没有空闲令牌，其他站点必须等待而不能发送信息，因此不可能产生任何冲突。当信息帧绕环路依次通过各站点时，各站点都将该帧上所指定的目标地址与本站点地址比较：如果地址相符，说明该信息是发送给本站点的，则将该帧拷贝到站点接收缓冲区中；如果地址不相符，则简单地将信息帧重新送到环上，使信息帧继续沿环路传送。具有广播特性的令牌环访问控制方式还能使多个站点接收同一个信息帧，同时具有对发送站点自动应答的功能，其访问控制过程如图 5-4 所示。

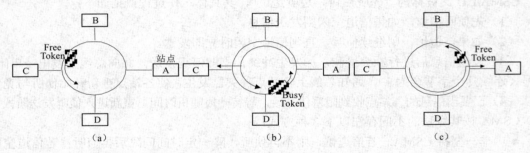

图 5-4　传送过程

图 5-4（a）表示站点 A 要求发送信息，等待空闲令牌到达，若站点 C、D 均无信息发送，则空闲令牌到达站点 A。站点 A 获取空闲令牌后，把它改成忙令牌并发送出去，紧接着，站点 A 向站点 C 发出一帧信息。

图 5-4（b）表示此时站点 C 是接收站，它将寻址到与本地址相同的帧信息并将其接收（拷贝）到站点内。

图 5-4（c）表示被站点 C 拷贝过的信息帧回到站点 A，站点 A 根据接收标志修改忙令牌为空闲令牌发出，并清除该信息帧。

令牌环访问控制方式中的每个站点具有同等的介质访问权，同时也能提供优先服务，具有很强的实用性。但令牌维护较复杂，需要设置专用的监控站点，以保证环路中始终只有一个令牌绕行。

令牌环是一种适用于环型网络的分布式介质访问控制方式，已由 IEEE 802 委员会建议成为局域网控制协议标准之一，即 IEEE 802.5 标准。

3．令牌总线访问控制方式

令牌总线访问控制方式（Token-Bus）是在综合了 CSMA/CD 访问控制方式和令牌环访问

控制方式的优点的基础上形成的一种介质访问控制方式。

令牌总线控制方式主要用于总线型或树型网络结构中。该方式是在物理总线上建立一个逻辑环。如图 5-5 所示是一个总线结构网络，如果指定每一个站点在逻辑上相互连接的前后地址，即可构成一个逻辑环，如图 5-5 中的 A→B→D→E→A（C 站点没有连入令牌总线中）。

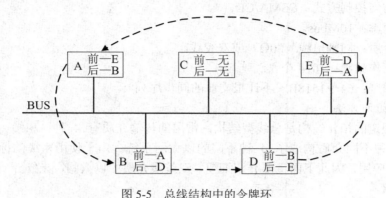

图 5-5　总线结构中的令牌环

与令牌环一样，在令牌总线中，只有获取令牌的站点才能发送信息帧。从逻辑上来看，令牌是按站点地址的前后顺序传递给下一个站点的；从物理上来看，带有地址字段的令牌帧广播到总线上所有的站点。只有站点地址与令牌帧的目的地址相符的站点才有权获取令牌。

令牌总线访问控制提供不同的优先级，它将待发送的信息帧分成 4 类不同的访问类别，并赋予它们不同的优先级。

令牌总线访问控制方式的最大优点在于它的确定性、可调整性以及较好的吞吐能力。但它的维护、管理要比 CSMA/CD 复杂得多，因为系统必须能处理以下问题，且这些处理过程都是比较复杂的。

（1）环初始化，即用某种方法确定出总线环的初始逻辑顺序。

（2）能动态地把一个站点（或多个站点）加入环中，因为随机启动的站点必须插入环中。

（3）当一个站点（或多个站点）关闭时，能自动退出环。

（4）当出现错误时，如同时出现两个相同地址时，要能够及时发现，并重新初始化。

令牌总线是一种适用于总线型网络的介质访问控制方式，已由 IEEE 802 委员会建议成为局域网控制协议标准之一，即 IEEE 802.4 标准。

5.3　局域网组网技术

5.3.1　以太网

1．以太网简介

以太网（Ethernet）是由美国 Xerox 公司和 Stanford 大学联合开发并于 1975 年提出的，目的是为了把办公室工作站与昂贵的计算机资源连接起来，以便能从工作站上分享计算机资源和其他硬件设备。后来经 Xerox 公司、Intel 公司及 DEC 公司合作联合研制，于 1980 年 9 月正式联合公布了 Ethernet 的物理层和数据链路层的详细技术规范。1983 年 IEEE 802 委员会公布的 802.3 局域网络协议（CSMA/CD）基本上和 Ethernet 技术规范一致，于是 Ethernet 技术规范成为世界上第一个局域网的工业标准。

Ethernet 的主要技术规范如下：

- 拓扑结构：总线型。
- 介质访问控制方式：CSMA/CD。
- 传输速率：10Mbps。
- 传输介质：同轴电缆（50Ω）或双绞线。
- 最大工作站数：1024 个。
- 报文长度：64～1518B（不计报文前的同步序列）。

2. 以太网组网方法

以太网中规定的拓扑结构是总线型结构，常用的传输介质有 4 种：粗缆、细缆、双绞线和光纤。这 4 种不同介质构成了 4 种不同的以太网系统。由于使用粗缆的标准以太网（10 Base-5）已很少应用，因此下面主要介绍细缆、双绞线介质的以太网，光纤介质以太网将在快速以太网中介绍。

（1）细缆以太网（10 Base-2）。10 Base-2 以太网采用 0.2 英寸 50Ω 的同轴电缆作为传输介质，传输速率为 10Mbps。10 Base-2 使用网卡自带的内部收发器（MAU）和 BNC 接口，采用 T 型接头即可将两端的工作站通过细缆连接起来，组网成本低，连接方便。

10 Base-2 以太网组网规则如下：

- 采用 RG-58/U 型 50Ω 同轴电缆，每段电缆最大长度为 185m，最多 5 段（段间需要用中继器连接），各段电缆末端使用终接器（50Ω）终接，电缆总长度最大为 925m。
- 每段电缆最多可连接 30 个站点，两个站点之间的最小距离为 0.5m。
- 网卡提供 BNC 接口，两条同轴细缆通过 T 型接头与网卡连接，所有 T 型接头必须直接接到工作站 BNC 接口上，不能在电缆中间作段接使用。
- 终接器为 50Ω 的 BNC 终接器，一个网络的两端终接器中的一端必须接地。

10Base-2 以太网连接如图 5-6 所示。

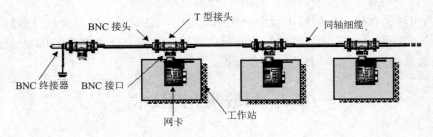

图 5-6　10 Base-2 以太网连接

（2）双绞线以太网（10 Base-T）。10 Base-T 以太网是使用非屏蔽双绞线电缆来连接的传输速率为 10Mbps 的以太网。10 Base-T 以太网支持结构化布线系统，10 Base-T 以太网需要使用集线器（Hub）构成树型拓扑或总线和星型相结合的混合型网络拓扑，具有良好的故障隔离功能，使得网络任一段线路或某一工作站点出现障碍时均不影响网络中的其他站点，简化了网络故障诊断过程，缩短了故障诊断时间，提高了网络故障检测和冲突控制效率，使局域网难于维护的缺点得以根本性改变。加之其组网容易，使得 10 Base-T 以太网成为目前使用最广的局域网系统。

单个集线器和多个集线器的 10 Base-T 以太网连接如图 5-7 所示。

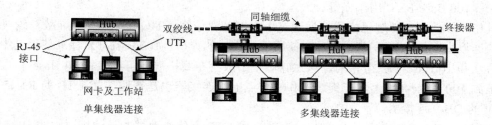

图 5-7　10 Base-T 以太网连接

10 Base-T 以太网组网规则如下：

● 用双绞线（UTP）将工作站连接到集线器上，一段双绞线的最大长度为 100m。
● 双绞线插头、工作站网卡和集线器的插座均采用 RJ-45 标准接口。
● 介质上最多只允许接入 4 个中继器，从而构成 5 个网段。
● 最低采用 3 类 UTP，其特征阻抗为 100Ω。
● 网卡上配有内置式收发器和 RJ-45 型插座，用于双绞线直接连接。
● 多个集线器之间可使用同轴细缆互连，其最大长度为 100m。

5.3.2　快速以太网

20 世纪 90 年代初，以太网在发展中被进一步改进，其速度提高了 10 倍。1993 年 100Mbps 快速以太网正式问世并形成了相应的标准，引起网络界的广泛重视。1993 年 6 月，由 3COM、Intel、Sun 和 Bay Networks 等公司成立了快速以太网联盟，于 1994 年开始大量提供快速以太网产品。由于快速以太网能以远低于 FDDI（光纤分布式数据接口）网的价格实现 100Mbps 的传输速率，使其取代 FDDI 而成为当前高速局域网的主流。

1. 快速以太网（100 Base-T）简介

快速以太网是在传统以太网的基础上发展而来的，因此它不仅保持相同的以太帧格式，而且保留了用于以太网的 CSMA/CD 介质访问控制方式。由于快速以太网的速率比普通以太网提高了 10 倍，所以快速以太网中的桥接器、路由器和交换机都与普通以太网不同，它们具有更快的速度和更小的延时，100 Base-T 与 10 Base-T 的比较如表 5-1 所示。

表 5-1　100 Base-T 与 10 Base-T 的比较

比较项目	100 Base-T	10 Base-T
速率	100Mbps	10Mbps
支持标准	IEEE 802.3U	IEEE 802.3
介质访问控制方式	CSMA/CD	CSMA/CD
拓扑结构	星型	总线型、星型
支持的介质	UTP 和光纤	同轴电缆、UTP 和光纤
集线器/站点	100m	100m

目前，正式的 100 Base-T 标准定义了 3 种物理层规范以支持不同的物理介质，如下：

- 100 Base-TX：用于两对 5 类 UTP 或 1 类 STP。
- 100 Base-T4：用于四对 3、4 或 5 类 UTP。
- 100 Base-FX：用于光纤。

其中 100 Base-TX 规范描述如何通过 1 类屏蔽双绞线（STP）或者 5 类非屏蔽双绞线（UTP）传送快速以太网帧，5 类 UTP 是目前使用最为广泛的介质。100 Base-TX 标准使用其中两对，连线方法和 10 Base-T 完全相同，这意味着不必改变布线格局便可直接将 10 Base-T 的布线系统移植到 100 Base-TX 上。在集线器和端节点上的连接器也是普通 5 类 UTP 的 RJ-45 或者 1 类 STP 的 DB-9 连接器。

100 Base-T4 规范提出了 100 Base-T 在 3 类 UTP 上传送数据的具体规定，即 100 Base-T4 使用四对 3、4 或 5 类 UTP，连线最大距离为 100m。而 10 Base-T 只使用两对线，因此老的 3 类 UTP 布线的 10 Base-T 系统必须改变端节点上的电缆连线才能正常运行 100 Base-T4。

100 Base-FX 是针对光纤提出的物理层规范，它的连线比 100 Base-TX 长（450m），如果采用非标准的全双工模式连线，其长度可达 2km。另外，抗干扰能力也大大优于 UTP 和 STP。

2. 100 Base-T 组网方法

目前大部分以太网系统都配置一台或多台服务器，将以太网服务器的网卡配置为快速以太网卡（100 Base-TX 网卡），并利用 5 类 UTP 通过 RJ-45 接头接入 100Mbps 交换机的 100Mbps 高速端口上。对于一般工作站，不必更换网卡，可通过原来的共享 Hub 集中连接到与 100Mbps 交换机级连的 10/100Mbps 交换机的 10Mbps 端口上，组成 10Mbps 共享网。对于那些对带宽要求较高的数据库服务器、工作站、打印机等，可单独直接连接到 10/100Mbps 交换机的端口上，组成多级交换机的快速以太网，其连接方法如图 5-8 所示。

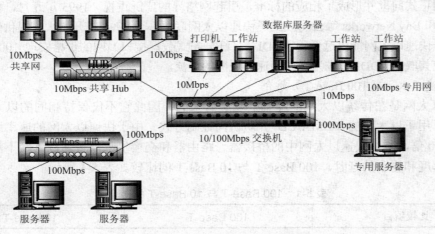

图 5-8　两级交换机快速以太网组网图

3. 快速以太网的拓扑结构

100 Base-T 除了在传输介质、网卡、工作站、集线器、服务器硬件组成上与 10 Base-T 相同外，还保持了 10 Base-T 的网络拓扑结构，即所有站点都连接到集线器或交换机上，而集线器与站点间的最大距离仍为 100m。由于 100 Base-T 对 MAC 层的接口有所拓展，因此快速以太网的拓扑结构形式也有相应的发展。

100 Base-T 拓扑规则如下：

- 最大 UTP 电缆长度为 100m。
- 在一条通信链路上，对于 I 类中继器（延时为 0.7μs 以下），最多只能使用 1 个，可以构成每段长 100m 的两段链路，即站点到中继器距离为 100m，中继器到交换机距离为 100m。对于 II 类中继器（延时为 0.46μs 以下），最多使用 2 个，可有每段长 100m 的两段链路和 5m 长的中继器间链路，其中站点到第一个中继器（可用集线器）的距离为 100m，集线器与第二个中继器间的距离为 5m，第二个中继器到路由器或交换机的距离为 100m，站点到交换机的最大距离为 205m。
- 对于光纤作为垂直布线的拓扑结构，纵向只能连接一个中继器（集线器），各站点到集线器的最大距离为 100m，而集线器到交换机（或路由器）的垂直向下链路可采用 225m（最大限度）光纤，站点到交换机的最大距离为 325m。
- 利用全双工光纤的拓扑结构，通过非标准的 100 Base-FX 接口连接，可以使站点（远程）或集线器到路由器或交换机的距离达到 2km。

根据上述规则构成的 100 Base-T 拓扑结构如图 5-9 所示。将上述规则进行组合，利用光纤和交换机、网桥、路由器来连接主干设备、网段和工作站，可实现大型企业级和政府级网络。

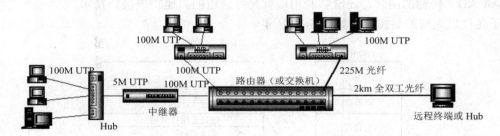

图 5-9　快速以太网的网络拓扑结构图

5.3.3　千兆位以太网

千兆位以太网是 IEEE 802.3 标准的扩展，在保持与以太网和快速以太网设备兼容的同时，提供 1000Mbps 的数据带宽。千兆位以太网为交换机到交换机和交换机到节点工作站的连接提供了新的全双工操作模式，还为采用中继器和 CSMA/CD 共享连接提供了半双工操作模式。千兆位以太网与 IEEE 802.3 网络采用同样的帧格式、大小和管理方式。它最初要求使用光纤电缆，但现在在 5 类非屏蔽双绞线电缆和同轴电缆系统中也能很好地实现。

IEEE 802.3 工作组建立了 802.3Z 千兆位以太网小组，其任务是开发适应不同需求的千兆位以太网标准。该标准支持全双工和半双工 1000Mbps，相应的操作采用 IEEE 802.3 以太网的帧格式和 CSMA/CD 介质访问控制方法。千兆位以太网还要与 10MBase-T 和 100MBase-T 向后兼容。此外，IEEE 标准将支持最大距离为 500m 的多模光纤、最大距离为 2000m 的单模光纤和最大距离为 25m 的同轴电缆。千兆位以太网标准填补了 802.3 以太网/快速以太网标准的不足。

1. 以太网向千兆位以太网的升级方法

现有以太网将逐渐向千兆位以太网升级，升级首先在现有的以太网 LAN 骨干网上进行；其次是服务器连接的升级；最后是工作站的升级。这些升级包括：

（1）交换机到交换机链路的升级。快速以太网交换机或中继器之间的 100Mbps 链路会被 1000Mbps 的链路所替代，以提高骨干网交换机之间的通信速度，并支持更多的交换式和共享式快速以太网网段。

（2）交换机到服务器链路的升级。在交换机和高性能服务器之间实现 1000Mbps 链路的连接，并要求服务器安装千兆位以太网网卡。

（3）快速以太网骨干网的升级。带有 10/100Mbps 开关的快速以太网交换机可以升级支持多路 100/1000Mbps 开关的千兆位以太网交换机或路由器和集线器（具有千兆位以太网接口和中继器）。这种升级允许服务器通过千兆位以太网网卡直接连接到骨干网上，可增加用户的带宽与服务器的流量。千兆位以太网可以支持更多的网段、（每个网段更多的）带宽和节点。

（4）共享式 FDDI 骨干网的升级。通过用千兆位以太网的交换机或中继器替换 FDDI 骨干网的中央控制器、集线器或以太网到 FDDI 的路由器来升级 FDDI 骨干网。这种升级的唯一要求是在路由器、交换机或中继器中安装新的千兆位以太网接口。

（5）高性能工作站的升级。千兆位以太网网卡可将高性能工作站计算机升级到千兆位以太网。这些工作站计算机要连接到千兆位以太网的交换机或中继器上。

以上升级技术意味着在保持 IEEE 802.3 以太网帧格式并使用全双工或半双工方式（通过 CSMA/CAD）传输的同时，还能够利用现有光纤通道的高速物理接口技术。

千兆位以太网的结构模型如图 5-10 所示。

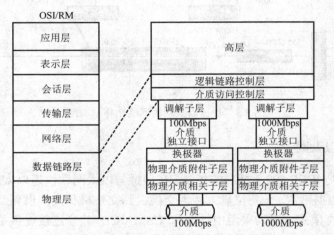

图 5-10 IEEE 802.3Z 千兆位以太网的结构模型

2. 千兆位以太网的物理层连接

千兆位以太网技术标准主要支持 3 种类型的传输介质：单模光纤和多模光纤（称为 1000 Base-LX）上的长波激光、多模光纤（称为 1000 Base-SX）上的短波激光和 150Ω 均衡屏蔽同轴电缆（称为 1000 Base-CX）。并且，IEEE 802.3Z 委员会模拟的 1000 Base-T 标准将允许将千兆位以太网在 5 类 UTP 双绞线上的传输距离扩展到 100m，而建筑楼宇内布线的大部分都采用了 5 类 UTP 双绞线。

（1）光缆介质上的长波激光和短波激光。光纤通道 PMD 技术标准目前允许的最高全双工方式信号速率为 1.062Gbps，千兆位以太网将把这个信号速率提高到 1.25Gbps，8B/10B 编码允许传输率达到1000Mbps。目前光纤通道使用的连接器类型是用于单模光纤和多模光纤的SC连接器，它也支持千兆位以太网。

直径为62.5μm和50μm的多模光纤都能支持千兆位以太网。直径为62.5μm的光纤已经用于以太网、快速以太网和FDDI主干网通信。然而，这种光缆模态带宽（电缆上传输光的能力）较低，特别是对短波激光。这就意味着在直径62.5μm的光纤上传输短波激光比传播长波激光的距离短。直径为50μm的光纤的模态带宽明显好于直径为62.5μm的光纤，并且传输激光的距离相对直径为62.5μm的光纤更长。

（2）150Ω均衡屏蔽同轴电缆（1000 Base-CX）。对于更短的电缆（25m或更短），千兆位以太网允许在特殊的150Ω均匀屏蔽电缆上传输数据。这是一种新型的屏蔽电缆，不同于STP和IBM I类或II类。为了使电压差引起的不安全性和干扰问题最小化，传输机和接收机共用一个公共接地端。

应用这种布线类型的场合通常是短程网络和数据中心互连，以及机架内部或机架之间的连接，因为最大距离限制为25m。

（3）千兆位以太网接口载体（GBIC）。GBIC接口允许网络管理员像对待铜质物理接口那样，基于端口到端口的连接方式为短波和长波激光配置每个千兆位以太网端口。这样配置就使转换器制造商可以制造独立的物理转换器或转换器模块，让用户按照要求的激光/光纤拓扑进行配置。

3. 千兆位以太网的应用

千兆位以太网可以用于多个布线室到网络核心的通信，如图5-11所示。同时千兆位以太网和千兆位交换也可以用于聚集多个作为路由器前端的低速交换机到路由器的通信。若需要为个别用户提供10Mbps或100Mbps交换或组交换时，可以通过快速以太网连接，也可以通过千兆位以太网链路连接。为了提高文件服务器的吞吐性能，也可以通过千兆位以太网进行连接。

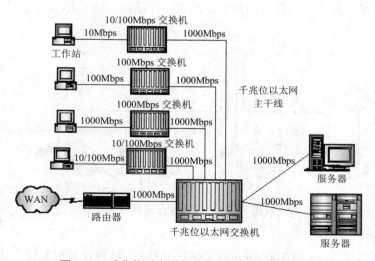

图5-11　千兆位以太网与多个交换机的连接原理

千兆位以太网可以在建筑内的主干网的布线室互连中得到应用。建筑内的数据中心的千兆位多层交换机用于聚集建筑内的通信，并通过千兆位以太网或快速以太网提供到服务器的连接。WAN 连接可由传统的路由器通过 ATM 交换机提供。千兆位以太网也可用于把校园建筑连接到位于校园数据中心的多层千兆位交换机。位于校园数据中心的服务器还可连接到提供整个校园网连接的多层千兆位交换机。利用千兆位以太网通道可以显著提高校园主干网内部、高端布线室、高端路由器的可用带宽。如图 5-12 所示是多层千兆位交换机设计的示例图。

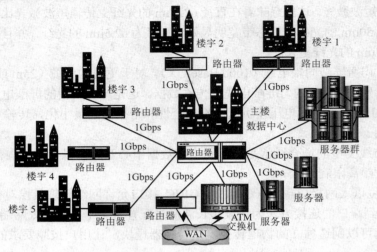

图 5-12　可用于校园网的多层千兆位交换环境

5.3.4　组建一个简单的局域网

局域网技术是当前计算机网络研究和应用的一个热点，也是目前技术发展最快的领域之一，了解局域网组建的步骤对于我们更好地使用计算机网络有非常重要的作用。

下面就来介绍一下如何组建一个简单的星型结构的局域网。通过设置后，各台计算机之间可实现资源共享，并实现打印机的共享，网络拓扑结构如图 5-13 所示。

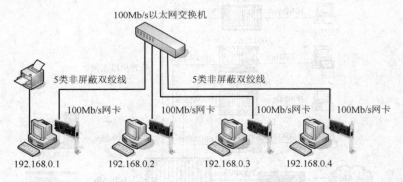

图 5-13　一个小型公司局域网

1. 准备工作

所需要的网络硬件：一台 100Mbps 的 8 端口交换机、每台计算机配置一块 100Mbps 网卡、每台计算机制作一根带 RJ-45 水晶头的 5 类非屏蔽双绞线。

其中，网卡用于将计算机接入局域网，交换机用于连接多台计算机从而实现多台计算机间的通信，双绞线用于连接计算机和交换机。

2. 制作双绞线

如图 5-14（a）所示为一根 5 类非屏蔽双绞线，为了能够连接计算机和交换机，需要在其两端安装水晶头（RJ-45 接头），如图 5-14（b）和（c）所示。

（a）5 类非屏蔽双绞线　　　　　（b）水晶头　　　　　　（c）制作好的网线

图 5-14　双绞线的制作

5 类非屏蔽双绞线由不同颜色的 4 对线组成，分别为橙和橙白、绿和绿白、蓝和蓝白、棕和棕白，如图 5-14（a）所示。这 4 对线必须按照规定的线序标准进行排列，双绞线有两个标准：EIA/TIA 568A 和 EIA/TIA 568B。

- EIA/TIA 568A 规定的线序为：绿白、绿、橙白、蓝、蓝白、橙、棕白、棕。
- EIA/TIA 568B 规定的线序为：橙白、橙、绿白、蓝、蓝白、绿、棕白、棕。

这两种线序规则用于不同的连接需求：如果双绞线用来连接不同类型的设备，则两端的线序需要按照 EIA/TIA 568B 标准，例如双绞线的一端连接计算机而另一端连接交换机；如果双绞线用来连接相同类型的设备，双绞线一端采用 EIA/TIA 568A 标准，另一端采用 EIA/TIA 568B 标准，例如两台计算机之间直接使用双绞线相连时。我们把两端采用相同线序标准制作的双绞线称为直连线，将两端采用不同线序标准制作的双绞线称为交叉线。

3. 设备的连接

先将网卡插入计算机的总线插槽内，如果计算机的主板已经集成了网卡，则无需再安装新的网卡。此外，要让网卡能正常工作，需要在操作系统中安装网卡的驱动程序，一般 Windows XP 会自动安装，即所谓的"即插即用"。

接下来，将制作好的 5 类非屏蔽双绞线的一端插入计算机网卡的 RJ-45 插口，另一端插入交换机前置面板的 RJ-45 插口，与 100Mbps 交换机连接起来，形成如图 5-16 所示的局域网。注意网卡的速率应与所接交换机端口的速率相匹配。

4. 协议安装与配置

在安装好网卡和网卡驱动程序的计算机上还需要安装网络协议，对于 Windows XP 操作系统，会自动安装"TCP/IP 协议"并创建一个"网络连接"，如图 5-15 所示（连接名称默认为"本地连接"）。

图 5-15　本地连接

为了实现计算机之间的通信，还需要给每台计算机设置一个 IP 地址。具体操作为：依次单击"开始"→"设置"→"网络连接"命令；双击"本地连接"图标，在如图 5-16 所示的对话框中双击"Internet 协议（TCP/IP）"选项；在如图 5-17 所示的对话框中设置 IP 地址、子网掩码、默认网关、DNS 服务器地址等。

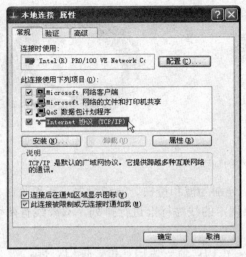

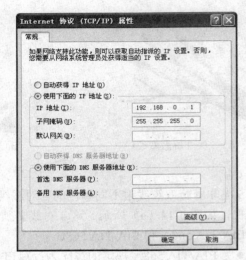

图 5-16　"本地连接 属性"对话框　　　图 5-17　"Internet 协议（TCP/IP）属性"对话框

设置完毕后，单击"确定"按钮。若设置的 IP 地址与网络上的其他主机冲突，则出现"刚配置的静态 IP 地址已在网络上使用，请重新配置一个不同的 IP 地址"的提示。

设置完成后，无须重新启动计算机，配置即刻生效。

一般来说，局域网通常采用保留 IP 地址段来指定计算机的 IP 地址，这个保留 IP 地址范围为 192.168.0.0～192.168.255.255，子网掩码默认为 255.255.255.0。

5．测试网络的连通性

将网络中的各个设备连接好并对计算机进行适当的网络配置后，我们需要测试网络是否畅通。最简单的方法是通过"网上邻居"的网络任务"查看工作组计算机"实现，如果在当前的计算机上能查看到其他计算机，则表示网络是通畅的。

更专业的方法是使用 ping 命令来检查网络的连通性，该命令的格式为：

ping　[目标计算机的 IP 地址或计算机名]

例如，要检测计算机 192.168.0.1 与计算机 192.168.0.2 的连接是否正常，可以在计算机 192.168.0.1 中单击"开始"→"运行"命令，在对话框中输入 cmd，单击"确定"按钮，则会出现"DOS 命令提示符"窗口，在命令提示符后输入命令 ping 192.168.0.2，按回车键，如果两台计算机之间是连通的，则会显示如图 5-18 所示的信息。

从原理上来讲，ping 命令自动向目的计算机发送一个 32B 的测试数据包，并计算目的计算机响应的时间。该测试过程会重复 4 次，并统计 4 次的发送情况，响应时间低于 400 ms 即为正常，超过 400 ms 则较慢。

如果 ping 命令返回 Request time out 信息，则意味着目的计算机在 1s 内没有响应。如果返回 4 个 Request time out 信息，表示在局域网内执行 ping 不成功，故障可能出现在以下几个方面：网线是否连通、网卡配置是否正确、IP 地址是否可用等。如果执行 ping 成功而网络无法使用，那么可以排除物理连接方面的问题，可能只是在网络系统的软件配置方面存在问题。

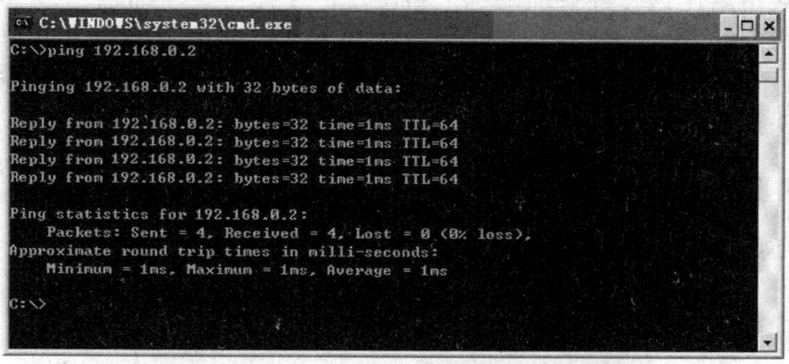

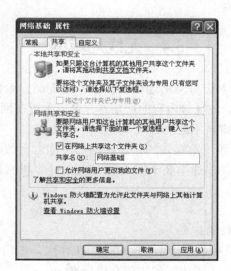

图 5-18　使用 ping 命令测试网络的连通性

6. 设置网络资源共享

局域网中共享资源主要包括共享文件夹和共享打印机。通过设置，可以通过网络访问其他计算机上的文件夹和文件，省去了用 U 盘到其他计算机上拷贝文件的麻烦。而打印机的共享则可以降低办公成本，设置共享打印机可实现即使只购置了一台打印机，而所有的员工却都可以在自己的计算机上很方便地打印文件。

（1）共享文件夹。右击需要共享的文件夹，在弹出的快捷菜单中选择"共享和安全"命令，在弹出的"属性"对话框中选择"共享"选项卡，如图 5-19 所示，在"网络共享和安全"区域中设置。

图 5-19　设置共享

- "在网络上共享这个文件夹"复选框：勾选后，该文件夹及其内容可供网络上的其他用户访问。
- "共享名"文本框：设置该文件夹在网络上的名称，共享名默认与文件夹名称一致，可以修改为其他的名字。

- "允许网络用户更改我的文件"复选框：设置网络上的其他用户是否可以修改共享
  文件夹中的文件。

文件夹设置共享后，该文件夹的图标上将出现一个托手共享标志。

（2）共享打印机。在连接了打印机的计算机上，通过控制面板打开"打印机和传真"
窗口，如图 5-20 所示。选中打印机图标，在"打印机任务"窗格中单击"共享此打印机"
超链接，或右击该打印机图标并在弹出的快捷菜单中选择"共享"命令，均可将该打印机设
置为共享。

图 5-20　设置共享打印机

网络中的其他计算机要使用共享打印机，必须先通过"添加打印机"操作将网络打印机
添加到该计算机的打印机列表中，以后就可以直接使用这台打印机进行打印了，就像这台打印
机安装在自己的计算机上一样。

5.4　无线局域网

随着信息技术的发展，人们对网络通信的需求不断提高。希望不论在何时、何地与何人
都能够进行包括数据、语音、图像等内容的通信，并希望主机在网络环境中漫游和移动。无线
局域网是实现移动网络的关键技术之一。

一般来讲，凡是采用无线传输媒体的计算机网都可称为无线网。为区别于以往的低速网
络，这里所指的无线网特指传输速率高于1Mbps 的无线计算机网。

5.4.1　无线局域网标准

1. IEEE 802.11 的基本结构模型

1990 年，IEEE 802 委员会成立了 IEEE 802.11 工作组，专门从事无线局域网的研究，并
开发一个介质访问控制 MAC 子层协议和物理介质标准。

图 5-21 给出了 IEEE 802.11 工作组开发的基本结构模型。无线局域网的最小构成模块是基
本服务集（BSS），它包括使用相同 MAC 协议的站点。一个 BSS 可以是独立的，也可以通过
一个访问点连接到主干网上，访问点的功能就像一个网桥。MAC 协议可以是完全分布式的，
或者由访问点来控制。BSS 一般对应于一个单元。

扩展访问集（ESS）包括由一个分布式系统连接的多个 BSS 单元。典型的分布式系统是

一个有线的主干局域网，ESS 对于逻辑链路控制 LLC 子层来说是一个单独的逻辑网络。

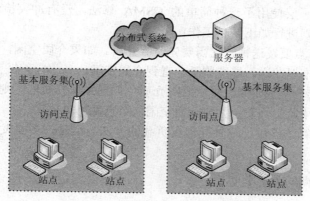

图 5-21　IEEE 802.11 基本结构模型

IEEE 802.11 标准定义了 3 种移动节点：

（1）无跳变节点。无跳变节点是固定的或者只在一个基本服务集的直接通信范围内移动。

（2）基本服务集跳变节点。基本服务集跳变节点是在同一个扩展访问集中的不同基本服务集之间移动。在这种情况下节点之间传输数据就需要通过寻址来辨认节点的新位置。

（3）扩展访问集跳变节点。扩展访问集跳变节点是从一个扩展访问集的基本服务集移动到另一个扩展访问集的基本服务集。只有在节点可以进行扩展访问集跳变移动的情况下才能进行跨扩展访问集的移动。

2. IEEE 802.11 服务

IEEE 802.11 定义了无线局域网必须提供的服务，这些服务主要有 5 种：

（1）联系。在一个节点和一个访问点之间建立一个初始的联系。节点在无线局域网上传输或者接收帧之前，必须知道它的身份和地址。为了做到这点，节点必须与一个基本服务集的访问点建立联系。

（2）重联系。把一个已经建立联系的节点从一个访问点转移到另一个访问点，从而使节点能够从一个基本服务集转移到另一个基本服务集。

（3）终止联系。节点离开一个扩展访问集或关机前需要通知访问点联系终止。

（4）认证。在无线局域网中，节点之间互相连接是由连接天线来建立的。认证服务用于在互相需要通信的节点之间建立起彼此识别身份的标志。

（5）隐私权。标准提供的加密选项用于防止信息被窃听者收到，以保护隐私权。

3. 物理介质规范

IEEE 802.11 定义了 3 种物理介质：

（1）数据速率为 1Mbps 和 2Mbps，波长在 850～950nm 之间的红外线。

（2）运行在 2.4GHz ISM 频带上的直接序列扩展频谱。它能够使用 7 条信道，每条信道的数据速率为 1Mbps 或 2Mbps。

（3）运行在 2.4GHz ISM 频带上的跳频的扩频通信，数据速率为 1Mbps 或 2Mbps。

4. 介质访问控制规范

IEEE 802.11 采用分布式基础无线网的介质访问控制算法。IEEE 802.11 协议的介质访问控制 MAC 层又分为两个子层：分布式协调功能子层和点协调功能子层。

分布式协调功能子层使用了一种简单的 CSMA 算法，没有冲突检测功能。按照简单的 CSMA 的介质访问规则进行如下两项工作：

（1）如果一个节点要发送帧，它需要先监听介质。如果介质空闲，节点可以发送帧；如果介质忙，节点就要推迟发送，继续监听，直到介质空闲。

（2）节点延迟一个空隙时间，再次监听介质。如果发现介质忙，则节点按照二进制指数退避算法延时，并继续监听介质；如果介质空闲，节点就可以传输。

二进制指数退避算法提供了一种处理重负载的方法。但是，多次发送失败将会导致越来越长的退避时间。

5.4.2　无线局域网的主要类型

无线局域网使用的是无线传输介质，按照所采用的技术可以分为 3 类：红外线局域网、扩频局域网和窄带微波局域网。

1. 红外线局域网

红外线是按视距方式传播的，也就是说发送点可以直接看到接收点，中间没有阻挡。红外线相对于微波传输方案来说有一些明显的优点：红外线频谱是非常宽的，所以就有可能提供极高的数据传输率；由于红外线与可见光有一部分特性是一致的，所以它可以被浅色物体漫反射，这样就可以用天花板反射来覆盖整个房间。

红外线局域网也存在一些缺点。例如，室内环境中的阳光或室内照明的强光线都会成为红外线接收器的噪声部分，因此限制了红外线局域网的应用范围。

2. 扩频局域网

扩展频谱技术是指发送信息带宽的一种技术，又称为扩频技术。它是一种信息传输方式，其信号所占有的频带宽度远大于所传信息必需的最小带宽。频带的扩展是通过一个独立的码序列来完成，用编码及调制的方法来实现的，与所传信息数据无关；在接收端也用同样的方法进行相关同步接收、解扩及恢复所传信息数据。

在 50 年前，扩展频谱技术第一次被军方公开介绍，用来进行保密传输。一开始它就被设计成抗噪音、抗干扰、抗阻塞和抗未授权检测。在这种技术中，信号可以跨越很宽的频段，数据基带信号的频谱被扩展至几倍至几十倍，然后才搬移至射频发射出去。这一做法虽然牺牲了频带带宽，但由于其功率密度随频谱扩宽而降低，甚至可以将通信信号淹没在自然背景噪声中，因此其保密性很强，要截获或窃听、侦察信号非常困难，除非采用和发送端相同的扩频码与之同步后再进行相关的检测，否则对扩频信号无能为力。目前，最普遍的无线局域网技术是扩展频谱技术。扩频的第一种方法是跳频，第二种方法是直接序列扩频，这两种方法都被无线局域网所采用。

3. 窄带微波局域网

窄带微波（Narrowband Microwave）是指使用微波无线电频带来进行数据传输，其带宽刚好能容纳信号。

5.4.3　无线网络接入设备

1. 无线网卡

提供与有线网卡一样丰富的系统接口，包括 PCMCIA、Cardbus、PCI 和 USB 等。在有线局域网中，网卡是网络操作系统与网线之间的接口。在无线局域网中，它们是操作系统与天线之间的接口，用来创建透明的网络连接。

2. 接入点

接入点的作用相当于局域网集线器。它在无线局域网和有线网络之间接收、缓冲存储和传输数据，以支持一组无线用户设备。接入点通常是通过标准以太网线连接到有线网络上，并通过天线与无线设备进行通信。在有多个接入点时，用户可以在接入点之间漫游切换。接入点的有效范围是20～500m。根据技术、配置和使用情况，一个接入点可以支持15～250个用户，通过添加更多的接入点，可以比较轻松地扩充无线局域网，从而减少网络拥塞并扩大网络的覆盖范围。

5.4.4 无线局域网的配置方式

1. 对等模式

这种应用包含多个无线终端和一个服务器，均配有无线网卡，但不连接到接入点和有线网络，而是通过无线网卡进行相互通信。它主要用来在没有基础设施的地方快速而轻松地创建无线局域网。

2. 基础结构模式

该模式是目前最常见的一种架构，这种架构包含一个接入点和多个无线终端，接入点通过电缆连线与有线网络连接，通过无线电波与无线终端连接，可以实现无线终端之间的通信，以及无线终端与有线网络之间的通信。通过对这种模式进行复制，可以实现多个接入点相互连接的更大的无线网络。

5.4.5 个人局域网

个人局域网（Personal Area Network，PAN）是近年来随着各种短距离无线电技术的发展而提出的一个新概念。PAN 的基本思想是，用无线电或红外线代替传统的有线电缆，实现个人信息终端的智能化互联，组建个人化的信息网络。PAN 定位在家庭与小型办公室的应用场合，其主要应用范围包括话音通信网关、数据通信网关、信息电器互联与信息自动交换等。从信息网络的角度看，PAN 是一个极小的局域网；从电信网的角度看，PAN 是一个接入网，有人将 PAN 称为电信网的"最后 50 米"解决方案。目前，PAN 的主要实现技术有 4 种：蓝牙（Bluetooth）、红外（IrDA）、HomeRF 和 UWB。其中，蓝牙技术是一种支持点到点、点到多点的话音、数据业务的短距离无线通信技术，蓝牙技术的发展极大地推动了 PAN 技术的发展。

1. 蓝牙技术

蓝牙是一个开放性的、短距离无线通信技术标准，它可以用于在较小的范围内通过无线连接的方式实现固定设备以及移动设备之间的网络互联，可以在各种数字设备之间实现灵活、安全、低成本、小功耗的话音和数据通信。因为蓝牙技术可以方便地嵌入到单一的 CMOS 芯片中，因此它特别适用于小型的移动通信设备。

蓝牙系统和 PAN 的概念相辅相成，事实上，蓝牙系统已经是 PAN 的一个雏形。在 1999 年12 月发布的蓝牙 1.0 版的标准中，定义了包括使用 WAP 协议连接互联网的多种应用软件。它能够使蜂窝电话系统、无绳通信系统、无线局域网和互联网等现有网络增添新功能，使各类计算机、传真机、打印机设备增添无线传输和组网功能，在家庭和办公自动化、家庭娱乐、电子商务、无线公文包应用、各类数字电子设备、工业控制、智能化建筑等场合开辟了广阔的应用。

尽管蓝牙技术是一种可以随身携带的无线通信连接技术，但是它不支持漫游功能。它可以在微网络或扩大网之间切换，但是每次切换都必须断开与当前 PAN 的连接。这对于某些应用是可以忍受的，然而对于手机通话、数据同步传输和信息提取等要求自始至终保持稳定的数据连接的应用来说，这样的切换将使传输中断，是不能允许的。解决这一问题的方法是将移动 IP 技术与蓝牙技术有效地结合在一起。除此之外，蓝牙技术的安全保密性、蓝牙系统与有线网络的互联等问题也将会影响蓝牙技术的推广应用。

2．IrDA

IrDA 是一种利用红外线进行点对点通信的技术，其相应的软件和硬件技术都已经比较成熟。它的主要优点是体积小、功率低（适合设备移动的需要）、传输速率高（可达 16Mbps）、成本低、应用普遍。目前有 95% 的笔记本电脑上安装了 IrDA 接口，最近市场上还推出了可以通过 USB 接口与 PC 相连接的 USB-IrDA 设备。但是，IrDA 也有不尽如人意的地方。首先，IrDA 是一种视距传输技术，也就是说两个具有 IrDA 端口的设备之间传输数据，中间不能有阻挡物。其次，IrDA 设备中的核心部件红外线 LED 不是一种十分耐用的器件。

3．Wi-Fi

所谓 Wi-Fi（Wireless-Fidelity），是由一个名为"无线以太网相容联盟"（Wireless Ethernet Compatibility Alliance，WECA）的组织所发布的业界术语，中文译为"无线相容认证"。它是一种短程无线传输技术，能够在数百英尺范围内支持互联网接入的无线电信号。随着技术的发展，以及 IEEE 802.11a 和 IEEE 802.11g 等标准的出现，现在 IEEE 802.11 这个标准已被统称作 Wi-Fi。

从应用层面来说，要使用 Wi-Fi，用户首先要有 Wi-Fi 兼容的用户端装置。目前，它是在家里、办公室或在旅途中上网的快速、便捷的主要途径。能够访问 Wi-Fi 网络的地方被称为热点。Wi-Fi 热点是通过在互联网连接上安装访问点来创建的。这个访问点将无线信号通过短程进行传输，一般覆盖 300 英尺。当一台支持 Wi-Fi 的设备遇到一个热点时，这个设备可以用无线方式连接到那个网络。大部分热点都位于供大众访问的地方，如机场、咖啡店、旅馆、书店、校园等。许多家庭和办公室也拥有 Wi-Fi 网络。虽然有些热点是免费的，但是大部分稳定的公共 Wi-Fi 网络是由私人互联网服务提供商（ISP）提供的，因此会在用户连接到互联网时收取一定费用。

Wi-Fi 或 802.11g 在 2.4GHz 频段工作，所支持的速度最高达 54Mbps（802.11n 工作在 2.4GHz 或 5.0GHz，最高速度为 600Mbps）。

4．UWB

超宽带（Ultra-wideband，UWB）技术以前主要作为军事技术在雷达等通信设备中使用。随着无线通信的飞速发展，人们对高速无线通信提出了更高的要求，超宽带技术又被重新提出，并备受关注。与常见的通信方式使用连续的载波不同，UWB 采用极短的脉冲信号来传送信息，通常每个脉冲持续的时间只有几十皮秒到几纳秒。这些脉冲所占用的带宽甚至高达几 GHz，因此最大数据传输速率可以达到几百 Mbps。在高速通信的同时，UWB 设备的发射功率却很小，仅仅是现有设备的几百分之一，对于普通的非 UWB 接收机来说近似于噪声，因此从理论上讲，UWB 可以与现有无线电设备共享带宽。所以，UWB 是一种高速而又低功耗的数据通信方式，它有望在无线通信领域得到广泛的应用。目前，Intel、Motorola、Sony 等知名大公司正在进行 UWB 无线设备的开发和推广。

5.4.6　无线局域网的应用

随着无线局域网技术的发展，人们越来越深刻地认识到，无线局域网不仅能够满足移动和特殊应用领域网络的要求，还能覆盖有线网络难以涉及的范围。无线局域网作为传统局域网的补充，目前已成为局域网应用的一个热点。

无线局域网的应用领域主要有以下 4 个方面：

（1）作为传统局域网的扩充。

传统的局域网用非屏蔽双绞线实现了 10Mbps，甚至更高速率的传输，使得结构化布线技术得到广泛的应用。很多建筑物在建设过程中已经预先布好了双绞线。但是在某些特殊环境中，无线局域网却能发挥传统局域网起不了的作用。这一类环境主要是建筑物群之间、工厂建筑物之间、股票交易场所的活动节点，以及不能布线的历史古建筑物、临时性小型办公室、大型展览会等。在上述情况中，无线局域网提供了一种更有效的连网方式。在大多数情况下，传统局域网用来连接服务器和一些固定的工作站，而移动和不易于布线的节点可以通过无线局域网接入。图 5-22 给出了典型的无线局域网结构示意图。

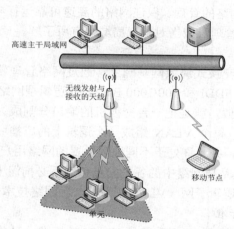

图 5-22　典型的无线局域网结构示意图

（2）建筑物之间的互联。

无线局域网的另一个用途是连接邻近建筑物中的局域网。在这种情况下，两座建筑物使用一条点到点无线链路，连接的典型设备是网桥或路由器。

（3）漫游访问。

带有天线的移动数据设备（如笔记本电脑）与无线局域网集线器之间可以实现漫游访问。如在展览会会场的工作人员，在向听众做报告时，通过他的笔记本电脑访问办公室的服务器文件。漫游访问在大学校园或业务分布于几栋建筑物的环境中也是很有用的。用户可以带着他们的笔记本电脑随意走动，可以从任何地点连接到无线局域网集线器上。

（4）特殊网络。

特殊网络是一个临时需要的对等网络。例如，一群工作人员每人都有一个带天线的笔记本电脑，他们被召集到一间房里开业务会议或讨论会，他们的电脑可以连到一个暂时网络上，会议完毕后网络将不再存在。这种情况在军事应用中也是很常见的。

在标准方面，IEEE 已公布的 IEEE 802.11e 和 IEEE 802.11g 将是下一代无线局域网标准，被称为无线局域网标准方式 IEEE 802.11 的扩展标准均在现有的 802.11b 和 802.11a 的 MAC 层追加了 QoS 功能及安全功能的标准。最近，FCC 也在 5GHz 附近留出了 300MHz 的无授权频谱，叫做国家内部信息 NII（National information infrastructure）频带，这一配置为高速率无线局域网（每秒数千万比特）应用释放出大量无授权频谱。

无线局域网将朝着数据速率更高、功能更强、应用更加安全可靠、价格更加低廉的方向发展。

5.5 虚拟局域网

5.5.1 虚拟局域网概述

随着网络硬件性能的不断提高、成本的不断降低，目前新建立的大中型局域网基本上都采用了性能先进的交换技术，其核心设备一般采用第三层交换机，它能很好地支持虚拟局域网（VLAN）技术，这对方便网络的管理、保证网络的高速可靠运行起到了非常重要的作用。为了管理好这样的网络，网络管理员应当对虚拟局域网有所了解。

1. 什么是虚拟局域网

虚拟局域网就是建立在交换式局域网基础上，通过网络管理软件构建的、可以跨越不同网段、不同网络（如 ATM、FDDI 和 100/1000 Base）的逻辑型网络。最简单的 VLAN 的工作原理与硬盘的逻辑分区很类似，就是把一台交换机的端口分割成为几个组，每个组就是一个 VLAN，即所谓的逻辑子网，每个 VLAN 组成一个逻辑上的广播域。VLAN 技术的每个逻辑子网可以覆盖多个网络设备，并允许处于不同地理位置的网络用户加入到同一个逻辑子网中。由此可见，VLAN 的技术就是指网络中的各个站点可以不必拘泥于各自所处的物理位置，而根据需要灵活地加入不同的逻辑子网（VLAN）中的一种网络技术。

2. VLAN 使用的技术标准

1996 年 3 月发布的 IEEE 802.1q 标准就是 VLAN 的标准，目前已得到众多厂商的支持。

3. VLAN 的分类与技术基础

根据交换技术的方式不同，主要分为基于 LAN 交换机的帧交换和基于异步传输模式（ATM）机的信元交换两种。由于交换技术可以有"目的"地转发数据，这就为灵活地划分逻辑子网提供了可能性和技术支持。

4. VLAN 的适用场合

虚拟局域网的各子网之间的广播数据不会相互扩散，因此可以保障网络上资源的私有性和安全性。一般，在几十台以下计算机构成的小型局域网中，除非需要彼此的数据隔绝，否则没有必要划分虚拟局域网。在几百台乃至上千台计算机构成的大中型局域网中，划分和建立虚拟局域网应当说是十分必要的。这是因为大型局域网产生广播风暴的可能性大大增加，而虚拟局域网技术能够有效地隔离广播风暴。

5. 建立 VLAN 时的技术条件

VLAN 是建立在物理网络基础上的一种逻辑子网,因此建立VLAN需要相应的支持VLAN

技术的网络设备。当网络中不同的 VLAN 之间进行相互通信时还需要路由的支持，这时就需要增加路由设备。建立 VLAN 的必要技术条件如下：

（1）硬件条件。构建虚拟局域网的站点必须连接到具有 VLAN 功能的局域网交换机（以太网交换机或者 ATM 交换机）的端口上，这些端口可以属于同一台交换机，也可以属于能够互相连通的不同交换机。

（2）软件条件。交换机还应当具有相应管理软件的支持。由于 VLAN 是使用软件方式构建的逻辑上的网络，因此逻辑网络上的成员站点可以不在一个物理网络上，当成员站点需要转移到另一个逻辑网络上的时候，并不需要改变它的物理位置，而只需要进行软件的设置。这样网络管理员就可以在不改变硬件和通信线路的条件下，快捷、方便地对用户和网络资源进行分配，还可以在网络中方便地移动用户、快速地组建宽带网络，而完全不必考虑网络的物理连接。

5.5.2 虚拟局域网的功能特点

VLAN 的组网方法与传统的局域网没有什么不同，其最根本的区别就在于"虚拟"二字。VLAN 的一组站点并不局限于某一个物理网络或范围内，VLAN 的成员站点和用户可以位于一个城市内的不同物理区域，甚至是位于不同的国家。因此，他们之间的相互通信完全不受物理位置的限制，就仿佛是位于同一个局域网之中。

1. 使用 VLAN 技术的优点

（1）简化网络管理。使得网络管理简单而且直观。网络管理员借助于 VLAN 技术，可以像管理本地网络那样，轻松地管理大范围的网络和 VLAN 用户。例如，对于交换式以太网，如果要对某些用户重新进行网段分配时，网络管理员就要对网络系统的物理结构进行重新调整，甚至需要追加网络设备，这就增大了网络管理的工作量。而对于采用 VLAN 技术的局域网来说，一个 VLAN 可以根据不同的应用条件划分逻辑网段。例如，可以根据职能部门、对象组或者应用的不同，对处于不同地理位置的网络用户进行划分。这样可以在不改动网络物理连接的情况下，任意地将工作站在工作组或子网之间移动。因而利用虚拟网络技术可以大大减轻网络管理和维护工作的负担，降低网络维护的成本。VLAN 提供了灵活的用户组合机制。

（2）能够抑制广播风暴。由于一个 VLAN 就是一个逻辑上的广播域，因此通过创建多个 VLAN 可以缩小广播的范围，以达到减少、控制和隔离广播风暴的目的。

（3）能够提高网络的整体安全性。传统的共享式局域网之所以难以保证网络的安全，是因为用户只要接入一个活动端口就可以访问整个网络。而 VLAN 可以通过路由访问列表、MAC 地址和 IP 地址分配等 VLAN 划分的原则来控制用户访问的权限和逻辑网段的大小。由于 VLAN 可以将不同用户群划分在不同的 VLAN 上，因而提高了交换式网络的整体性能和安全性。例如，VLAN 能够通过其划分策略来限制个别用户的访问权限，控制广播分组的大小和位置，甚至能锁定某台设备的 MAC 地址。由于交换端口的 VLAN 划分策略有很多，因此各种方式的整体安全性能也各不相同。

2. 使用 VLAN 技术的缺点

（1）在使用 MAC 地址定义 VLAN 的技术中，必须进行初始配置。而对大规模的网络进行初始化工作时，需要把成百上千的用户配置到某个虚拟局域网之中，因此初始工作过于繁琐。

（2）当使用局域网交换机的端口划分 VLAN 成员的方法时，用户从一个交换机的端口移动到另一个端口时网络管理员必须对 VLAN 的成员重新配置。

（3）需要专职的网络管理员和必要的专业技术支持。

5.5.3 虚拟局域网的实现

VLAN 的实现方式有两种：静态和动态。

（1）静态实现是网络管理员将交换机端口分配给某一个 VLAN，这是一种最经常使用的配置方式，容易实现和监视，而且比较安全。

（2）动态实现方式中，管理员必须先建立一个较复杂的数据库，例如输入要连接的网络设备的 MAC 地址及相应的 VLAN 号，这样当网络设备连接到交换机端口时，交换机自动把这个网络设备所连接的端口分配给相应的 VLAN。动态 VLAN 的配置可以基于网络设备的 MAC 地址、IP 地址、应用或者所使用的协议。实现动态 VLAN 时一般情况下使用管理软件来进行管理。在 Cisco 交换机上，可以使用 VLAN 管理策略服务器（VMPS）的 MAC 地址与 VLAN 映射表实现基于 MAC 地址的动态 VLAN 配置。这种配置的优点是网络管理员维护管理相应的数据库，而不用关心用户使用哪一个端口，但是每次新用户加入时需要做较复杂的手工配置。基于 IP 地址的动态配置中，交换机通过查阅网络层的地址自动将用户分配到不同的虚拟局域网。

5.5.4 虚拟局域网划分的基本方法

划分 VLAN 的基本方法取决于所采用的划分策略，而这些策略需要 VLAN 交换机上的管理软件的支持。根据不同的策略，VLAN 一般使用以下几种方法进行划分：

（1）基于交换机端口划分的 VLAN。

把一个或多个交换机上的几个端口划分为一个逻辑组，这是最简单、最有效的划分方法。该方法只需要网络管理员对网络设备的交换端口进行分配和设置，不用考虑该端口所连接的设备。

（2）基于 MAC 地址划分的 VLAN。

基于 MAC 地址划分 VLAN 就是以网卡的 MAC 地址来决定其所隶属的虚拟网。MAC 地址是指网卡的标识符，每一块网卡的 MAC 地址都是唯一的，并且已经固化在网卡上。MAC 地址由 12 位十六进制数表示，前 8 位为厂商标识，后 4 位为网卡标识。网络管理员可以按照各个网络节点的 MAC 地址将一些站点划分为一个逻辑子网 VLAN-1，将另外一些站点划分为逻辑子网 VLAN-2。

（3）基于网络层协议或地址划分的 VLAN。

路由协议工作在网络层，相应的工作设备有路由器和路由交换机（即三层交换机）。基于网络层的虚拟网有多种划分方式，例如当网络中存在多种协议时，可以通过不同的路由协议来划分多个 VLAN；当然也可以使用网络层地址来确定虚拟网络的成员。例如对于使用 TCP/IP 协议的网络，可以使用子网段的地址来划分 VLAN。

（4）基于 IP 广播组划分的 VLAN。

基于 IP 广播组划分的 VLAN 是以动态方式建立的多点广播组来确定虚拟网。每一站点通过对标识不同虚拟网的广播信息的确认来决定是否加入某一虚拟网。根据 IP 广播组划分的 VLAN 利用一种被称为代理的设备对虚拟网络的成员进行管理。以这种方式定义 VLAN 时，使得任何属于同一 IP 广播组的计算机都属于同一虚拟网。这种虚拟网的建立过程也很简单，当 IP 包广播到网络上时，它将被传送到一组 IP 地址的受托者（代理）那里。这组被明确定义的广播组是在网络运行中动态生成的。只要工作站对该广播组的广播确认信息给予肯定的回答，任何一个工作站都有机会成为某一个广播组的成员，所有加入同一个广播组的工作站将被视为同一个虚拟网的成员。

（5）基于策略划分的 VLAN。

基于策略划分 VLAN 是一种比较有效而且直接的方式。这主要取决于在 VLAN 划分中所采用的策略。前边所述的任何一种方法都可以算作是一种策略，利用上述的这些策略还可以组合为新的策略。当一种策略被定义到交换机上时，该策略就会应用到整个网络上。目前，可采用的策略有基于 MAC 地址、IP 地址、路由协议、以太网协议等多种。例如一个使用 IP 协议和 NetBIOS 协议的网络，可以在原有 IP 子网的基础上定义 IP 虚拟网。而在 IP 网段的内部，又可以通过 MAC 地址进行虚拟网的进一步划分。另外，网络上的用户和网络共享资源还可被定义为同时属于多个虚拟网，这就是所谓的"交叉虚拟网"。

综上所述，有很多方式可以用来定义虚拟网。每种方法的侧重点不同，所达到的效果也不尽相同。目前主要采取第 1 种和第 3 种方式，并使用第 2 种方式作为辅助性的方案。其中第 3 种"基于网络层协议或地址划分的 VLAN"智能化程度最高，实现起来也最复杂。

 **习题五**

一、选择题

1.（　　）物理层标准支持的传输介质是同轴电缆细缆。

    A. 10 BASE-5   B. 10 BASE-T   C. 10 BASE-2   D. 10 BASE-FL

2. 如果干扰是个主要问题，那么网络设计者应考虑（　　）。

    A. 基带同轴电缆   B. 宽带同轴电缆   C. 双绞线   D. 光纤

3. 在下列传输介质中，误码率最低的是（　　）。

    A. 同轴电缆   B. 光缆   C. 微波   D. 双绞线

二、填空题

1. ＿＿＿＿是在综合了 CSMA/CD 访问控制方式和令牌环访问控制方式的优点的基础上形成的一种介质访问控制方式。

2. 局域网的数据链路层分为＿＿＿＿子层和＿＿＿＿子层。

3. 如果以太网的一段电缆长度为 500m，信号的传播速度为 200m/μs，数据传输速率为 10Mbps，数据帧长度 512b，则站点间最大信号传播时延为＿＿＿＿μs，最大数据传播时延为＿＿＿＿μs。

三、简答题

1. 常用的网络互连设备有哪些？它们分别适用于 OSI 协议层次模型的哪一层，各起什么作用？

2. 简述令牌环网的组网特点。

3. 什么叫做传统以太网？以太网有哪两个主要标准？

4. 局域网参考模型（LAN/RM）结构与 ISO/OSI 参考模型（OSI/RM）相比有哪些不同？

5. VLAN 功能包括哪些？简单阐述这些功能的特点。

第 6 章 组网设备及 Internet 连接

本章主要讲解常用组网设备、Internet 连接和 ADSL 网络连接方法。通过本章的学习，读者应掌握以下内容：

- 各种常用组网设备的原理与应用
- Internet 连接方法以及 ADSL 网络连接技术

6.1 组网设备

6.1.1 中继器

中继器又叫转发器，是两个局域网网段在物理层上的连接，用于连接具有相同物理层协议的局域网，是局域网互联的最简单的设备，如图 6-1 所示。它的功能仅仅是产生一个信号，从而维持通过中继器的信号电平，以扩展局域网的距离。它不能用于连接两种不同介质访问类型的网络，比如令牌环网和以太网。

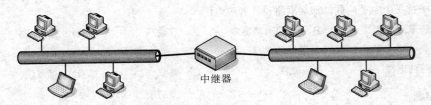

中继器

图 6-1 用中继器连接两个网段

连接局域网的传输介质有双绞线、同轴电缆和光缆。无论是哪种传输介质，信号通过它传输都有一个距离限制，也就是说，单段网络中的电缆都有一个最大长度限制。

中继器转发所有局域网信号，而不管它是否需要转发。因此中继器通常用于同一栋楼里的互联局域网中。例如，IEEE 802.3 为 Ethernet 局域网设计连线时指定两个用户的最大距离是 500 米（不同介质的以太网标准各有不同），这其中还包括用于局域网的连线电缆。当需要扩展局域网时，如果超过电缆最大长度的限制，就可以利用中继器将两段电缆连接起来。即使是这样，传送的距离也有限。

中继器的任务就是接收一端电缆上的信号，放大并重新生成该信号，然后发送到另一端电缆上去，此外它再不执行任何操作。中继器的主要优点是安装简单、使用方便、价格相对低廉，不仅起到扩展网络距离的作用，还能将不同传输介质的网络连接在一起。但中继器不能提供网段间的隔离功能，通过中继器连接在一起的网络实质上是逻辑上的同一网络。

6.1.2 集线器

1. 集线器及其工作原理

依据 IEEE 802.3 协议，集线器（Hub）的功能是随机选出某一端口的设备，并让它独占全部带宽，与集线器的上联设备（交换机、路由器、服务器等）进行通信。

集线器具有以下两个特点：

（1）Hub 只是一个多端口的信号放大设备，工作中当一个端口接收到数据信号时，由于信号从源端口到 Hub 的传输过程中已有了衰减，所以 Hub 将该信号进行整形放大，使被衰减的信号再生到发送时的状态，紧接着转发到其他所有处于工作状态的端口上。

（2）集线器只与它的上联设备进行通信，同层的各端口之间不会直接进行通信，而是通过上联设备再将信息广播到所有端口上。由此可见，即使是在同一 Hub 的不同两个端口之间进行通信也必须要经过两步操作：第一步是将信息上传到上联设备；第二步是上联设备再将该信息广播到所有的端口上。

Hub 主要用于共享网络的组建，是从服务器直接到桌面最经济的解决方案。

2. 集线器分类

结合技术和应用两个方面，可对 Hub 进行如下分类：

（1）按配置形式分。按配置形式不同，Hub 可分为独立型 Hub、模块化 Hub 和可堆叠式 Hub 三大类。

- 独立型 Hub。独立型 Hub 是最早用于 LAN 的设备，它具有低价格、容易查找故障、网络管理方便等优点，在家庭、小型办公室等小型 LAN 中得到广泛使用。但这类 Hub 的工作性能较差，尤其是速率较低。
- 模块化 Hub。模块化 Hub 一般带有机架和多个卡槽，每个卡槽中可安装一块卡，每块卡的功能相当于一个独立型 Hub，多块卡通过安装在机架上的通信底板进行互联并进行相互间的通信。模块化 Hub 在较大型网络中便于实施对用户的集中管理。
- 可堆叠式 Hub。可堆叠式 Hub 是利用高速总线将单个独立型 Hub "堆叠"或短距离连接后的设备，其功能相当于一个模块化 Hub。可堆叠式 Hub 便于实现对网络的扩充，是新建网络时最为理想的选择。

（2）按连接速率分。根据连接速率的不同，目前市面上用于小型局域网的 Hub 可分为 10Mbps、100Mbps 和 10/100Mbps 自适应 3 个类型。由于在大中型网络中 Hub 已逐渐被交换机代替，所以 1000Mbps 和 100/1000Mbps 的 Hub 在市面上很少见。

Hub 的分类与网卡基本相同，因为 Hub 与网卡之间的数据交换是相互对应的。自适应集线器也叫做"双速集线器"，如 10/100Mbps，它内置了 10Mbps 和 100Mbps 两条内部总线，可根据所连接设备的工作速度进行选择。

（3）按管理方式分。根据对 Hub 管理方式的不同可分为智能型 Hub 和非智能型 Hub 两类。

- 智能型 Hub。智能型 Hub 改进了普通 Hub 的缺点，增加了网络的交换功能，具有网络管理和自动检测网络端口速率的能力，同时通过内置的网桥和路由器模块以及网络管理能力还能提供网络互联功能。目前智能型 Hub 已向着交换机功能发展，缩短了 Hub 与交换机之间的距离。
- 非智能型 Hub。与智能型 Hub 相比，非智能型 Hub 只起到简单的信号放大和再生作用，无法对网络性能进行优化。早期使用的共享式 Hub 一般为非智能型的，非智能型 Hub 不能用于对等网络，其所组成的网络中必须有一台服务器。

（4）按端口数目分。每一个单独的 Hub 根据端口数目的多少一般可分为 8 口、16 口和 24 口几种。

以上对 Hub 的 4 种分类进行了介绍，但 Hub 也可以集中其中的多个特点，如 8 口 10/100Mbps 自适应智能型 Hub、24 口 100Mbps 可堆叠式 Hub 等。

6.1.3　网桥

当局域网上的用户日益增多，工作站数量日益增加时，局域网上的信息量也随着增加，因而就可能会引起局域网性能的下降。这也是所有局域网共存的问题。在这种情况下，必须将网络进行分段，以减少每段网络上的用户量和信息量。将网络进行分段的设备就是网桥。

网桥的第二个使用场合就是用于互联两个相互独立而又有联系的局域网。例如，一个企业有人事处、财务处，虽然二者同在一栋楼，好像连成同一个局域网比较好，但由于是两个不同的部门，故比较好的做法应是各自组成一个局域网，然后用网桥互联起来。

网桥是在数据链路层上连接两个网络，即网络的数据链路层不同而网络层相同时要用网桥连接。从原则上讲，不同类型的网络之间可以通过网桥连通，但具有不同高层协议的网络之间是没有办法进行互联的，所以实际上网桥只用于同类局域网之间的互联。网桥的工作示意图如图 6-2 所示。

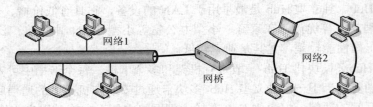

图 6-2　网桥互联

网桥监听它连接的每个网段上传输的数据，它将每个数据帧的地址和自身软件维护的一个地址表进行比较。当一个数据帧的目的地址和它的源地址位于两个不同的网段时，网桥将该帧转发到和目的网段相连的端口。网桥可以将局域网分成两个或更多的网段，它通过隔离每个网段内部的数据流量来增加每个节点所能使用的有效带宽，从而大大增加网络吞吐率的有效性。现在网桥的功能常被捆绑在路由器中，纯粹意义上的网桥已经不像以前那样被广泛使用了。

和中继器在物理层发送比特数据不太一样，网桥根据局域网或广域网的硬件地址，一次只发送一个数据帧。局域网地址就是在以太网和令牌环网中常用的网卡地址，广域网地址是在高级数据链路控制协议（HDLC）和帧中继中使用的地址。

网桥将整个网络看做 MAC 层的源地址和目的地址。网桥并不查看帧的内容，只检查帧头中包含的地址并在需要的时候转发它们。大多数的网桥并不知道地址之间的路径，因为路由信息只有在 OSI 模型的更高层（如网络层）才是有效的。因此，网桥是一种工作速度快且可靠的相对简单的网络互联设备。

1．网桥的功能

需要用网桥连接不同的局域网，网桥的基本功能有：

- 网桥对所接收的信息帧只做少量的包装，而不做任何修改。
- 网桥可以采用另外一种协议来转发信息。
- 网桥有足够大的缓冲空间，以满足高峰期的要求。
- 网桥必须具有寻址和路径选择的能力。

2. 网桥的分类

根据网桥的产品特性，有以下两种分类方法：

- 将网桥分为本地网桥和远程网桥。本地网桥在同一区域中为多个局域网段提供一个直接的连接，而远程网桥则通过电信线路将分布在不同区域的局域网段互联起来。
- 根据网桥不同的转化策略进行划分，可分为透明网桥、源路由网桥和翻译网桥。

6.1.4　交换机

1. 交换机及其工作原理

交换机的目标是分割网上的通信量，使前往给定网段的某主机的数据包不至于传播到另一个网段上。这是由交换机的"学习"功能完成的，过程如下：交换机刚启动的时候，内部的交换表是空的，这时交换机不知道主机驻留在哪一个端口上，它必须向所有的端口发送广播帧，从反馈帧中学习与端口号相关的 MAC 地址信息，建立起和端口号相关的 MAC 地址表。当交换机从某一节点收到一个以太网帧后，将立即在其内存的地址表（端口号－MAC 地址）中进行查找，以确认该目的 MAC 的网卡连接在哪一个节点上，然后将该帧转发至该节点。如果在地址表中没有找到该 MAC 地址，也就是说，该目的 MAC 地址是首次出现，交换机就将数据包广播到所有节点。拥有该 MAC 地址的网卡在接收到该广播帧后，将立即做出应答，从而使交换机将其节点的"MAC 地址"添加到 MAC 地址表中。换言之，当交换机从某一节点收到一个帧时（广播帧除外），将对地址表执行两个动作，一是检查该帧的源 MAC 地址是否已在地址表中，如果没有，则将该 MAC 地址加到地址表中，这样以后就知道了该 MAC 地址在哪一个节点上；二是检查该帧的目的 MAC 地址是否已在地址表中，如果该 MAC 地址已在地址表中，则将该帧发送到对应的节点，而不必像集线器那样将该帧发送到所有节点，只需将该帧发送到对应的节点，从而使那些既非源节点又非目的节点的节点间仍然可以进行相互间的通信，提供了比集线器更高的传输速率。如果该 MAC 地址不在地址表中，则将该帧发送到所有其他节点（源节点除外），相当于该帧是一个广播帧。

交换机为每个端口到端口的连接提供全部的局域网介质带宽。因此，交换机通过隔离本地网段的业务为每一帧创建虚拟电路连接，也可以有效地提升网络的整体带宽。

2. 交换机分类

最常用的交换机类型是：存储转发型交换机、纵横式交换机和无碎片直通式交换机。

（1）存储转发式交换机。存储转发式交换机是在交换机接收到数据帧时先存储在一个共享缓冲区中，然后进行过滤（滤掉不健全的帧和有冲突的帧）并对每个帧进行差错检测，最后再将数据按目的地址发送到相对应的端口上。存储转发式交换机具有很高的交换质量，但交换速率是 3 种交换机中最慢的，适用于网络的主干连接。

（2）纵横式交换机。纵横式交换机对接收到的帧不进行全面检测，只对其目的地址信息进行检查，只要检测到目的节点的地址就跳过该帧，然后立刻按指定的地址转发出去，而不做差错和过滤处理。纵横式交换机是 3 种交换机中交换速率最快的，但是由于对任何帧都不做差错和过滤处理，所以误码率较高，适用于交换式网络的外围连接。

（3）无碎片直通式交换机。"碎片"是指当信息发送中突然发生冲突时，因为双方立即停止发送数据帧而在网络中产生的残缺的帧。碎片是无用的信息，必须将其滤除。无碎片直通式交换机先对接收到的数据帧存储其中的部分字节，然后进行差错检验，如果出错，立即过滤该帧，并要求对方重发此帧；如果没错，则认为该帧健全，并马上转发出去。无碎片直通式交换机是前两种交换机交换方式的折衷，既保证一定的可靠性，又保证一定的交换速率。

3. 交换机与集线器的区别

用集线器组成的网络称为共享式网络，用交换机组成的网络称为交换式网络。集线器只能在半双工方式下工作，而交换机同时支持半双工和全双工操作。共享式以太网存在的主要问题是所有用户共享带宽，每个用户的实际可用带宽随网络用户数量的增加而减少。这是因为共享式网络的信道在同一时刻只允许一个用户占用，当信道处于忙状态时，其他"争用"信道的处于检测等待状态的用户也随之增加，致使信号传输时延迟增大且产生冲突的概率也逐渐增大，严重影响了网络的性能。

在交换式以太网中，交换机能够提供给每个用户专用的信息通道，除非出现两个源端口同时将信息发送给同一目的端口，否则多个源端口与目的端口之间就可以同时进行通信且不会产生冲突。

4. 交换机与网桥的区别

交换机与网桥相比，有许多网桥不具备的优点。

（1）延迟相对较小。交换机是通过硬件实现交换，网桥则是通过运行在计算机系统上的桥接协议实现交换。相对而言，交换机在转发通信的时候延迟较小，基本接近线速。交换机采用了集成电路技术，大大提高了网络转发速度。

（2）功能相对较强大。交换机除了过滤/转发功能外，还有许多强大的管理功能，例如支持网络管理协议、划分虚拟子网等。

（3）端口多。交换机一般具有较多的端口，而网桥一般多为两个接口，最多也不会超过16个端口。

5. 交换机的堆叠与级联

交换机的堆叠和级联都是通过交换机扩展网络的一种方法，但是在实现方法上又有许多不同。

（1）堆叠。交换机的堆叠是一个相对高级的解决单个交换机端口不足问题的方法，需要交换机具有这方面的功能，通过厂家提供的堆叠电缆在交换机专门的接口上进行。堆叠在一起的交换机在逻辑上可以看做一个交换机。堆叠只有在自己厂家的设备之间，且此设备必须具有堆叠功能才可实现。堆叠的优点是不会产生性能瓶颈，因为通过堆叠可以增加交换机的背板带宽。通过堆叠可以在网络中提供高密度的集中网络端口，根据设备的不同，一般情况下最大可以支持8层堆叠。

（2）级联。级联是在网络中增加用户数的另一种方法，但是此项功能的使用一般是有条件的，即交换机必须提供可级联的端口，此端口上常标有 Uplink 的标记，用户可用此端口与其他的交换机进行级联。如果没有提供专门的端口而又必须进行级联时，连接两个交换机的双绞线在制作时必须要进行跳线。级联的优点是可以延长网络的距离，理论上可以通过双绞线和多级的级联方式无限远地延长网络距离，级联后，在网络管理过程中仍然是多个不同的网络设备。另外级联基本上不受设备的限制，不同厂家的设备可以任意级联。级联的缺点是多个设备的级联会产生级联瓶颈。

6.1.5 路由器

1. 路由器及其工作原理

路由器是一种连接多个网络或网段的网络设备，它能将不同网络或网段之间的数据信息进行"翻译"，使它们能够相互"读"懂对方的数据，从而构成一个更大的网络。如图 6-3 所示为路由器的工作示意图。

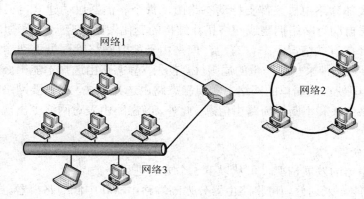

图 6-3 用路由器连接网络

工作原理如下：

（1）路由器接收来自它连接的某个网站的数据。

（2）路由器将数据向上传递到协议栈的网络层，舍弃网络层的信息，并且重新组合 IP 数据报。

（3）路由器检查 IP 数据报首部中的目的地址。如果目的地址位于发出数据的那个网络，那么路由器就放下被认为已经达到目的地的数据。

（4）如果数据要送往另一个网络，路由器就查询路由表，以确定数据要转发到的目的地的下一跳路由地址。

（5）路由器确定哪个适配器负责接收数据后，就通过相应的网络层软件传递数据。

（6）路由器接着查看它的路由表，寻找与包含子网的网络号相匹配的网络接口，一旦找到匹配对象，路由器就知道该使用哪一个接口。然后，路由器将数据发送给网络中正确的接口和子网目的 IP 地址。

2. 路由器的主要功能

路由器主要起到路由的作用，它为经过路由器的每个数据分组寻找一条最佳传输路径，同时将该数据分组传输到目的节点。功能主要包括以下几个方面：

（1）在网络间接收节点发送的数据包，根据数据包中的源地址和目的地址对照自己的路由表，把数据包直接转发到目的节点。

（2）为网际间通信选择最佳的路由。

（3）拆分和封装数据包。

（4）不同协议网络之间的连接。目前有些中高档的路由器往往具有多通信协议支持的功能。

（5）目前大部分路由器都具备一定的防火墙功能，能够屏蔽内部网络的 IP 地址，通过设定 IP 地址或通信端口过滤，使网络更加安全。

路由表一般可分为静态路由表和动态路由表两种。

- 静态路由表。静态路由表由系统管理员事先设置好，一般在系统安装时根据网络的配置情况预先设定，不会随网络结构的变化而变化。当拓扑结构变化时，路由表也必须手动修改。
- 动态路由表。动态路由表是路由器根据网络系统的运行情况而自动调整的路由表。目前绝大部分路由协议都支持动态路由，每个路由器自动建立自己的路由表。动态路由算法自动对网络拥塞或网络拓扑结构的变化做出反应，一般适用于大型网络。

静态路由选择在有些情况下非常有用，但是由于需要网络管理员手动输入来管理路由信息，因此必然会给系统带来一些严重的局限性。首先，静态路由选择不能很好地适用于大型网络的需要；其次，即使在最简单的网络上实现静态路由选择方法，也需要网络管理员投入大量的时间用于建立路由表和不断更新路由信息。此外，静态路由表对网络上出现的一些变化和意外情况反应较慢。

3．路由器的分类

根据目前路由器的发展情况，可从以下 5 个方面进行分类：

（1）按处理能力来划分。可将路由器分为高端路由器和中低端路由器。通常将背板交换能力在 40Gbps 以上的路由器称为高端路由器，背板交换能力在 40Gbps 以下的路由器称为中低端路由器。

（2）按结构划分。可将路由器分为模块化结构与非模块化结构。通常中高端路由器为模块化结构，低端路由器为非模块化结构。

（3）按所处网络位置划分。可分为核心路由器与接入路由器。核心路由器位于网络中心，通常使用的是高端路由器，要求快速的包交换能力与高速的网络接口，通常是模块化结构。接入路由器位于网络边缘，通常使用的是中低端路由器，要求相对低速的端口以及较强的接入控制能力。

（4）按功能划分。可分为通用路由器与专用路由器。一般所说的路由器为通用路由器。专用路由器通常为实现某种特定功能而对路由器接口、硬件等作专门优化。

（5）按性能划分。可分为线速路由器与非线速路由器。线速路由器是高端路由器，能以媒体速率转发数据包；中低端路由器是非线速路由器。

4．路由器与交换机的区别

路由器和交换机的区别主要表现在以下几个方面：

（1）交换机工作在 OSI 七层模型的第二层，即数据链路层；路由器工作在 OSI 七层模型的第三层，即网络层。交换机的工作原理相对比较简单，而路由器具有更多的智能功能，如路由器可以选择最佳的线路来传播数据，还可以通过配置访问控制列表来提供必要的安全性，所以路由器的工作原理相对比较复杂。

（2）交换机利用物理地址来确定是否转发数据；路由器利用位于第三层的寻址方法来确定是否转发数据，使用 IP 地址而不是物理地址。物理地址通常是由网卡生产商分配的，而且已经固化到网卡中。而 IP 地址通常是由网络管理员来分配的。

（3）传统的交换机只能分割冲突域，而无法分割广播域；而路由器可以分割广播域。有的交换机通过虚拟局域网技术来分割广播域，但它们之间的交流仍然需要一台路由器，这种技术称为单臂路由。

（4）交换机主要是用来连接网络中的各个网段；路由器则可以通过端到端的路由选择来连接不同的网络，并可实现与 Internet 的连接。

6.1.6　第三层交换机

1．第三层交换机基本概念

路由器在网络中起到了隔离网络、隔离广播、路由转发和防火墙的作用，但随着网络的不断发展，它们的工作量也在迅速增长。而且，出于安全和管理方便等的考虑，VLAN（虚拟局域网）技术在网络中被大量应用，而各个不同 VLAN 间大量的信息交换都要经过路由器来完成转发，这时候随着数据流量的不断增长路由器就成为了网络的瓶颈。

为了解决这个瓶颈问题，三层交换技术应运而生。三层交换是相对于传统交换概念而提出的，传统的交换技术是在 OSI 网络标准模型中的第二层——数据链路层进行操作的，而三层交换技术是在网络模型中的第三层实现了数据包的高速转发。简单地说，三层交换技术就是二层交换技术+三层转发技术。一个具有三层交换功能的设备是一个带有第三层路由功能的第二层交换机，但它是二者的有机结合，并不是简单地把路由器设备的硬件和软件叠加在局域网交换机上。因此，三层交换机本质上是非常高速的路由器。

2．三层交换机的功能

三层交换机通常提供如下功能：

（1）分组转发。当源节点到目的节点的路径确定后，三层交换机会将分组转发给它们的目的地址。

（2）路由处理。主要包括在三层交换机内部通过路由协议创建和维护路由表。

（3）安全服务。三层交换机现在也提供一些安全服务，如防火墙分组过滤等。

（4）特殊服务。提供的特殊服务主要包括流量优化、封装和拆分帧、分组等。

三层交换机之所以比路由器交换速度快，主要是由于三层交换机提供的功能相对较少，牺牲其灵活、易控和安全性能来提高速度。对于那些更需要速度而不强调可管理性和安全性的网络来说，三层交换机是最理想的选择；反之，路由器是最佳选择。

3．三层交换机采用的主要技术

三层交换机一般采用两种概念性的技术。

（1）专用方法。一般来说，各生产厂商所采用的专用交换方法各有特点，其处理过程大致相同。在绝大多数情况下，三层交换机处理第一个分组，然后在一个分组序列中预测其余分组的目的地址。当分组序列的目的地址确定后，后来的分组享有与第一个分组相同的权限，绕开了第三层的处理，整体上加快了处理过程。这些后来的分组视具体情况被第二层或第三层转发。

（2）逐分组交换。每个分组根据其网络地址被转发到最终的目的地址。路由信息协议被这些设备用来了解网络的拓扑结构以及进行路由变更。逐分组式交换机是有路由能力的高速分组交换，其功能是由硬件实现的，使用特定用途集成电路而不是路由软件。

6.1.7 网关

网关是指在信息流过使用不同协议的网络时翻译数据的设备，也称为协议转换器，是最复杂的网络互联设备，通常工作在 OSI 七层模型的第三层和更高层。基于网关的互联模型如图 6-4 所示。

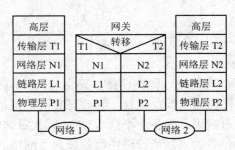

图 6-4 基于网关的互联模型

为了实现异构型网之间的通信，网关要对不同的传输层、会话层和应用层协议进行翻译和变换。网间互联的复杂性来自互联网间传输的帧、分组、报文格式及控制协议的差异，以及差错控制算法、各种计数器参数及服务类别的不同等。如图 6-5 所示是利用网关连接 TCP/IP 和 SNA 两个异构网络。

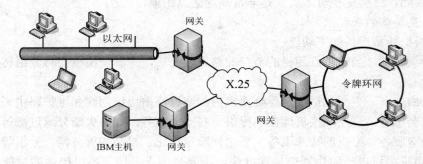

图 6-5 网关连接异构网络

一般来说，网关总是针对某两个特定的系统或应用之间的转换而制定的，没有一个网关适合所有异构型的网络互联。从理论上说，有多少种通信体系结构和应用层协议的组合，就可能有多少种网关。

需要注意的是，有时习惯上将路由器和网关统称为网关。

6.2 Internet 的连接方式

Internet 已成为世界上发展最快、规模最大的网络。那么一台计算机如何才能接入 Internet 呢？方式有以下 3 种：

- 电话拨号仿真终端（即通过联机服务系统）接入 Internet。
- SLIP/PPP 接入 Internet。

● 专线连接（即网络）接入 Internet。

以上 3 种方式的网络结构示意图如图 6-6 所示。

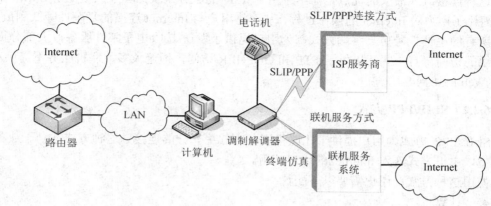

图 6-6　3 种接入方式的网络结构示意图

Internet 是一个以 TCP/IP 协议为主的连接各个国家及部门的计算机网络。以上 3 种连接方式中的第一种，用户不需要在自己的计算机上安装 TCP/IP 软件；第二种和第三种方式则必须在用户机器上安装 TCP/IP 软件。但不论用户采用哪一种连接方式，都需要选择一个 Internet 服务提供商（Internet Service Provider，ISP），通过 ISP 进入 Internet。

6.2.1　电话拨号仿真终端方式

电话拨号仿真终端方式是用户进入 Internet 最简单的方式，是通过电话拨号进入一个提供 Internet 服务的联机（On-Line）服务系统，通过联机服务系统使用 Internet 服务的方法。它提供电子邮件（E-mail）、新闻组（News Group）及一些基本的文件传输。用户使用这种方式需要以下配置：

● 计算机
● 调制解调器（Modem，速率为 14.4kbps、28.8kbps、33.6kbps、56kbps）
● 电话线
● 标准的通信软件
● 在所选择的 ISP 那里申请的一个账号

连接时，用户在自己的计算机上安装好通信软件，通过调制解调器和电话线将自己的计算机与 ISP 的主机相连。每次通信时，用户通过电话拨号进入 ISP 的联机服务系统，通过联机服务系统查找、调用 Internet 上的信息。这种方式适合于个人进入 Internet。

在这种方式中，用户的计算机是作为 ISP 主机（或称为宿主机）的仿真终端而工作的，并未与 Internet 直接相连（只有宿主机才是与 Internet 直接相连的），因此是一种间接连接模式。在间接模式下，用户自己的计算机并不是 Internet 上的一个节点，并没有 IP 地址，也就是说对于 Internet 来讲是不存在的。其上运行的通信软件只是完成用户机和宿主机之间的通信。用户机器上得到的 Internet 信息都是通过宿主机转发过来的。

目前提供电话拨号仿真终端连接服务的宿主机大多数采用 UNIX 操作系统，仿真终端的用户只能使用所连接宿主机提供的命令和功能。仿真终端的用户虽然可以使用 E-mail、FTP、Telnet、

GOPHER 等基本的 Internet 服务，但在信息传递过程中，由于不得不依赖宿主机的转发，通常宿主机限制了用户的存储空间（2MB～5MB），这样就限制了可以卸载的文件。

这种连接方式最大的优点是简单。由于 ISP 的服务系统处理了大量的引导用户联网的工作，简化了用户对 Internet 的操作过程，从而将用户与 Internet 连接的复杂性降低到最低程度。

所有的电话拨号仿真终端方式都为用户提供了发送/接收电子邮件服务，大部分提供了对新闻组的访问，有一些还提供了 FTP 和 GOPHER 访问，但绝大多数联机服务不提供对 World Wide Web 的访问。

6.2.2　SLIP/PPP 方式

SLIP/PPP 方式为用户提供了比联机服务方式更充分的连接。这种方式适合于业务较小但又希望以主机方式连入 Internet 的用户使用。

使用这种方式，用户需要以下配置：

- 计算机
- 调制解调器（Modem，速率为 14.4kbps、28.8kbps、33.6kbps、56kbps）
- 电话线
- 附加了 SLIP/PPP 的 TCP/IP 软件
- 在 ISP 那里申请的一个 SLIP/PPP 账号

连接时，用户把自己的计算机通过调制解调器和电话线与 ISP 的宿主机相连，宿主机与 Internet 直接连接；然后在自己的计算机上安装带有 SLIP/PPP 的 TCP/IP 软件。

这种方式所需硬件与联机服务方式完全一样，唯一不同之处在于这种方式下用户机上要安装带有 SLIP/PPP 的 TCP/IP 软件。由于在用户的计算机上运行了 TCP/IP 软件，用户的计算机与 Internet 之间就有了连接性，因此用户机就成为 Internet 上的一台主机（分配有 IP 地址号）。连接成功后，用户能够从自己的计算机上直接访问 Internet 提供的全部服务。使用过程中，在运行 TCP/IP 的同时，还要求用户系统和 ISP 的宿主系统都要运行一个通信协议（串行线路协议 SLIP 或点到点协议 PPP）。

有了 SLIP/PPP 的支持，用户即可通过调制解调器和电话线路访问 Internet。

当以 SLIP/PPP 方式入网时，用户先以终端方式通过 Modem 拨号叫通 ISP 的宿主系统，宿主系统收到用户请求后要求用户以正确的账号和口令注册，然后检查程序、设置网络接口，同时在用户的计算机上启动相应的 SLIP/PPP 驱动程序并设置相应的 IP 地址，这样用户就可以访问 Internet 了。

用户的 IP 地址分配方式有固定和动态两种。固定方式是指用户预先已分配到一个固定 IP 地址，每次上网都使用该固定 IP 地址。动态方式是指用户的计算机并没有固定的 IP 地址，每当用户请求上网时，宿主系统将给用户分配一个空闲的 IP 地址。因此用户每次上网时所使用的地址可能不同。如果该用户退出网络，他所使用的地址可能又被分配给其他刚上网的用户。

用户在安装 TCP/IP 的同时，还要安装相应的访问 Internet 服务的工具软件，如访问 GOPHER 的 Mosaic、访问 WWW（万维网）的 Internet Explorer 等。

6.2.3　专线连接

以上两种连接方式都属于用户与 Internet 间接连接的方式，专线连接方式是与 Internet 直接连接的方式。与前两种方式相比，专线连接方式的费用比较贵，但它支持用户以高速方式入网，并可以使用 Internet 提供的所有服务功能。这种方式适合一个机构连接 Internet 时使用。

以这种方式入网的用户需要以下配置：

- 计算机（需要增加一块网卡）
- 路由器
- 租用通信专线或建立无线通信

用户通过专线连接 Internet 时，可以在专线上连接一台计算机，但更多的时候是连接一个局域网。专线的另一端连接到与 Internet 连通的某个区域性计算机网或国家级的公共数据交换网络。要正式成为 Internet 的一部分，除了要有专线连接外，还必须向相应的 ISP 申请正式的 IP 地址并注册自己的计算机域名。

目前专线连接方式有 3 种实现方法：第一种是自己铺设专线，这种方法一次性投资非常高，很少有人采用；第二种是向邮电部门租用专线，这种方法其费用除初始开通费外，与使用时的信息传输量无关，是目前机构常采用的一种方法；第三种方法是采用无线通信，这种方法的优点是投资比较省，但管理比较麻烦，另外还受传输距离的限制。

6.3 ADSL 的安装与使用

ADSL（Asymmetric Digital Subscriber Line）是非对称数字线路的缩写，是在普通电话线上传输高速数字信号的技术。通过采用新的技术在普通电话线上利用原来没有使用的传输特性，在不影响原有语音信号的基础上扩展了电话线路的功能。

ADSL 使用普通电话线作为传输介质，虽然传统的 Modem 也是使用电话线传输的，但它只使用了 0kHz～4kHz 的低频段，而电话线理论上有接近 2MHz 的带宽，ADSL 正是使用了 26kHz 以后的高频带才提供了如此高的速率。具体工作流程是：经 ADSL Modem 编码后的信号通过电话线传到电话局后再通过一个信号识别/分离器，如果是语音信号就传到交换机上，如果是数字信号就接入 Internet。

当电话线两端连接 ADSL Modem 时，在这段电话线上便产生了 3 个信息通道：一个速率为 1.5Mbps～8Mbps 的高速下行通道，用于用户下载信息；一个速率为 640kbps～1Mbps 的中速双工通道，用于 ADSL 控制信号的传输和上行的信息；一个普通的老式电话服务通道，且这 3 个通道可以同时工作，如图 6-7 所示。

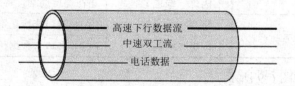

图 6-7　ADSL 的信道结构

目前，中国电信提供的 ADSL 业务有虚拟拨号方式和专线方式，用户可以根据需要选择。

6.3.1 ADSL 的特点

ADSL 主要有如下特点：

（1）投资小，连接方便。只需将一台 ADSL Modem 连接到电话线上，可直接利用现有用户电话线，无须另外铺设电缆，节省投资，接入快。

（2）传输距离远，误码率低，可靠性高。ADSL 系统的传送距离可达 5km，若已与 SDH 光传输、ATM 和 IP 技术很好地结合在一起，则服务半径可达 20km 以上。ADSL 基于铜线传输，误码率为 $10^{-7} \sim 10^{-9}$，传输性能接近光纤传输的水平。ADSL 多采用先进的 DMT 线路编码方式，抗串音和其他干扰的能力较强，并可根据线路长度、噪声情况自适应地选择传输速率。

（3）速率高，频带宽。ADSL 支持的常用下行速率高达 8Mbps，是普通 56K 调制解调器的 150 倍，上行也达 1Mbps。ADSL 支持的频带宽度是普通电话用户频带的 256 倍以上，并能为用户提供上、下行不对称的传输带宽，符合 Internet 业务的特点。

（4）采用点一点的拓扑结构，使每个用户和网络间都有一条独自的点到点连接；数据保密性好，用户可独享高带宽，避免因 Internet 用户剧增而可能造成的网络拥塞。

6.3.2　ADSL 设备的连接

ADSL Modem 的品牌和型号较多，因篇幅所限，这里以 TP-LINK 的 TD-8820 设备为典型代表予以详细介绍，其他品牌型号的设备可参考其所附的使用说明书。

TD-8820 前面板如图 6-8 所示，其指示灯功能说明如表 6-1 所示。

图 6-8　TD-8820 前面板

表 6-1　TD-8820 前面板指示灯功能说明

指示灯	名称	状态	说明
Power	电源指示灯	常亮（绿色）	电源输入正常
		不亮	无电源输入或输入不正常
Act	数据收发指示灯	闪烁（绿色）	ADSL 端口有数据传输
		不亮	ADSL 端口无数据传输
ADSL	ADSL 状态指示灯	常亮（绿色）	已正常连接局端设备
		闪烁（绿色）	正在连接局端设备或连接不正常
LAN	LAN 状态指示灯	常亮（绿色）	LAN 端口连接正常
		闪烁（绿色）	LAN 端口有数据传输

TD-8820 后面板如图 6-9 所示。

图 6-9　TD-8820 后面板

接口说明如下：

（1）ON/OFF：电源开关，按下开启电源，按下弹出关闭电源。

（2）POWER：电源插孔，用来连接电源，为设备供电。

（3）RESET：复位按钮，用来使设备恢复到出厂默认设置。

（4）LAN：局域网端口插孔（RJ-45），用来连接局域网中的集线器、交换机或安装了网卡的计算机。

（5）LINE：连接语音分离器的 Modem 接口。

分离器接口使用说明如下：

● LINE：接入户线。

● MODEM：接 TD-8820 的 LINE 口。

● PHONE：接电话机。

1. 准备计算机的连接接口

（1）准备两根两端做好 RJ-11 插头的电话线。

（2）准备若干根两端做好 RJ-45 插头的超 5 类双绞线。

（3）如果使用以太网口的 ADSL Modem，请确定计算机中有一块空余的网卡。如果没有，则打开计算机机箱，在计算机中加入一块 10M 或者 10M/100M 自适应的网卡，并安装好网卡驱动程序。

2. 通过信号分离器连接 ADSL Modem

信号分离器用来将电话线路中的高频数字信号和低频语音信号进行分离。低频语音信号由分离器接电话机，用来传输普通语音信息；高频数字信号则接入 ADSL Modem，用来传输上网信息和视频点播节目等。这样，在使用电话时，就不会因为高频信号的干扰而影响话音质量，也不会因为在上网时打电话，由于语音信号的串入而影响上网速度。

安装时先将来自电信局端的电话线接入信号分离器的输入端（LINE），然后再用前面准备的那根电话线一端连接信号分离器的语音信号输出口（PHONE），另一端直接连接电话机。此时应该已经能够接听和拨打电话了，电话部分完全和普通电话一样使用即可，并不需要像大部分 ISDN 设备那样要通电才能用。用另一根电话线一端接信号分离器的数据信号输出口（Modem），另一端连接 ADSL Modem 的 LINE 接口。

分离器和外线之间不能有其他的电话设备，任何分机、传真机、防盗器等设备的接入都将造成 ADSL 的严重故障，甚至 ADSL 完全不能使用。分机等设备只能连接在分离器分离出的语音端口后面。

3. 单用户连接

单用户连接的安装如图 6-10 所示。

用一根超 5 类双绞线，一头连接 ADSL Modem 的 LAN 接口，另一头连接计算机网卡接口。再打开计算机和 ADSL Modem 的电源，如果两边连接网线的接口所对应的 LED 都亮了，那么硬件连接也就成功了。

4. 多用户连接

如果要满足多台计算机同时上网，则需要增加一台路由器。多台计算机通过路由器接到 ADSL Modem 的 LAN 接口，其安装如图 6-11 中下面的黑框说明。

用一根超 5 类双绞线，一头连接 ADSL Modem 的 LAN 接口，另一头连接路由器的 WAN

接口；再用超 5 类双绞线将路由器的 1～4 接口分别和每个计算机网卡中的接口连接起来。打开计算机、路由器和 ADSL Modem 的电源，如果两边连接网线的接口所对应的 LED 都亮了，那么硬件连接也就成功了。

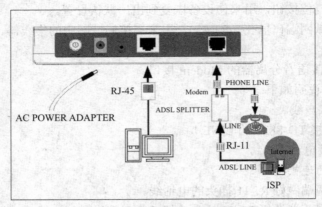

图 6-10　ADSL Modem 单用户连接示意图

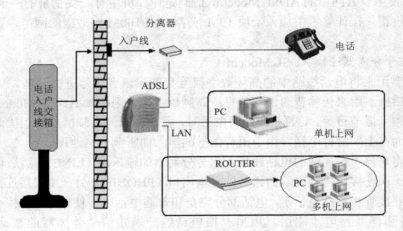

图 6-11　ADSL Modem 连接安装示意图

6.3.3　ADSL Modem 的单用户上网

ADSL 使用的是 PPPoE（Point-to-Point Protocol over Ethernet，以太网上的点对点协议）虚拟拨号软件。

Windows XP 集成了 PPPoE 协议支持，ADSL 用户不需要安装任何其他 PPPoE 软件，直接使用 Windows XP 的连接向导即可建立自己的 ADSL 虚拟拨号上网。具体步骤如下：

（1）如图 6-10 所示安装和连接好设备后，打开计算机启动 Windows XP，选择"开始"→"设置"→"网络连接"命令，打开"网络连接"窗口。

（2）在窗口左侧的"网络任务"窗格中单击"创建一个新的连接"选项，弹出如图 6-12 所示的"新建连接向导"对话框，单击"下一步"按钮，在"网络连接类型"对话框中选择"连接到 Internet"单选框，如图 6-13 所示。

（3）单击"下一步"按钮，选择"手动设置我的连接"单选框，如图 6-14 所示。

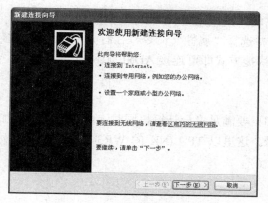

图 6-12　"新建连接向导"对话框

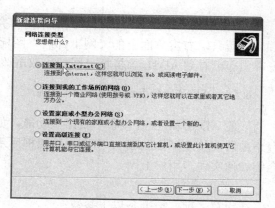

图 6-13　选择网络连接类型

（4）单击"下一步"按钮，选择"用要求用户名和密码的宽带连接来连接"单选框，如图 6-15 所示。

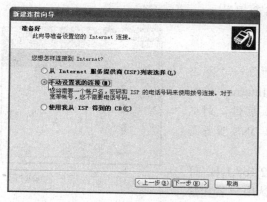

图 6-14　手动设置连接

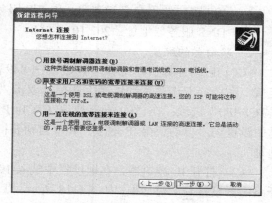

图 6-15　要求用户名和密码的宽带连接

（5）单击"下一步"按钮，在"ISP 名称"文本框中输入 ISP 名称，如果不清楚也可以留空，如图 6-16 所示，Windows XP 在拨号时将自动匹配合适的服务项目名称。

（6）单击"下一步"按钮，选择创建连接为任何人使用；再单击"下一步"按钮，输入 ISP 账户名和密码，如图 6-17 所示。

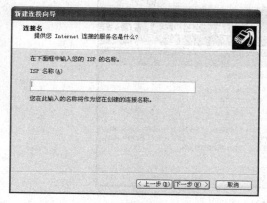

图 6-16　输入 ISP 名称

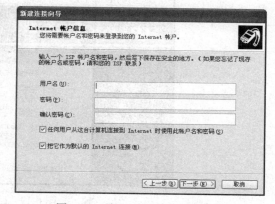

图 6-17　输入 ISP 账户名和密码

（7）单击"下一步"按钮，最后单击"完成"按钮完成 ADSL 虚拟拨号的设置。

以后只需右击桌面上的"网上邻居"图标并选择"属性"命令，在打开的"网络连接"窗口中即可看到 ADSL 虚拟拨号图标，双击该快捷方式即可连接 ADSL 上网。

6.3.4 ADSL Modem 的多用户上网

一般 ADSL Modem 设备不带路由功能，如果要满足多台计算机同时上网，则需要增加一台路由器，其连接如图 6-11 中下面的黑框所示。这里以 TP-LINK 的 WR340G 路由器为例来介绍如何实现多用户上网。

1. 设置参数准备

在设置之前，请准备以下参数：

- 路由器的地址：192.168.1.1。
- 路由器设置的用户名和密码：均默认为 admin。
- WAN 口连接类型：PPPoE。
- ISP 账户的用户名和密码：由 ISP 服务商提供。
- DNS 服务器地址：202.103.24.68。

2. 路由器的配置

（1）启动计算机，选择"开始"→"设置"→"网络连接"命令；双击"本地连接"图标，双击"Internet 协议（TCP/IP）"选项；在"Internet 协议（TCP/IP）属性"对话框中设置为"自动获得 IP 地址"和"自动获得 DNS 服务器地址"。

图 6-18　输入用户名和密码

（2）打开 IE 浏览器，在地址栏中输入 192.168.1.1，打开路由器设置登录对话框，如图 6-18 所示，默认用户名和密码均为 admin。这里默认的用户名和密码因路由器不同而不同，详见路由器使用说明书。

（3）登录成功后可见如图 6-19 所示的路由器设置窗口，单击左侧的链接列表，可以在右侧窗格中打开相应的设置框。

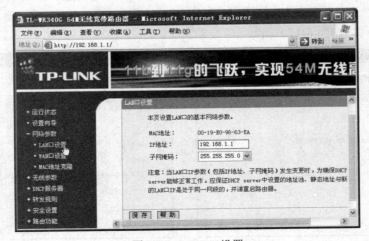

图 6-19　LAN 口设置

（4）单击左侧列表"网络参数"中的"LAN 口设置"链接，在右侧窗格中打开"LAN 口设置"框，如图 6-19 所示，提示 IP 地址、子网掩码的设置，一般使用默认值。

（5）单击左侧列表"网络参数"中的"WAN 口设置"链接，在右侧窗格中打开"WAN 口设置"框，如图 6-20 所示。单击"WAN 口连接类型"下拉列表框，选择拨号上网方式为 PPPoE。然后在"上网账号"和"上网口令"文本框中分别填入服务提供商提供的宽带账号名和密码。选择"自动连接，在开机和断线后自动连接"单选框。单击"保存"按钮，保存设置。

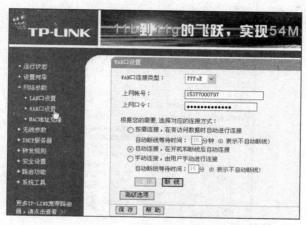

图 6-20　WAN 口设置

（6）单击左侧列表"DHCP 服务器"中的"DHCP 服务"链接，在右侧窗格中打开"DHCP 服务"框，如图 6-21 所示。选中 DHCP 服务器"启用"单选框；"地址池开始地址"设为 192.168.1.100；"地址池结束地址"设为 192.168.1.199；"地址租期"设为"120 分钟"；"网关"设置为路由器的地址 192.168.1.1；主 DNS 服务器地址和备份 DNS 地址可以根据服务商的建议设置。单击"保存"按钮，保存设置。

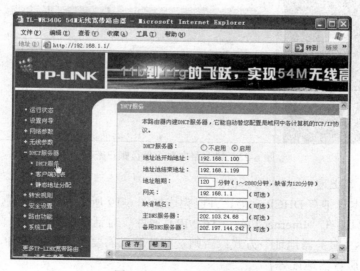

图 6-21　DHCP 服务设置

（7）单击左侧列表"无线参数"中的"基本设置"链接，在右侧窗格中打开"无线网络基本设置"框，如图 6-22 所示。在"SSID 号"文本框中输入无线网络名称；选择具体的频段；选择无线网络模式为 54Mbps（802.11g）；选中"开启无线功能"和"允许 SSID 广播"复选框；选中"开启安全设置"复选框，设置具体的安全类型、安全选项、密钥格式选择以及无线网络的连接密码。单击"保存"按钮，保存设置。

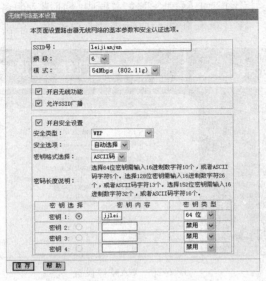

图 6-22　无线网络基本设置

（8）为了保证路由器运行的安全性，需要对路由器的管理员账号的密码进行修改。单击左侧列表"系统工具"中的"修改登录口令"链接，在右侧窗格中打开"修改登录口令"框，如图 6-23 所示。可对用户名和密码进行修改，最后单击"保存"按钮。

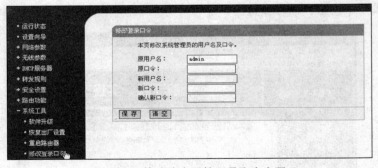

图 6-23　修改路由器管理员账户密码

3. 多用户共享上网

如果路由器本身带有 DHCP 功能，并已完成如图 6-19 所示的参数设置，对于通过该路由器上网的计算机只需在"Internet 协议（TCP/IP）属性"对话框中设置为"自动获得 IP 地址"和"自动获得 DNS 服务器地址"方式；否则这些计算机需要手动设置其 IP 地址、子网掩码、默认网关、DNS 服务器地址等。

设置完成后，局域网内的所有计算机都能够共享 Internet 连接，而且任何一台计算机关机均不会影响其他计算机上网。

 习题六

一、选择题

1. 在网络互联的层次中，（　　）是在数据链路层实现互联的设备。
   A. 网关　　　　　　　B. 中继器　　　　　　C. 网桥　　　　　　D. 路由器

2. 实现交换机之间的互联常见有 3 种方式：（　　）、堆叠和冗余。
   A. 级联　　　　　　　B. 直连　　　　　　　C. 扩展　　　　　　D. 串联

3. 通过集线器的（　　）端口级联可以扩大局域网的覆盖范围。
   A. 自适应　　　　　　B. 普通　　　　　　　C. 网络管理　　　　D. 级联

二、填空题

1. 用户通过拨号方式联入 Internet，在用户计算机的数据链路层应该运行＿＿＿＿＿＿协议，该协议能够获得临时的 IP 地址，以及完成用户身份认证等功能。

2. 通过拨号网络访问服务器，必须使用＿＿＿＿＿＿来进行模数信号的转换。

3. ＿＿＿＿＿是指由网桥自己来决定路由选择，局域网中的节点不负责进行路由选择。

三、简答题

1. 交换机的作用和原理是什么？
2. 简述网桥的工作原理。
3. 简述集线器、网桥和交换机三者有什么不同？
4. 简述路由器的功能。
5. 简述多台计算机通过路由器共享上网的方法。

第二部分　Windows 组网技术

第 7 章　Windows Server 2003 简介及安装

本章主要讲解中文 Windows Server 2003 的基本知识及其安装。通过本章的学习，读者应掌握以下内容：

- Windows Server 2003 简介
- Windows Server 2003 的特点
- Windows Server 2003 的网络类型
- Windows Server 2003 的安装

7.1　Windows Server 2003 简介

Windows Server 2003 系列是微软公司在沿用了 Windows 2000 先进技术的基础上开发的更易于部署、管理和使用的网络操作系统。它集成了最佳的网络、应用程序和 Web 服务，提供了一个高性能、高效率、高稳定性、高安全性、高扩展性、低成本、易于安装和管理的网络环境。另外，它与 Internet 充分集成，更容易提供 Internet 的解决方案，通过强大而又灵活的管理服务降低总体拥有成本。

Windows Server 2003 系列平台软件针对不同的用户和环境，推出了以下 4 个版本：

- Windows Server 2003 Web 版：特别适用于构建网站。主要作为 IIS 6.0 Web 服务器使用，为采用 ASP.NET 技术的网站服务和应用程序提供了一个快速开发与构建的平台。它最多可以支持 2 个 CPU 与 2GB 的内存。

- Windows Server 2003 标准版：适用于小型企业和部门应用。可迅速、方便地提供企业解决方案，支持文件和打印机共享，提供安全的 Internet 连接，允许集中化的桌面应用程序部署等。它最多可以支持 4 个 CPU 与 4GB 的内存。

- Windows Server 2003 企业版：适用于中大型企业。它是各种应用程序、Web 服务和基础结构的理想平台，是一种全功能的服务器操作系统。32 位版本的 Windows Server 2003 企业版支持多达 8 个 CPU、8 节点的群集与 32GB 的内存，而 64 位基于 Intel Itanium 系列的版本可以支持 64GB 的内存。

- Windows Server 2003 数据中心版：是功能最强的版本。它在处理大量数据的功能上进行了优化处理。32 位版本的 Windows Server 2003 数据中心版支持多达 32 个 CPU、8 节点的群集与 64GB 的内存，而 64 位的版本可以支持 64 个 CPU 与 512GB 的内存。

7.2 Windows Server 2003 的特点

Windows Server 2003 囊括了广大客户希望从任务密集型 Windows 服务器操作系统中所获得的全部功能特性，如安全性、可靠性、可用性和伸缩性。不仅如此，Microsoft 公司还针对 Windows 服务器产品家族进行了改进与扩展，以确保广大企业单位能够体验到 Microsoft.NET 技术在信息、人员、系统和设备之间实现连接的软件解决方案。总的来说，Windows Server 2003 有如下优点：

（1）可靠。Windows Server 2003 是迄今为止提供的最快、最可靠和最安全的 Windows 服务器操作系统之一。Windows Server 2003 通过以下方式实现这一目的：提供集成结构，用于确保商务信息的安全性；提供可靠性、可用性和可伸缩性，提供用户需要的网络结构。

（2）高效。Windows Server 2003 提供各种工具，允许用户部署、管理和使用网络结构以获得最大效率。Windows Server 2003 通过以下方式实现这一目的：提供灵活易用的工具，有助于使用户的设计和部署与单位和网络的要求相匹配；通过加强策略、使任务自动化以及简化升级来帮助用户主动管理网络；通过让用户自行处理更多的任务来降低支持开销。

（3）联网。连接 Windows Server 2003 可以帮助用户创建业务解决方案结构，以便与雇员、合作伙伴、系统和用户更好地沟通。Windows Server 2003 通过以下方式实现这一目的：提供集成的 Web 服务器和流媒体服务器，帮助用户快速、轻松和安全地创建动态 Intranet 和 Internet Web 站点；提供集成的应用程序服务器，帮助用户轻松地开发、部署和管理 XML Web 服务；提供多种工具，使用户得以将 XML Web 服务与内部应用程序、供应商和合作伙伴连接起来。

（4）经济。与来自微软公司的许多硬件、软件和渠道合作伙伴的产品和服务相结合，Windows Server 2003 提供了有助于用户的结构投资获得最大回报的选择。Windows Server 2003 通过以下方式实现这一目的：为使用户得到快速将技术投入使用的完整解决方案提供简单、易用的说明性指南；通过利用最新的硬件、软件和方法来优化服务器部署，从而帮助用户合并各个服务器；降低用户的所属权总成本（TCO），使投资很快就能获得回报。

7.3 Windows Server 2003 的网络类型

用户可以利用 Windows Server 2003 布署网络，以便将计算机的资源共享给网络上的其他用户使用。Windows Server 2003 支持两种网络类型：工作组结构和域结构。

工作组结构是分布式的管理模式，适用于小型网络；域结构是集中式的管理模式，适用于较大型的网络。

1. 工作组结构的网络

可以将网络设置成工作组结构。工作组由若干以网络连接在一起的计算机组成，它们将计算机的资源（例如文件夹与打印机）共享给网络上的其他用户使用。

因为网络上每台计算机的地位都是平等的，它们的资源与管理分散在网络内的各台计算机中，所以这种工作组结构的网络也称为"对等式"网络。

工作组结构的网络中，每台计算机都有自己的"本地安全账户数据库"。如果某用户要访问所有计算机的资源，则必须在每台计算机的"本地安全账户数据库"内建立该用户的账户。

例如，若用户 zs 要访问所有计算机的资源，则必须在每台计算机的"本地安全账户数据库"内建立 zs 这个账户。因此，当用户的账户更改时（例如改变密码），必须对每台计算机的该账户进行更新。

在网络上不一定需要有 Windows Server 2003 等服务器级的计算机，也就是说，只要有 Windows 2000 Professional、Windows NT Workstation、Windows 98/Me/XP 等计算机就可以构建工作组结构的网络。

如果网络中计算机数量不多（例如少于 10 台计算机），则适合采用工作组结构的网络。

2.　域结构的网络

也可以利用 Windows Server 2003 将网络设置为域结构。域由若干以网络连接在一起的计算机组成，它们将计算机的资源（例如文件夹与打印机）共享给网络上的其他用户使用。与工作组结构不同的是，域内所有的计算机共享一个集中式的目录数据库，它包括整个域内的用户账户与安全数据。若在该目录数据库内建立某用户账户，则可以从任何一个工作站登录到域，访问相应的网络资源。在 Windows Server 2003 内负责目录服务的组件为活动目录（Active Directory），而目录数据库就是 Active Directory 数据库。

在域结构的网络中，这个目录数据库存储在"域控制器"内。而只有服务器级的计算机才可以扮演域控制器的角色。需要注意的是，在 Windows Server 2003 的 4 个版本中，Web 版无法安装活动目录，不能扮演域控制器的角色；Windows 2000 Professional、Windows NT Workstation、Windows 98/Me/XP 等计算机也无法扮演域控制器的角色。

在一个网络中可以有多个域，并且能够将它们组织为域目录树。

域结构的网络中可以存在如下类型的计算机：

（1）域控制器。一个域内可以有多台域控制器，每台域控制器的地位都是平等的，它们各存储着一份相同的 Active Directory。当在任何一台域控制器内添加了一个用户账户时，该账户被建立在这台域控制器的 Active Directory 数据库内，之后该数据会定期自动地被复制到其他域控制器的 Active Directory 数据库内，以便让所有域控制器中的 Active Directory 数据都能够保持同步。当用户从域中的某台计算机登录时，就会由其中的任意一台域控制器负责审核，根据 Active Directory 数据库内的账户数据来判别该用户的账户名称与密码是否正确。

多台域控制器还能提供容错功能，若某一台域控制器出现了故障，其他域控制器仍能提供服务。另外，多台域控制器还可以分担审核账户登录的负担，改善用户登录的效率。

（2）成员服务器。成员服务器由 Windows Server 2003、Windows 2000 Server 或 Windows NT Server 计算机扮演。任何一台上述服务器级的计算机，如果没有被安装成为域控制器，而加入现有的域，则为成员服务器。成员服务器内没有 Active Directory 数据，因此它不负责审核域账户。如果上述服务器级的计算机没有加入域，则被称为独立服务器。不论是独立服务器还是成员服务器，其都有一个本地安全账户数据库，可以用来审核本地账户，从本机登录。

（3）其他计算机。域中还允许有 Windows 2000 Professional、Windows NT Workstation、Windows 98/Me/XP 等计算机，用户可以从这些计算机登录域并访问网络上的资源。

在 Windows Server 2003 的环境下，可以将独立服务器或成员服务器升级为域控制器，也可以将域控制器降级为独立服务器或成员服务器。

7.4　Windows Server 2003 的安装

在安装 Windows Server 2003 时，安装程序将要求用户提供一些信息，以便用来决定如何安装与设置 Windows Server 2003。因此，为了顺利地进行安装，必须预先做好各项准备工作。Windows Server 2003 在开始安装时将启动中文安装向导，以帮助用户顺利地完成整个操作系统的安装。

7.4.1　安装 Windows Server 2003 的硬件准备

为了避免安装时发生问题，安装前最好先确定硬件配置是否符合需求以及是否能够正常运行 Windows Server 2003。

1．硬件设备的需求

下面列出了安装 Windows Server 2003 推荐的硬件设备要求：

- CPU：Intel 奔腾双核 E5200 或更高级的处理器。
- 内存：至少 1GB。
- 硬盘：建议至少 320GB。
- 网卡：一块以上的网卡。
- 显示接口：一般的显示卡与显示器。
- 光驱：DVD 光驱。
- 其他设备：软驱、键盘和鼠标。

2．硬件兼容性清单

硬件兼容列表（Hardware Compatibility List，HCL）内列出了 Windows Server 2003 支持的所有硬件设备。在 Windows Server 2003 中包含了这些设备的驱动程序，它们都经过了兼容性测试并且可以在 Windows Server 2003 内正常运行。如果计算机内的硬件设备没有被列在硬件兼容列表中，则可能无法安装或者安装完成后这些设备无法正常工作。例如，有些主板没有提供 Windows Server 2003 下的驱动程序。

HCL 的详细列表数据可以到 http://www.microsoft.com/hcl/站点查找；也可以将 Windows Server 2003 安装光盘放入光驱，执行"开始"→"运行"命令，在"打开"文本框中输入"光盘盘符:\I386\Winnt32.exe /checkupgradeonly"，再单击"确定"按钮即可自动检测计算机硬件是否符合要求。

3．文件系统

计算机的硬盘可以被设置为一个或多个磁盘分区，这些磁盘分区必须先经过格式化。在格式化时，要确定将其格式化为哪一种文件系统。Windows Server 2003 支持 FAT/FAT32 和 NTFS 文件系统。其中 FAT/FAT32 是较早使用的文件系统，而 NTFS 则具有很多在 FAT/FAT32 中没有的功能，例如权限的设置、文件的压缩、数据的加密、资源访问的审核、支持 Active Directory 和磁盘限额等，因此建议采用 NTFS 文件系统。如果要将网络设置为 Windows Server 2003 域结构的模式，则域控制器的文件系统必须采用 NTFS。

需要注意的是，由于 Windows 95/98、DOS 等操作系统不支持 NTFS，因此这些操作系统启动后将无法访问该计算机中 NTFS 磁盘分区内的数据。

7.4.2 Windows Server 2003 的安装

目前绝大部分计算机都支持从光驱启动，因此可以直接用 Windows Server 2003 的系统光盘来启动、安装，这是安装 Windows Server 2003 最简单的方式。

以下步骤只是将 Windows Server 2003 安装到计算机中，并将其设为工作组网络中的独立服务器。有关如何升级为域控制器，将在以后章节中介绍。

1. 开始安装

（1）断开计算机网卡上的网线连接，以防止系统安装过程中网上病毒的感染。

（2）启动计算机，按功能键进入 BIOS 设置，将系统启动顺序选项改为"光盘启动"优先，保存设置退出。

（3）将 Windows Server 2003 系统光盘放入光驱内，然后重新启动。计算机将提示 Press any key to boot from CD…，必须在指定时间内按任意键才能从 CD-ROM 启动。此时按任意键。

（4）屏幕上出现 Setup is inspecting your computer's hardware Configuration…的提示，表示安装程序正在检测计算机的硬件设备，如 COM 端口、键盘、鼠标、软驱等。

（5）当出现 Windows Server 2003 Setup 的提示时，会将 Windows Server 2003 核心程序、安装时所需的文件等信息加载到计算机的内存中，然后检测计算机的大容量存储设备，如 IDE、SATA 或 SCSI 接口的硬盘等。如果该大容量存储设备并不在 Windows Server 2003 所支持的列表中，则按 F6 键，然后安装制造商所提供的驱动程序。

（6）出现"欢迎使用安装程序"对话框，有以下 3 个选项：

- 要现在安装 Windows，按 Enter 键。
- 要用"恢复控制台"修复 Windows 安装，请按 R 键。
- 要退出安装程序，不安装 Windows，请按 F3 键。

按 Enter 键，继续安装。

（7）出现"Windows 授权协议"对话框时，可以按 Page Down 键阅读协议。如果同意，请按 F8 键继续安装。

（8）将出现一个磁盘分区设置的对话框，有以下 3 个选项：

- 要在所选项目上安装 Windows，请按 Enter 键。
- 要在尚未划分的空间中创建磁盘分区，请按 C 键。
- 删除所选磁盘分区，请按 D 键。

划分与选定好要安装 Windows Server 2003 的磁盘分区后，按 Enter 键。

（9）安装程序会要求用户为上述磁盘分区选择文件系统的格式，有以下 4 种选择：

- 用 NTFS 文件系统格式化磁盘分区（快）。
- 用 FAT 文件系统格式化磁盘分区（快）。
- 用 NTFS 文件系统格式化磁盘分区。
- 用 FAT 文件系统格式化磁盘分区。

按 ↑、↓ 键选择"用 NTFS 文件系统格式化磁盘分区"后按 Enter 键。

（10）格式化完成后，安装程序会将文件复制到此磁盘分区内，这个操作将花费数分钟。复制完成后会出现一个红色的进展条，开始倒计时 15 秒后自动重新启动。按 Enter 键可立即重新启动。

（11）重新启动后，安装程序继续将剩余的文件复制到硬盘内，然后启动安装向导。

2. 搜集与该计算机相关的信息

（1）出现"Windows Server 2003 安装向导"，自动搜集一些与该计算机相关的信息，安装程序检测和安装设备，例如键盘和鼠标等。

（2）出现"区域和语言选项"对话框时，可以设置不同的区域、语言和输入法，完成后单击"下一步"按钮。

（3）出现"自定义软件"对话框时，输入姓名（jjlei）和单位名称（jsj），然后单击"下一步"按钮。

（4）出现"您的产品密钥"对话框时，输入产品密钥，然后单击"下一步"按钮。

（5）出现"授权模式"对话框时，选择授权模式：

- 每服务器：选择此模式时，必须输入允许连接到此服务器的数目。例如，若输入连接数目为 50，最多只能允许同时有 50 个客户端的连接（第 50 个之后的连接将会被拒绝，但是系统管理员不受此限制）。这种模式适用于只有一台服务器的小型网络。

- 每设备或每用户：选择此模式时，必须为每个客户端计算机购买一个客户端访问许可证。一个客户端计算机只要取得客户端访问许可证，就可以访问网络上任何一台服务器上的资源。这种模式适用于大型网络。

如果不知道该选择哪种模式，可以先选择"每服务器"模式，以后可以再将其转换为"每设备或每用户"模式，不过只能转换一次，而且无法再还原为"每服务器"模式。选择"每服务器"后，单击"下一步"按钮。

（6）出现"计算机名称和系统管理员密码"对话框，在"计算机名称"文本框中输入计算机名称，例如 SERVERLJJ。注意，此名称必须是唯一的，也就是不可以与局域网上的其他计算机同名。在"管理员密码"与"确认密码"文本框中输入系统管理员（其账户名称为 administrator）的密码。为了确保此密码的安全性，最好设置一个比较复杂的密码。

（7）出现"日期和时间设置"对话框时，可以设置目前的日期、时间与时区，然后单击"下一步"按钮。

3. 安装网络组件

（1）开始安装网络组件（例如检测、安装网卡驱动程序），以便能够连接到网络上。弹出"网络设置"对话框，选择"自定义设置"单选框，以便自定义网络的配置，单击"下一步"按钮。若选择"典型设置"，可以自动进行网络配置，则跳过步骤（3），直接到步骤（4）。

（2）出现"网络组件"对话框时，选择"Internet 协议（TCP/IP）"→"属性"选项。在"Internet 协议（TCP/IP）属性"对话框中，选择"使用下面的 IP 地址"、"使用下面的 DNS 服务器地址"单选框，然后依次设置 IP 地址、子网掩码、默认网关、首选 DNS 等参数。

完成后，单击"确定"按钮返回"网络组件"对话框，然后单击"下一步"按钮。

如果计算机内还有其他的网卡，则系统将会自动检测到，重复上述步骤设置其参数。

（3）出现"工作组或计算机域"对话框，设置是否要将这台计算机加入域，此时可以选择：

- 不，此计算机不在网络上，或者在没有域的网络上：选择该单选框，在其下方的文本框中输入工作组的名称，如 JSJ，完成后单击"下一步"按钮。

● 是，把此计算机作为下面域的成员：选择该单选框，在其下方的文本框中输入域的名称，单击"下一步"按钮，然后输入具有将计算机加入域权限的用户账户名及密码即可。

在这里，选择"不，此计算机不在网络上，或者在没有域的网络上"方式。

（4）出现正在安装各种组件的提示，开始安装与设置相应的组件。

（5）完成安装后，应将光驱内的 Windows Server 2003 CD-ROM 系统光盘取出，然后重新启动计算机。

4. 登录测试

如果计算机内只安装了 Windows Server 2003 操作系统，它会直接用这个唯一的 Windows Server 2003 操作系统来启动。

若 Windows Server 2003 出现错误或者要设置高级选项，可以在启动时按 F8 键。例如，若不小心将显示模式设置错误，造成屏幕无法正常显示，则可以在启动时按 F8 键，然后选择"启用 VGA 模式"选项，以便让 Windows Server 2003 利用标准的 VGA 显示模式来启动，之后重新设置显示模式。

利用系统管理员账户登录 Windows Server 2003 的步骤如下：

（1）启动计算机，当屏幕提示"请按 Ctrl+Alt+Delete 开始"时，请同时按下 Ctrl 与 Alt 键不放，然后再按 Delete 键。

（2）在如图 7-1 所示的"登录到 Windows"对话框中，输入用户的账户名称与密码（如 Administrator、[密码]）。

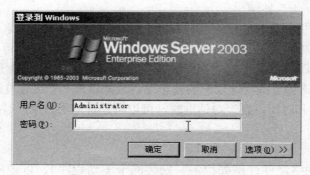

图 7-1　登录 Windows Server 2003

（3）登录成功后，将出现"安装安全更新"提示，单击"配置此服务器的自动更新"，设置自动更新的方式，单击"完成"按钮退出。

（4）弹出"管理您的服务器"对话框，单击右上角的"关闭"按钮关闭对话框。

5. 安装补丁程序和联网在线升级

（1）安装防病毒软件。这些软件应预先使用移动介质从相关的站点下载、获取。

（2）连接计算机网卡 RJ-45 接口上的网线，Windows Server 2003 桌面右下方的网络连接图标上的红色"×"标记将消失，配置 TCP/IP 协议参数。

（3）在线升级防病毒软件最新的病毒库。

（4）选择"开始"→Windows Update 命令，在微软的站点上在线升级、更新系统。

 **习题七**

一、选择题

1. 以下属于网络操作系统的工作模式是（　　　）。

    A．TCP/IP   B．ISO/OSI 模型   C．Client/Server   D．对等实体模式

2. Windows Server 2003 不支持的文件系统是（　　　）。

    A．FAT16   B．FAT32   C．NTFS   D．ext2

二、填空题

1. ＿＿＿＿＿＿＿＿结构是分布式的管理模式，适用于小型网络；域结构是集中式的管理模式，适用于较大型的网络。

2. 在计算机上安装操作系统时，首先需要对硬盘进行＿＿＿＿＿＿＿＿，然后再选择合适的文件系统进行格式化。

三、简答题

1. 网络操作系统一般已具有哪些基本功能和特性？

2. 某企业用户反映，他的一台计算机从人事部搬到财务部后，计算机不能连接到 Internet 了，问原因是什么？作为网络管理员，你应该怎么处理？

3. Windows Server 2003 支持的网络类型有哪些？请具体分析其结构特点。

4. Windows Server 2003 操作系统包括哪 4 个版本？

5. FAT 文件系统和 NTFS 文件系统有哪些区别？

6. 每服务器和每用户授权模式有哪些异同点？

四、操作题

1. 制定安装 Windows Server 2003 的计划，并具体安装实施。

2. 如何添加一个新用户，并使用新用户登录本地计算机系统？

3. 你所在的企业新近采购了 20 台办公用电脑，经理要求你用最短的时间将系统安装好，你将怎么做？

第 8 章　使用和管理 Windows Server 2003 活动目录

本章主要介绍活动目录（Active Directory）以及各种对象的创建和管理。通过本章的学习，读者应掌握以下内容：

- Active Directory 的概念与特点
- Active Directory 的创建与检测
- Active Directory 用户和计算机控制台的使用
- 组织单位、用户和组账户的创建与管理

8.1　活动目录

活动目录被保存在域控制器中，它可以将网络系统中的各种网络设备、网络服务、网络账户等资源集中起来管理，为使用者提供一个统一的清单。本节将介绍 Active Directory 的概念、特点及创建。

8.1.1　活动目录简介

活动目录存储有关网络对象的信息（例如用户、组和计算机账户以及打印机等共享资源），使管理员与用户可以方便地查找和使用网络信息。活动目录的应用起源于 Windows NT 4.0 Server，在 Windows Server 2003 中得到进一步的应用和发展，具有可扩展性和可调整性。

域是 Windows Server 2003 目录服务的基本管理单位，增加了许多新的功能。域模式的最大优点是它的单一网络登录功能，任何用户只要在域内有一个账户，就可以漫游登录网络。域目录树中的每一个节点都有自己的安全边界，这种层次结构既保证了安全性，又可精确设置。域作为一个完整的目录，域之间能够通过一种基于 Kerberos 认证的可传递的信任关系建立起树状连接，从而使单一账户在该树状结构中的任何地方都有效，便于网络的管理和扩展。同时活动目录服务将域又细分成组织单位，组织单位是一个逻辑单位，它是域中一些用户和组账户、文件与打印机等资源对象的集合。组织单位中还可以再划分下级组织单位，并且下级组织单位能够继承父单位的组策略设置。每一个组织单位可以有自己的管理员并指定其管理权限，从而实现了对资源和用户的分级管理。活动目录服务通过这种域内的组织单位树和域之间的可传递信任树来组织其信任对象，为动态活动目录的管理和扩展带来了极大的方便。这样，在 Windows Server 2003 网络中，一个域能够轻松地管理数万个对象。

在 Windows Server 2003 中，域内的所有域控制器之间都是平等关系，不区分主域控制器和备份域控制器，这是因为 Windows Server 2003 采用了动态的活动目录服务，在进行目录复制时不是沿用原来目录服务的主从方式，而是采用多主复制方式。Windows Server 2003 在复制目录库时对各个对象的修改顺序次数进行比较，判断它们被修改的先后顺序，并用最新修改的对象属性替代旧的属性，保证了每一个域控制器内的目录服务数据库都是最新的。通过这种方式，任何一个域控制器上活动目录的变更都会被自动复制到其他所有的域控制器上。

Windows Server 2003 活动目录服务的另一大特点是与 Internet 融合，它把 DNS 作为其定位服务。为了克服 DNS 管理困难的缺点，Windows Server 2003 将 DNS 与其特有的 DHCP 和 WINS 紧密配合起来，从而使 DNS 更加易于管理。另外，Windows Server 2003 广泛地支持标准的命名规则，例如 WWW 使用的 HTTP 和 URL 命名规则、Internet 电子邮件使用的 RFC822 命名规则、NetBIOS 采用的 UNC 命名规则、LDAPURLS 和 X.500 命名规则等。

为了扩展的需要，Windows Server 2003 活动目录服务内置了活动目录组件、开放服务信息处理等 API 接口，为活动目录服务的应用与开发提供了强大的工具。在向上发展的同时，Windows Server 2003 也向下兼容，Windows 2000/NT 等旧的系统可以很容易地融入 Windows Server 2003 动态活动目录，或者直接升级到 Windows Server 2003 系统。

8.1.2　活动目录的优点

活动目录之所以成为 Windows Server 2003 中最重要的特点，是因为活动目录有其他网络服务机制无法比拟的优越性。下面就从管理、信息复制、查询和安全性等几个方面来介绍活动目录的优点。

（1）基于策略的管理。

活动目录服务包括数据存储和逻辑分层结构。作为逻辑结构，它为策略应用程序提供分层的环境。作为目录，它存储着分配给特定环境的策略（称为组策略对象）。组策略对象表示一套规则，包括应用环境的有关设置、目录对象和域资源的访问确定、用户可使用什么域资源以及这些域资源的配置使用等。

例如，组策略对象可以决定当用户登录时，用户在当前计算机上可以使用的应用程序；有多少用户可连接至 Microsoft SQL Server；当用户转移到不同的部门或组时，他们可以访问的文件或服务。组策略对象使网络管理员只需要管理少量的策略而不是大量的用户和计算机。通过活动目录，可以将组策略设置应用于适当的环境中，不管它是整个单位还是单位中的特定部门。

（2）扩展性。

活动目录可进行扩展，即管理员可将新的对象类添加到规划中，而且可将新的属性添加到已有的对象类中。可以通过以下两种方法将对象和属性添加至活动目录中：使用活动目录架构、通过活动目录服务接口或者 LDIFDE、CSVDE 命令行应用程序创建脚本。

（3）可调整性。

活动目录可包括一个或多个域，每个域都有一个或多个域控制器，这使管理员可以调整目录以满足任何网络的要求。多个域可组合成域目录树或域目录森林。

活动目录将规划和配置信息分配给目录中的所有域控制器。该信息存储在初始域控制器中，并且可复制到目录中的任何其他域控制器中。

将目录配置成域目录树或域目录森林，使得管理员可以针对不同上下文策略对目录的名称空间进行分区，并调整目录使其能容纳大量的资源和对象。

（4）信息复制。

活动目录使用多主复制的方式，对目录数据所做的更改将被自动复制到所有的域控制器中，每个域控制器的目录数据都保持同步。

信息复制提供了有效性、容错和加载平衡等优点。在一个域中使用多个域控制器可提供容错和加载平衡。如果域中的某个域控制器减慢、停止或失败，同一域中的其他域控制器可提供必要的目录服务，因为它们包含着相同的目录数据。在广域网中，目录服务可由与每个网络客户机最近的域控制器完成。

（5）与 DNS 的集成。

活动目录使用 DNS 可以很容易地将主机名称解析为 IP 地址。这样就可以在 TCP/IP 网络上直接使用计算机主机名称进行网络连接。DNS 域和计算机使用分层结构的友好名称。

域中的每台计算机依靠其完整的域名进行识别。例如，位于 jsj.edu.cn 域中的计算机的完整域名是[computername].jsj.edu.cn。

（6）灵活的查询。

用户和管理员可根据对象属性（例如姓、名、E-mail 地址、办公室位置或用户账户的其他属性）快速查找网络上的对象，也可以通过活动目录生成的全局目录查找对象。

（7）信息安全性。

安全性与活动目录完全集成在一起，不仅可以针对目录中的每个对象定义访问控制，还可以对其属性进行设置。

活动目录还提供安全策略和应用范围的设置，如域中某组织单位范围内用户账户的密码限制或对特定域资源的访问权限等，可以通过组策略设置、执行安全策略。

管理员可将某些管理权限分派给其他账户或组，这种权限分派允许指定其他账户或组具有管理部分网络的权限。可以将某部分的管理分派给下级管理员，而不必经常使用拥有对整个网络具有广泛权限的管理员。

Windows Server 2003 支持多种网络安全协议，这些协议提供更强大、更有效的安全性。主要安全协议包括：

- Kerberos V5。该协议是 Windows Server 中网络验证的默认协议，Kerberos 协议是一个成熟的安全协议标准。它包括客户机和服务器之间的验证以及与非 Windows 平台计算机之间的相互验证。
- SSL（Secure Sockets Layer，安全套接字层）。Windows Server 2003 支持基于公用密钥的协议，提供 Internet 上的保密性和可靠性。它包括对 SSL 3.0 的支持以及 Internet 浏览器和网络服务器间连接的标准。
- DPA（Distributed Password Authentication，分布式口令验证）。Windows Server 2003 还支持 DPA，它由诸如 Microsoft Network（MSN）等最大的 Internet 成员组织使用。
- Windows NT NTLM。Windows Server 2003 还支持 Windows NT 以及早期版本使用的 NTLM 协议，这是为确保与 Windows NT 网络的计算机兼容。

8.1.3　安装 Active Directory

如果要将网络设置为域结构，则网络上必须有域控制器。域控制器通过 Active Directory 来提供目录服务，例如负责维护 Active Directory 数据库、审核用户的账户与密码等。在安装 Windows Server 2003 时，系统默认并没有安装 Active Directory，若网络中没有域控制器，则可将该独立服务器配置为新域的域控制器；若网络中有其他域控制器，则可将其配置为额外域控制器。Windows Server 2003 的域控制器必须由标准版、企业版或数据中心版的系统来扮演，Web 版的系统不能作为域控制器。

在域中创建第一个域控制器，具体操作步骤如下：

（1）在 Windows Server 2003 启动时以系统管理员的身份登录，通过"开始"→"控制面板"→"网络连接"→"本地连接"→"属性"→"Internet 协议（TCP/IP）"→"属性"的途径打开"Internet 协议（TCP/IP）属性"对话框，然后设置 IP 地址、子网掩码、默认网关，如将其分别设置为 192.168.0.1、255.255.255.0、192.168.0.254，并将首选的 DNS 地址指向本机的 IP 地址，如 192.168.0.1。

（2）执行"开始"→"运行"命令，在对话框中输入命令 dcpromo，单击"确定"按钮启动"Active Directory 安装向导"，如图 8-1 所示。

（3）在欢迎界面中单击"下一步"按钮，弹出"操作系统兼容性"对话框（如图 8-2 所示），单击"下一步"按钮。

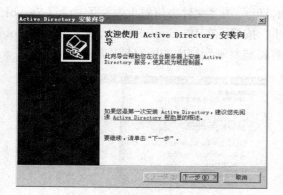

图 8-1　启动 Active Directory 安装向导

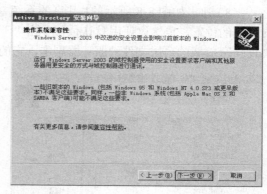

图 8-2　"操作系统兼容性"对话框

（4）选择"新域的域控制器"单选框，单击"下一步"按钮，如图 8-3 所示。

（5）选择"在新林中的域"单选框，单击"下一步"按钮，如图 8-4 所示。

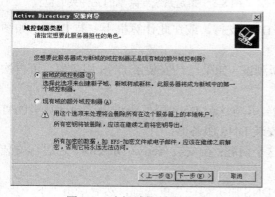

图 8-3　选择域控制器类型

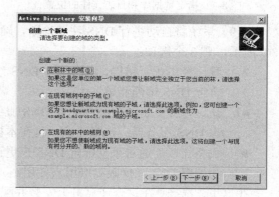

图 8-4　创建一个新域

（6）弹出如图 8-5 所示的"新的域名"对话框，在"新域的 DNS 全名"文本框中输入新域的 DNS 全名，如 jsj.edu.cn，单击"下一步"按钮，弹出如图 8-6 所示的"NetBIOS 域名"对话框，在"域 NetBIOS 名"文本框中提示默认名（也可以输入新名称），单击"下一步"按钮。

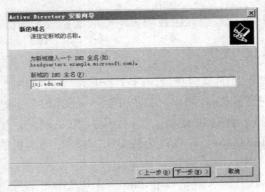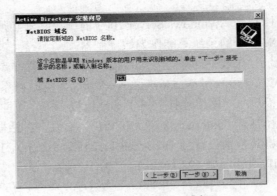

图 8-5　指定新域名　　　　　　　　　　　图 8-6　输入 NetBIOS 域名

（7）弹出如图 8-7 所示的"数据库和日志文件文件夹"对话框，在"数据库文件夹"和"日志文件夹"文本框中设置保存的位置，建议使用默认值，然后单击"下一步"按钮。

（8）弹出如图 8-8 所示的"共享的系统卷"对话框，在"文件夹位置"文本框中设置 Sysvol 文件夹的位置，也建议使用默认值，单击"下一步"按钮。在 Windows Server 2003 中，Sysvol 文件夹存放域的公用文件的服务器副本，它的内容将被复制到域中的所有域控制器上。

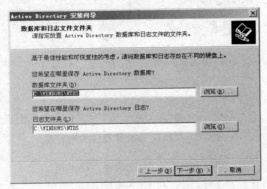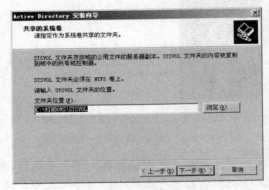

图 8-7　指定数据库和日志文件的位置　　　图 8-8　指定系统卷共享的文件夹的位置

（9）系统将自动进行 DNS 注册诊断，确认 DNS 支持，或在此计算机上安装 DNS。如图 8-9 所示，有 3 个选项：

- 我已经更正了错误，再次执行 DNS 诊断测试：如果已经安装了 DNS 服务器，可再次执行 DNS 诊断测试。
- 在这台计算机上安装并配置 DNS 服务器，并将这台 DNS 服务器设为这台计算机的首选 DNS 服务器：选择此项，将在本机安装 DNS 服务器。
- 我将在以后通过手动配置 DNS 来更正这个问题：在安装 Active Directory 之后再安装和配置 DNS，仅限高级用户使用。

在这里，选择"在这台计算机上安装并配置 DNS 服务器…"单选框，然后单击"下一步"按钮。

（10）在如图 8-10 所示的对话框中，选择"与 Windows 2000 之前的服务器操作系统兼容的权限"或"只与 Windows 2000 或 Windows Server 2003 操作系统兼容的权限"单选框，然后单击"下一步"按钮。

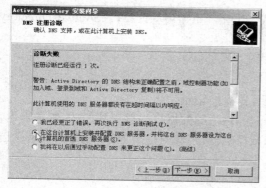

图 8-9　选择安装与配置 DNS

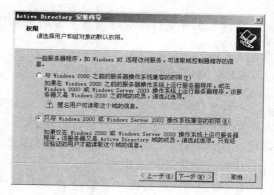

图 8-10　为用户和组对象选择默认权限

（11）在如图 8-11 所示的"目录服务还原模式的管理员密码"对话框中，输入用于删除、修复目录服务的密码，单击"下一步"按钮。若要删除活动目录，可通过"开始"→"运行"→"输入 dcpromo 命令"的途径来启动删除活动目录的向导。

（12）弹出如图 8-12 所示的"摘要"对话框，用户可以检查、确认设置的选项，然后单击"下一步"按钮。

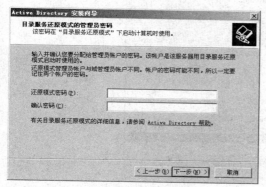

图 8-11　设置目录服务还原模式的管理员密码

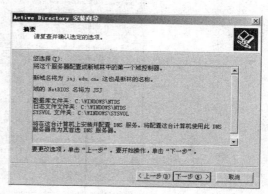

图 8-12　"摘要"对话框

（13）系统开始配置 Active Directory，同时打开"正在配置 Active Directory"对话框，提示配置过程，如图 8-13 所示。整个配置过程需要花费几分钟时间，请耐心等候，不要单击"跳过 DNS 安装"按钮，可能还需要指向系统安装光盘源程序的位置（可以预先将安装光盘源程序拷贝到 C:\i386 文件夹中）。

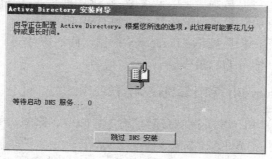

图 8-13　"正在配置 Active Directory"对话框

（14）Active Directory 配置完成后单击"完成"按钮。重新启动计算机，Active Directory 才能生效。

8.1.4　Active Directory 的检测

Active Directory 安装完成后，应检查 DNS 服务器内的记录是否完整。

由于域控制器会将它的域名称、IP 地址、所扮演的角色等数据自动登记到 DNS 服务器内，以便让其他的计算机通过 DNS 服务器来查找这台域控制器，因此应检查 DNS 服务器内是否已经有该域控制器的相关数据。

1. 检查域控制器的域名称与 IP 地址记录

检查域控制器是否已将其域名称与 IP 地址登记到 DNS 服务器内。通过"开始"→"程序"→"管理工具"→DNS 的途径打开如图 8-14 所示的窗口，展开 SERVERLJJ→"正向查找区域"→jsj.edu.cn 对象，在右侧窗格中存在"（与父文件夹相同）主机 192.168.0.1"记录，表明域控制器已经正确地将其域名称与 IP 地址登记到 DNS 服务器内。这样其他计算机就能找到此域控制器，并加入该域。

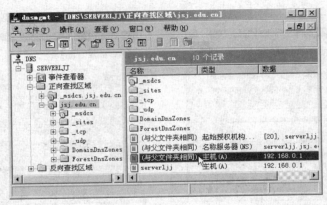

图 8-14　"（与父文件夹相同）主机 192.168.0.1"记录

2. 检查 SRV 记录

检查 DNS 服务器中用来支持 Active Directory 的区域内是否有如图 8-14 所示的_msdcs、_sites、_tcp、_udp 等文件夹，因为域控制器会将自己所扮演的角色登记到这些文件夹内的 SRV 记录中。

打开_tcp 文件夹后，可以看到一个数据类型为 SRV 的记录（_ladp），表示这台域控制器已经正确地将扮演 LDAP 服务器角色的信息登记到 DNS 服务器上了。

LDAP 服务器是指用来提供 Active Directory 数据访问的服务器，而 Windows Server 2003 域控制器就扮演着 LDAP 服务器的角色。

8.1.5　Active Directory 用户和计算机控制台的使用

Active Directory 用户和计算机控制台用于增加、修改、删除、管理用户和计算机账户、组和组织单位等对象，并可在目录上发布和管理资源。

可以选择"开始"→"程序"→"管理工具"→"Active Directory 用户和计算机"命令

来打开如图 8-15 所示的 "Active Directory 用户和计算机" 控制台窗口。

1. 改变用户和计算机显示方式

使用控制台的 "查看" 菜单可以控制显示方式，显示或关闭控制台树、说明条、状态栏；或者选择显示列信息，以大图标、小图标、列表、详细信息等方式显示内容；使用如图 8-16 所示的筛选器选项，用户可自定义筛选显示内容。

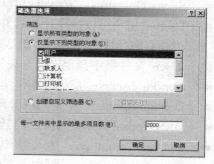

图 8-15　"Active Directory 用户和计算机" 控制台　　　图 8-16　"筛选器选项" 对话框

在 "Active Directory 用户和计算机" 控制台窗口左侧的控制台树中可以展开域节点，显示的默认文件夹是：

- Builtin（预定义本地组）
- Computers（计算机）
- Domain Controllers（域控制器）
- Foreign Security Principals（外部安全负责人）
- Users（预定义全局组）

选择 "查看" → "高级功能" 命令，在控制台树列表中可增加如下文件夹：

- LostAndFound（孤立对象）
- System（内嵌系统）
- NTDS Quotas（NTDS 配额）

选择 "查看" → "筛选器选项" 命令，弹出如图 8-16 所示的 "筛选器选项" 对话框，可以选择 "显示所有类型的对象"、"仅显示下列类型的对象" 或者 "创建自定义筛选器" 单选框，能很方便地筛选、查找所需要的信息。

2. 预定义的组

在 "Active Directory 用户和计算机" 控制台窗口中，分别打开 Builtin、Users 文件夹，可以查看系统预定义的组。这些组都是安全组，有不同的权限，Builtin 文件夹中为预定义的本地组，Users 文件夹中为预定义的全局组。用户可以根据实际应用环境来规划网络的域结构，利用预定义的组修改创建自己的组。

位于 Builtin 文件夹中预定义的本地组如图 8-17 所示，其各组名称及权限如下：

- Account Operators：成员可以管理域用户账户和组账户。
- Administrators：管理员有对域控制器的完全访问控制权。
- Backup Operators：备份操作员只能用备份程序将文件和文件夹备份到计算机上。
- Guests：来宾可以操作计算机并保存文档，但不能安装程序，不能对系统文件或设置进行可能有破坏性的改动。

- Pre-Windows 2000 Compatible Access：允许访问在域中所有用户和组的读取访问反向兼容组。
- Print Operators：成员可以管理域打印机。
- Replicator：支持域中的文件复制。
- Server Operators：成员可以管理域服务器。
- Users：用户可以操作计算机并保存文档，但不能安装程序及对系统文件和设置进行可能有破坏性的改动，不能运行大多数旧版应用程序。

位于 Users 文件夹中预定义的全局组如图 8-18 所示，其各组名称及权限如下：

- Cert Publishers：企业认证和续办代理。
- Domain Admins：指定的域管理员。
- DNS Update proxy：允许替其他客户执行动态更新的 DNS 客户。
- Domain Computers：加入到域中的所有工作站和服务器。
- Domain Controllers：域中所有的域控制器（一台或多台）。
- Domain Guests：域的所有来宾账户。
- Domain Users：所有的域用户账户。
- Enterprise Admins：企业的指定系统管理员。
- Group Policy Creator Owners：这个组中的成员可以修改域的组策略。
- Schema Admins：架构的指定系统管理员。

图 8-17　预定义的本地组

图 8-18　预定义的全局组

3. 加入到域中的计算机

在 "Active Directory 用户和计算机" 控制台窗口中，打开 Computers 文件夹，可以查看加入到域中的计算机列表。域用户账户只能从已经加入到域中的工作站计算机上登录。

8.2　组织单位的管理

在 Windows Server 2003 中，活动目录服务将域又细分成组织单位。组织单位是一个逻辑单位，是一个可将用户和组账户、计算机、文件与打印机等资源对象放入其中的 Active Directory 容器。组织单位中还可以再划分下级组织单位。组织单位具有继承性，子单位能够继承父单位的组策略设置。每一个组织单位可以有自己的管理员，从而实现了对资源和用户的分级管理。

8.2.1 添加组织单位

在域中合理地添加和设置组织单位，不仅方便了管理员对域中用户和组的管理，而且还有利于网络的扩展。要添加组织单位，可以选择"开始"→"程序"→"管理工具"→"Active Directory 用户和计算机"命令打开"Active Directory 用户和计算机"窗口，在控制台目录树中双击以展开节点，右击域节点或者可添加组织单位的节点，从弹出的快捷菜单中选择"新建"→"组织单位"命令，弹出"新建对象－组织单位"对话框（如图 8-19 所示），在"名称"文本框中输入新建组织单位的名称，然后单击"确定"按钮。

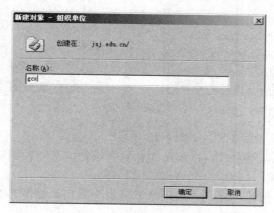

图 8-19　创建组织单位

8.2.2 删除组织单位

当域中的某个组织单位不再发挥作用时，管理员可将其删除，以免影响对其他组织单位的管理。要删除不再需要的组织单位，可以打开"Active Directory 用户和计算机"窗口，在控制台目录树中双击域节点以展开节点，然后右击要删除的组织单位，并从弹出的快捷菜单中选择"删除"命令，系统会打开确认对话框，单击"是"按钮。

8.2.3 设置组织单位的属性

组织单位被添加之后，还应该根据需要设置其属性。通过设置组织单位的属性，不但可以指定组织单位的管理者和常规属性，还可以为组织单位创建组策略。要设置组织单位的属性，可参照下面的步骤：

（1）打开"Active Directory 用户和计算机"窗口。

（2）在控制台目录树中双击域节点以展开该节点。

（3）右击要设置属性的组织单位，从弹出的快捷菜单中选择"属性"命令，打开该组织单位的属性对话框，如图 8-20 所示。

（4）选择"常规"选项卡，在"描述"文本框中输入组织单位的描述文字，并在"国家（地区）"、"省/自治区"、"市县"、"街道"和"邮政编码"文本框中分别输入相应信息。

（5）选择"管理者"选项卡，如图 8-21 所示，单击"更改"按钮，在"选择用户或联系人"对话框中选择一个用户或联系人作为管理者；单击"属性"按钮，可查看管理者的属性；

如果要清除管理者，则单击"清除"按钮。

图 8-20 "常规"选项卡

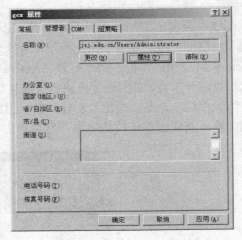

图 8-21 "管理者"选项卡

（6）选择"组策略"选项卡，如图 8-22 所示。

（7）要新建一个组策略对象，则单击"新建"按钮，在"组策略对象链接"列表框中会出现一个新的组策略对象，请输入一个有意义的名称。

（8）单击"编辑"按钮，打开"组策略编辑器"窗口，如图 8-23 所示。

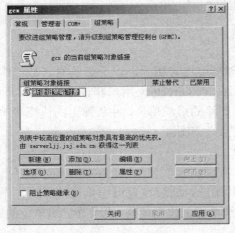

图 8-22 "组策略"选项卡

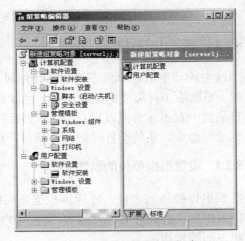

图 8-23 "组策略编辑器"窗口

（9）在其中管理员可对组策略进行设置，包括计算机配置和用户配置两个方面。编辑完毕后关闭窗口。

（10）单击属性对话框中的"关闭"按钮。

8.3 用户账户的管理

账户用来记录用户的用户名和密码、隶属的组、可以访问的网络资源，以及用户的个人信息和设置等。每个用户都必须有一个账户，以便用该账户来登录域并访问网络上的资源；或利用该账户登录到某台计算机，并且访问该计算机内的资源。下面将介绍用户账户的概念以及如何添加、设置用户账户。

8.3.1 用户账户的类型

Windows Server 2003 支持的用户账户分为两种类型：域用户账户和本地用户账户。

（1）域用户账户。域用户账户建立在域控制器的 Active Directory 数据库内。用户可以利用域用户账户从工作站登录域并访问网络上的资源，例如访问网络上的文件、打印机等资源。

当用户利用域用户账户登录时，由域控制器根据活动目录来验证用户所输入的用户名与密码是否正确。

将用户账户建立在某台域控制器内后，该账户数据会被自动复制到同一个域内的其他所有域控制器中。因此，当该用户登录时，此域内的任一域控制器都可以负责审核用户的身份。

（2）本地用户账户。本地用户账户建立在 Windows Server 2003 独立服务器、Windows Server 2003/ Windows 2000 成员服务器或 Windows XP 计算机的本地安全数据库内，而不是域控制器内。用户可以利用本地用户账户来登录此计算机，但是只能访问该计算机内的资源，无法访问域结构网络上的资源。

本地用户账户只存在于这台计算机内，Windows Server 2003 不会将其复制到域控制器的 Active Directory 内。

当用户利用本地用户账户登录时，这台计算机将根据本地安全数据库来验证用户名与密码是否正确。

在此建议用户最好不要在 Windows Server 2003 成员服务器或已加入域的 Windows 系统计算机内建立本地用户账户，因为无法通过域内其他任何一台计算机来使用这些账户和设置这些账户的权限。这些账户无法访问域上的资源，同时域系统管理员也无法管理这些本地用户账户。因此，在域结构的网络中最好使用域用户账户。

8.3.2 内置的用户账户

当 Windows Server 2003 安装完毕后，将自动建立一些内置的账户，其中常见的几个账户是：

（1）Administrator（系统管理员）。Administrator 拥有最高的权限，可以用它来管理计算机与域内的设置，例如建立、更改、删除用户与组账户、设置安全策略、设置用户账户的权限等。如果从安全角度考虑，不想让他人知道该账户的名称，可以将其改名，但是无法将其删除。

（2）Guest（客户）。Guest 是供临时用户使用的账户，例如提供给偶尔需要登录或者仅登录一次的用户使用。这个账户只有基本权限。可以更改此账户的名称，但是无法将这个账户删除。该账户默认是禁用的，若要使用，请将其启用。

（3）IUSR_计算机名（Internet 来宾账户）。这是安装 IIS 时系统自动建立的一个内置账号，主要用于匿名访问 WWW 服务器。

（4）IWAM_计算机名（启动 IIS 进程账户）。这是安装 IIS 时系统自动建立的一个内置账号，主要用于启动进程外应用程序的 Internet 信息服务。

8.3.3　建立域用户账户

可以使用"Active Directory 用户和计算机"管理单元来建立域用户账户。当使用这个管理单元建立账户时，这个账户会建立在 MMC 控制台所找到的第一台域控制器内，以后该账户会自动被复制到此域内的所有域控制器中。

在创建域用户账户时，Active Directory 都会为其建立一个唯一的安全识别码（SID，Security Identifier），Windows Server 2003 系统内部利用这个 SID 来代表该域用户账户，有关权限的设置都是针对 SID 的，而不是针对账户名称的。

SID 不会被重复使用，即使将某个账户删除后，再添加一个相同名称的账户，它也不会拥有原来那个账户的权限，因为它们的 SID 不同，对 Windows Server 2003 系统而言，它们是不同的两个账户。

在建立用户账户时，先打开一个组织单位，以便将用户账户建立到该组织单位内。可以将账户建立在内置的 Users 组织单位或其他自行创建的组织单位内。

建立域用户账户的步骤如下：

（1）打开"Active Directory 用户和计算机"窗口，双击域名（jsj.edu.cn），然后右击 syzx 组织单位，再从弹出的快捷菜单中选择"新建"→"用户"命令，当出现如图 8-24 所示的对话框时，进行以下设置：

- 姓与名：至少在这两个文本框之一中输入信息。
- 姓名：用户的全名，默认是前面的姓与名二者的组合。
- 用户登录名：这是用户用来登录域所使用的名称。在 Active Directory 内，这个名称必须是唯一的。
- 用户登录名（Windows 2000 以前版本）：这个名称可以被 Windows 2000 以前版本的用户使用。

以图 8-24 所示为例，"张三"在 Windows Server 2003、Windows 2000 计算机上登录域时，其所使用的用户账户名为 zs@jsj.edu.cn，而 zs 是用户从 Windows 2000 以前版本计算机上登录时使用的用户账户名。

（2）单击"下一步"按钮，将出现图 8-25 所示的对话框。

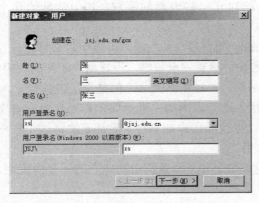

图 8-24　"新建对象－用户"对话框（一）

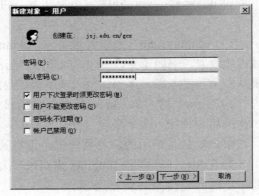

图 8-25　"新建对象－用户"对话框（二）

- 密码与确认密码：在"密码"与"确认密码"文本框中输入密码。为了避免在输入时被他人看到，框中的密码只会以星号（*）显示。密码最多为 128 个字符。密码的大小写是有区别的，例如 abc@126.com 与 ABC@126.COM 是不同的密码。

    需要注意的是，对于域用户帐户的密码设置，需要满足密码策略的要求，默认密码策略的要求包括：用户密码的长度要求是至少 7 位，密码复杂性要求必须满足包含小写字母、大写字母、数字和特殊字符这 4 类符号中的至少 3 类。

- 用户下次登录时须更改密码：强迫用户在下次登录时必须更改密码。该项设置可以确保只有该用户知道此密码，提高了用户账户的安全性。

- 用户不能更改密码：它可避免用户更改密码，如果多人共享一个账户时，则选择此复选框，避免账户被某个用户更改密码后造成其他用户都无法登录的情况。

- 密码永不过期：若选择此复选框，则系统永远不会要求该账户更改密码，即使在"账户策略"的"密码最长存留期"中设置了所有账户必须定期更改密码，系统也不会要求该账户更改密码。若同时选择了"用户下次登录时须更改密码"与"密码永不过期"复选框，则以"密码永不过期"为有效设置。

- "账户已禁用"：禁止用户利用此账户登录，例如对于某个请长假的员工的账户，可以利用此选项暂时将该账户禁用。

（3）单击"下一步"按钮后提示用户账户的信息，最后单击"完成"按钮。

所有新建的域用户账户都可以用来在网络上从已加入域的计算机上登录，却无法直接在域控制器上登录，除非被赋予"允许在本地登录"的权力。

8.3.4　域用户账户的属性设置

每个域用户账户都有一些相关的属性可供设置，例如地址、电话、传真、电子邮件、账户有效期限等。以后，可以通过这些信息来查找 Active Directory 内的域用户账户，例如可以通过电话号码来查找。

要设置域用户账户的属性，则选择该用户并右击，在弹出的快捷菜单中选择"属性"选项，弹出如图 8-26 所示的"属性"对话框。下面只说明部分选项，其余选项将在后面相关的章节中介绍。

1.　用户个人信息的设置

用户个人信息是指姓名、地址、电话、传真、移动电话、公司、部门、职称、电子邮件、Web 页等。有如下几个选项卡：

- 常规：用来设置姓、名、显示名称、描述、办公室、电话号码、电子邮件和 Web 页等信息。

- 地址：用来设置国家（地区）、省/自治区、市/县、街道、邮政信箱和邮政编码等信息。

- 电话：用来设置家庭电话、寻呼机、移动电话、传真、IP 电话等信息。

- 单位：用来设置职务、部门、公司、经理和直接下属等信息。

2.　账户信息的设置

选择"账户"选项卡，如图 8-27 所示。有一部分账户信息的设置在添加用户账户时就已经涉及到了，在这里仅介绍用户账户的"登录时间"、"登录到"、"账户过期"等设置。

图 8-26 "属性"对话框

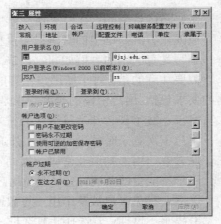

图 8-27 "账户"选项卡

（1）账户过期：设置账户的有效期限，默认为账户永不过期，也可以选择"在这之后"单选框，并确定账户过期的时间。

（2）登录时间："登录时间"按钮用来设置允许用户登录到域的时段，默认为用户可以在任何时段登录域。设置时，单击"登录时间"按钮，将弹出如图 8-28 所示的对话框。

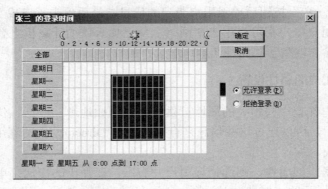

图 8-28 "登录时段"设置

图中横轴每一方块代表一个小时，纵轴每一方块代表一天，填充的方块表示允许该用户登录的时段，空白的方块代表该时段不允许此用户登录。

选择要设置的时段，若单击"允许登录"单选框，则设置允许用户在该时段内登录；若单击"拒绝登录"单选框，则设置不允许用户在该时段内登录。完成用户登录时段的设置，如图 8-28 所示。

当用户在允许使用的时段内登录连接，并且一直连接到超过允许使用的时段时，可能出现两种情况：

● 用户可以继续访问已经连接的资源，但是不允许再进行任何新的连接，而且用户注销后，就无法再次登录连接了。

● 强迫中断用户的连接。

至于会发生哪一种情况，根据在"组策略"→"计算机配置"→"Windows 设置"→"安全设置"→"本地策略"→"安全选项"→"网络安全：在超过登录时间后强制注销"中的设置而定。

（3）限制用户的登录工作站。"登录到"按钮用来设置允许用户登录到域的工作站，系统默认用户可从任何一台域中的工作站登录，也可以限制用户只能从某几台域中的工作站登录。设置时，单击"登录到"按钮，弹出如图 8-29 所示的"登录工作站"对话框。若要限制用户只能从某几台计算机登录，则选择"下列计算机"单选框，并在"计算机名"文本框中输入该计算机名称，然后单击"添加"按钮，最后单击"确定"按钮完成设置。

图 8-29 设置允许登录的工作站

8.3.5 管理域用户账户

打开"Active Directory 用户和计算机"窗口，选定用户账户并右击，打开如图 8-30 所示的快捷菜单，然后选择相应的命令来管理域用户账户。

图 8-30 管理域用户账户

（1）复制。可以复制具有类似属性的账户。

（2）禁用账户/启用账户。若账户在某一段时间内不使用，则可以将其禁用；待需要使用时，再将其启用。图 8-30 中列出的是"禁用账户"命令，如果该账户已被禁用，则此处的命令会变为"启用账户"。

（3）重命名。可以将用户账户重命名，由于其安全识别码（SID）并没有改变，因此该账户的属性、权限设置与组关系都不会受到影响。

（4）删除账户。可以将不再使用的账户删除，以免占用 Active Directory 的空间。将账户删除后，即使再添加一个相同名称的账户，这个新账户也不会继承原账户的属性、权限、设置与组关系，因为它们具有不同的 SID，是两个不同的账户。

（5）重设密码。当用户遗失密码或密码过期时，可以利用此命令为用户重新设置密码。

（6）解除被锁定的账户。在账户策略中可以设置用户输入密码失败多次时将该账户锁定。若用户账户被锁定，可以在"Active Directory 用户和计算机"窗口中选定该用户并右击，再从弹出的快捷菜单中选择"属性"命令，在弹出对话框的"账户"选项卡中取消对"账户已锁定"复选框的勾选。

8.3.6 创建本地用户账户

本地用户账户是建立在 Windows 独立服务器或成员服务器的本地安全数据库内，而不是建立在域控制器内。用户可以利用本地用户账户登录该账户所在的计算机，但是无法登录域，同时也只能访问这台计算机内的资源，无法访问域结构网络上的资源。在域控制器中不能创建本地用户账户。

建议只在未加入域的计算机内建立本地用户账户，而不要在成员服务器或已加入域的计算机内建立本地用户账户。因为无法通过域内其他的任何一台计算机来访问这些账户和设置这些账户的权限，这些账户无法访问域上的资源，同时域系统管理员也无法管理这些本地用户账户。在域结构的网络中，最好都使用域用户账户。

创建本地用户账户的方法是，单击"开始"→"设置"→"控制面板"命令，再双击"管理工具"→"计算机管理"→"系统工具"→"本地用户和组"，右击"用户"并从弹出的快捷菜单中选择"新用户"命令，其属性的设置类似于域用户账户的设置。

8.4　组的建立

在 Windows Server 2003 网络中，可以通过组对网络中的多个对象进行管理。组是 Active Directory 或本地计算机的对象，它可以包含用户和其他组。利用组可以管理用户对共享资源的访问，例如 Active Directory 对象及其属性、网络共享位置、文件、目录、打印机等。可以将具有相同权限的用户规划到一个组中，使这些用户成为该组的成员，然后通过赋予该组权限来使其中每一个成员都具有相应的权限；或者创建用户时，只要将其加入组，则该用户就具有此组所拥有的权限，而不需要替每个用户分别设置权限，简化了网络的管理。

本节将介绍组的一些概念以及如何添加、设置或管理组。

8.4.1 组的类型

Windows Server 2003 所支持的组分为两种类型：

（1）安全组。

安全组可以用来设置权限，简化网络的维护和管理。例如，可以设置某个安全组对一些文件具备"读取"的权限。安全组也可以用在与安全无关的任务上，例如将电子邮件发送给某个安全组。

（2）通讯组。

通讯组只能用在与安全无关的任务上，例如可以将电子邮件发送给某个通讯组。通讯组不能用于权限的设置与管理。

8.4.2　组的作用域

每个安全组和通讯组均具有作用域，在 Windows Server 2003 域内，有 3 类不同的作用域：

（1）全局组。

全局组主要用来组织用户，可以将多个权限相似的用户账户加入到同一个全局组内。全局组的特点如下：

- 全局组内的成员只能包含该组所属的域内的用户账户与全局组。也就是说，只能将同一个域内的用户账户与其他全局组加入到全局组内。
- 全局组可以访问任何一个域内的资源。也就是说，可以在任何一个域内设置某个全局组的使用权限，以便让此全局组具备权限来访问该域内的资源。

（2）本地域组。

本地域组主要用来指派其所属域内的访问权限，以便可以访问该域内的资源。本地域组的特点如下：

- 本地域组内的成员能够包含任何一个域内的用户账户、通用组、全局组，它也能够包含同一个域内的本地域组，但是无法包含其他域内的本地域组。
- 本地域组只能访问本域内的资源，无法访问其他不同域内的资源。换句话说，在设置本地域组的权限时，只可以设置本域内资源的权限，而无法设置其他不同域内资源的权限。

（3）通用组。

通用组主要用来指派在所有域内的访问权限，以便可以访问每一个域内的资源。通用组的特点如下：

- 通用组内的成员能够包含任何一个域内的用户账户、通用组、全局组，但是它无法包含任何一个域内的本地域组。
- 通用组可以访问任何一个域内的资源。也就是说，可以在任何一个域内设置通用组的权限，以便让此通用组具备权限来访问该域内的资源。

Windows Server 2003 的域模式分为混合模式和本机模式两种，只有在本机模式下才支持通用组；也只有在本机模式下，全局组内的成员才可以包含另一个全局组。当建立域后，系统默认的模式为混合模式。

在单一域的网络环境下，利用组来管理网络资源时，为了便于管理，建议采用以下准则：

- 建立一个全局组，然后将具备相同权限的用户账户加入到该组内。例如将计算机学院所有教师的用户账户加入到一个称为 jsjxy 的全局组内。
- 建立一个本地域组，设置该组对某些资源具备适当的权限。例如有一台彩色打印机供部分用户使用，则可以建立一个称为 CP 的本地域组。
- 将所有需要该资源访问权限的全局组加入到本地域组内。例如将 jsjxy 全局组加入到 CP 本地域组内。

● 为此本地域组指定适当的权限。例如让 CP 本地域组对彩色打印机具有使用权限。

也就是将用户账户加入到全局组内，再将此全局组加入到本地域组内，最后指派适当的权限给此本地域组。经过这些步骤后，上述用户账户就会具备相应的权限，完成设置。

8.4.3 域组的管理

打开"Active Directory 用户和计算机"窗口，添加、删除与管理域组。

1. 域组的添加、删除与更名

添加域组的步骤如下：

（1）在"Active Directory 用户和计算机"控制台窗口中选择域名或某个组织单位并右击，从弹出的快捷菜单中选择"新建"→"组"命令，弹出如图 8-31 所示的对话框。

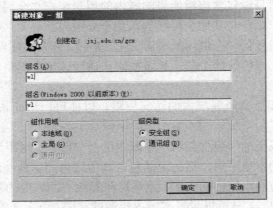

图 8-31 "新建对象－组"对话框

（2）在"组名"文本框中输入域组的名称，在"组名（Windows Server 2000 以前版本）"文本框中输入供旧版操作系统访问的组名。

（3）在"组作用域"区域中选择组的作用域：本地域、全局、通用。

（4）在"组类型"区域中选择组的类型：安全组、通讯组。

（5）单击"确定"按钮，完成域组的创建。

每个域组账户创建时，系统都会为其建立一个唯一的安全识别码（SID），在 Windows Server 2003 系统内部是利用这个 SID 来表示该域组，有关权限的设置也都是针对 SID 的。

可以选择域组账户并右击，再从弹出的快捷菜单中选择"重命名"命令来更改域组账户名。由于更改名称后，在 Windows Server 2003 内部的安全识别码（SID）并没有改变，因此该域组账户的属性、权限等设置都不变。

也可以选择要删除的域组账户并右击，再从弹出的快捷菜单中选择"删除"命令将域组账户删除。域组账户被删除后，即使添加一个相同名称的域组账户，也不会继承前一个被删除域组账户的属性和权限等设置。因为，虽然新域组账户的名称与被删除的域组账户名称相同，但其 SID 不同，它们实际上是两个不同的域组账户。

2. 添加域组的成员

要将域用户账户和域组账户加入到域组内，可以在"Active Directory 用户计算机"窗口中双击打开域或某组织单位，在所选的域组上右击，从弹出的快捷菜单中选择"属性"命令，在弹出对话框的"成员"选项卡中单击"添加"按钮,如图 8-32 所示,在弹出的"选择用户、联系人或计算机"对话框中单击"高级"按钮,再单击"立即查找"按钮,在"搜索结果"列表框中选定要被加入的成员,单击"确定"按钮,再单击"确定"按钮完成设置。

图 8-32　在域组中添加成员

8.4.4　本地组的创建

本地组是建立在独立服务器或成员服务器的本地安全数据库内,而不是建立在域控制器内。本地组只能访问此组所在计算机内的资源,无法访问网络上的资源。在域控制器中不能创建本地组账户。

建议只在未加入域的计算机内建立本地组账户,而不要在加入域的计算机内建立本地组账户。因为无法通过域内其他的任何一台计算机来访问这些组账户和设置这些组账户的权限,因此这些组账户无法访问域上的资源,同时域系统管理员也无法管理这些本地组账户。

创建本地组账户的方法是,选择"开始"→"设置"→"控制面板"命令,再双击"管理工具"→"计算机管理"→"系统工具"→"本地用户和组",右击"组"并从弹出的快捷菜单中选择"新建组"命令,弹出"新建组"对话框,在"组名"文本框中输入新建的本地组账户名,也可以单击"添加"按钮来添加组的成员,最后单击"创建"按钮。

8.4.5　内置的组

Windows Server 2003 域内含多个内置的组,包括本地域组、全局组与系统组。而独立服务器、成员服务器和域的其他成员计算机内则包含了一些内置的本地组与系统组。这些组本身已被赋予了相应的权限,只要将用户或全局组等账户加入到这些内置的本地域组中,这些账户也将具有相应的权限。

8.5　从工作站登录域结构的网络

Windows Server 2003 独立服务器、Windows 2000 或 Windows XP 等计算机在加入域后,便可以登录域结构网络、访问域内的资源并参予域的管理。可以在安装 Windows 时就将其加入域，也可以在系统安装完成后再加入域。下面说明安装完成后加入、登录域的方法。

（1）在 Windows Server 2003 独立服务器、Windows 2000 或 Windows XP 等计算机上设置 IP 地址、子网掩码和默认网关，如分别配置为 192.168.0.2～192.168.0.253、255.255.255.0、192.168.0.254。首选 DNS 服务器地址指向域控制器的 IP 地址，如 192.168.0.1。

（2）右击"我的电脑"图标，选择"属性"命令，然后从弹出的"系统属性"对话框中选择"计算机名"选项卡，单击"更改"按钮，弹出如图 8-33 所示的对话框，选择"域"单选框并输入要加入的域名，如 jsj.edu.cn，然后单击"确定"按钮。

（3）弹出如图 8-34 所示的对话框，输入域用户账户名与密码，该域用户账户必须具备"在域中添加工作站"的权力，如 administrator 账户，然后单击"确定"按钮。

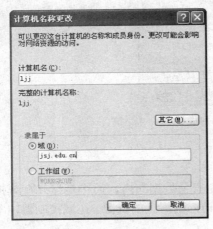

图 8-33　加入域

图 8-34　输入域用户账户

（4）若成功加入域，则会出现"欢迎加入 jsj.edu.cn 域"的提示，如图 8-35 所示，单击"确定"按钮。

（5）重新启动计算机，在"登录"对话框中单击"选项"按钮，在展开的"登录到"下拉列表框中选择 JSJ 域名，如图 8-36 所示；输入域用户账户的名称和密码；最后单击"确定"按钮登录域控制器。

图 8-35　成功加入域

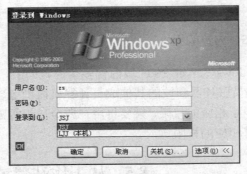

图 8-36　登录域控制器

一旦加入域，该计算机的完整计算机名称将会改变，在其末尾附加上域的名称，如 ljj.jsj.edu.cn。

习题八

一、选择题

1. 关于组的叙述以下说法正确的是（　　）。

    A. 组中的所有成员一定具有相同的网络访问权限

    B. 组只是为了简化系统管理员的管理，与访问权限没有任何关系

    C. 创建组后才可以创建该组中的用户

    D. 组账号的权限自动应用于组内的每个用户账号

2. 目录数据库是指（　　）。

    A. 操作系统中外存文件信息的目录文件

    B. 用来存放用户账号、密码、组账号等系统安全策略信息的数据文件

    C. 网络用户为网络资源建立的一个数据库

    D. 为分布在网络中的信息而建立的索引目录数据库

3. 安装 Windows Server 2003 后，系统自动创建的 Guest 账号是（　　）。

    A. 全局账号　　　　　B. 本地账号　　　　　C. 系统管理员账号　　D. 来宾账号

二、填空题

1. 在 Windows Server 2003 中安装活动目录可以通过执行"开始"→"运行"命令，再输入命令_____实现。

2. 活动目录安装完毕后，要检查 DNS 服务器中的_____记录是否完整。

3. 要将一台计算机加入域，首先需要将其_____指向域控制器的 IP 地址。

三、简答题

1. 什么是 Active Directory？

2. 如何在域中新建一个用户账户？

3. Windows Server 2003 的哪些版本可以安装 Active Directory？

4. 系统内置的用户和组账户有哪些？

5. 组织单位、组有什么不同？

6. 在 Windows Server 2003 中，怎样添加、删除和设置组、用户账户以及组织单位？

7. 域用户账户与本地用户账户有哪些异同？

8. 组有哪些类型，各有什么特点？组的作用域有哪些，各有什么特点？

四、操作题

1. 在局域网中选取一台系统为 Windows Server 2003 的计算机进行活动目录的安装，再在活动目录中创建一个组织单位和若干用户账户，并设置账户只能在每天的 9:00～17:00 才能登录到域。

2. 将两台计算机加入到域，并用系统管理员账号登录。

第9章　目录与文件权限的管理

本章主要介绍 NTFS 文件系统和 FAT 文件系统的目录与文件权限的管理。通过本章的学习，读者应掌握以下内容：

- 设置目录共享
- 文件和文件夹的 NTFS 权限设置
- 用户最终有效权限
- 从工作站连接共享文件夹
- 将共享文件夹发布到 Active Directory

9.1　共享文件夹

在 Windows Server 2003 网络中，用户访问位于其他计算机内的文件夹与文件是相当重要的功能之一。为了达到这个目的，必须使用所谓的"共享文件夹"。

9.1.1　共享文件夹权限的类型

将计算机内的文件夹设为"共享文件夹"后，用户即可通过网络来访问该文件夹内的文件、子文件夹等。不过还必须设置适当的权限，"共享文件夹"权限的类型有 3 种：读取、修改和完全控制。

共享文件夹的权限无法更精确地设置，因此在使用上缺乏灵活性。

9.1.2　建立和管理共享文件夹

在 Windows Server 2003 中，有权力将文件夹设为共享文件夹的账户必是属于 Administrators、Server Operators、Power User 内置组的成员。若文件夹位于 NTFS 磁盘分区内，该账户还至少对此文件夹具备"读取"的 NTFS 权限。

要建立共享文件夹，首先利用 Administrators 账户登录，新建 c:\test 文件夹；然后选择要被共享的文件夹并右击，从弹出的快捷菜单中选择"共享"命令，将弹出如图 9-1 所示的对话框，进行以下设置：

- 共享名：选择"共享此文件夹"单选框，在"共享名"文本框中输入共享名称，其默认与文件夹名称相同，但也可以设为其他不同的名称。网络

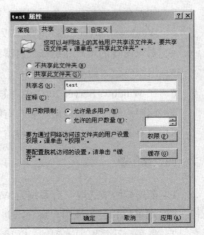

图 9-1　"共享"选项卡

上的用户即可通过该共享名来访问文件夹中的内容。若要停止共享该文件夹，则选择"不共享此文件夹"单选框。

- 注释：可以在此文本框中输入一些说明性的文字。
- 用户数限制：设置从网络上同时与该共享文件夹连接的最多用户数。默认为"允许最多用户"，也就是没有限制；可以选择"允许的用户数量"单选框，并指定允许同时连接的用户数。
- 权限：可以根据需要更改该共享文件夹的权限。
- 缓存：设置如何让用户在脱机时访问该共享文件夹。

如果要将共享文件夹隐藏起来，让用户在浏览网络上的资源时看不到它，则在共享名后加一个"$"字符，如图 9-1 中的 test 可改为 test$。设置隐藏后，虽然在网络上看不到该共享名，但用户只要知道该共享名，即可直接输入路径来访问该共享文件夹。

将文件夹设为共享后，默认 Everyone 组的用户对该共享文件夹具有"读取"的权限。在"共享"选项卡中单击"权限"按钮，弹出如图 9-2 所示的"权限"对话框，可以根据需要修改该共享文件夹的权限。

- 添加用户或组许可：单击"添加"按钮，弹出"选择用户、计算机和组"对话框，单击"高级"按钮展开对话框，然后单击"立即查找"按钮，选择某个用户或组，单击"确定"按钮，再单击"确定"按钮。如图 9-3 所示，添加张三账户对该共享文件夹的访问权限。
- 修改用户或组许可：在"名称"列表框中选择要修改的组或用户账户，然后在"权限"列表框中设置权限。如图 9-3 所示，添加张三账户对该共享文件夹具有"完全控制"的访问权限。
- 删除用户或组许可：在"名称"列表框中选择要删除的组或用户账户，再单击"删除"按钮，如图 9-3 所示。
- 重复上述添加、修改和删除操作，直到满足要求后单击"确定"按钮完成设置。

图 9-2　默认共享访问的权限设置

图 9-3　添加用户许可及权限

9.2　文件与文件夹的 NTFS 权限

在 Windows Server 2003 中，若采用 NTFS 文件系统，除了可以进行文件夹共享及其权限的设置外，还可以设置文件与文件夹的 NTFS 权限。只有具备权限的用户和组才可以访问这些文件与文件夹。

9.2.1 标准 NTFS 权限的类型

可以指派用户、组对文件与文件夹的权限。下面说明标准 NTFS 文件与文件夹权限的类型。

- 读取：此权限可以读取文件的内容、查看文件夹中文件与子文件夹的名称，以及查看文件与文件夹的属性、所有者、权限等。
- 写入：此权限可以覆盖文件、在文件夹内添加文件和子文件夹、改变文件与文件夹的属性，以及查看文件与文件夹的所有者、权限。用户即使拥有此权限，也不可以直接更改文件的内容，只能将该文件整体覆盖掉，因为此权限没有读取文件的属性。
- 读取和运行：它除了拥有"读取"的权限外，还具有运行应用程序的权限。
- 列出文件夹目录：它除了拥有"读取"的权限外，还具有"遍历子文件夹"的权限。
- 修改：它除了拥有"写入"与"读取和运行"的权限外，还具有更改文件的内容、删除文件与文件夹、改变文件与文件夹的名称等权限。
- 完全控制：它拥有所有的 NTFS 权限，也就是除拥有以上的所有权限以外，还具有"取得所有权"的权限。

9.2.2 NTFS 权限的设置

将某个磁盘格式化为 NTFS 文件系统时，系统会自动设置其默认的 NTFS 权限，如图 9-4 所示就是 C:磁盘的默认权限，其中有一部分权限会被其下的文件夹、子文件夹或文件继承。用户可以更改这些默认值。

只有 Administrators 组内的成员、文件与文件夹的所有者以及具备完全控制权限的账户才有权力指派文件与文件夹的 NTFS 权限。因此，可以利用 Administrators 账户登录来设置 NTFS 权限。

下面来说明如何设置文件夹与文件的 NTFS 权限。

1. 指派文件与文件夹的权限

给用户指派文件夹的 NTFS 权限的方法是，单击"开始"→"程序"→"附件"→"Windows 资源管理器"命令，在窗口中右击文件夹，在弹出的快捷菜单中选择"属性"命令，单击"安全"选项卡，如图 9-5 所示（以文件夹 c:\test 为例进行说明），该文件夹已经有一些默认的 NTFS 权限设置，这些设置是从其父项对象（也就是 C:磁盘）继承的，如 Users 组的权限，灰色的对钩表示这些权限是继承的。

要更改权限时，只需选中权限右方的"允许"或"拒绝"复选框。不过，虽然可以更改从父项对象所继承的权限，例如添加其权限或者通过选中"拒绝"复选框删除权限，但是不能直接将灰色的对钩删除，因为这些设置是从其父项对象（C:磁盘）继承的。

如果要指派其他的用户权限，则单击"添加"按钮，再单击"高级"和"立即查找"按钮，然后在如图 9-6 所示的对话框中选择用户或组，最后单击"确定"按钮。

打开如图 9-7 所示的对话框，用户"张三"与"李四"的权限并不是由父项继承的，因此它们的权限可以直接被添加、修改或删除。

如果不想继承父项对象的权限，例如想设置 c:\test 文件夹不要继承 C:磁盘的权限，则单击如图 9-7 所示对话框中的"高级"按钮，弹出如图 9-8 所示的对话框，取消对"允许父项的继承权限传播到该对象和所有子对象，包括那些在此明确定义的项目"复选框的勾选。

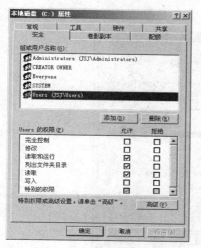

图 9-4　C:磁盘默认的 NTFS 权限

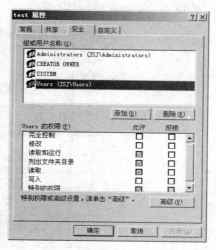

图 9-5　c:\test 继承的 NTFS 权限

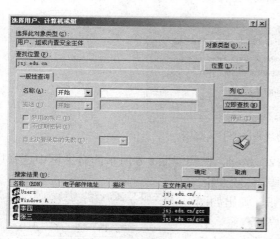

图 9-6　添加指派文件与文件夹权限的用户

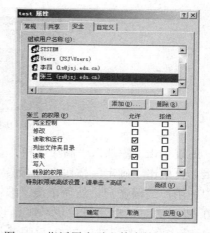

图 9-7　指派用户对文件夹的 NTFS 权限

此时，会出现如图 9-9 所示的对话框，用户可以单击"复制"按钮以便保留原来从父项对象所继承的权限，或者单击"删除"按钮将此权限删除。以后，即可对各项权限任意设置。

2. 特殊权限的指派

前面所叙述的标准 NTFS 权限是为了简化权限的管理而设计的，已经能够满足一般的需求。而用户还可以利用特殊权限更精确地指派权限，以便满足各种不同的权限需求。

要设置文件与文件夹的特殊权限时，请在如图 9-7 所示的对话框中单击"高级"按钮，将弹出如图 9-8 所示的对话框，其中有两个复选框：

- 允许父项的继承权限传播到该对象和所有子对象，包括那些在此明确定义的项目：选择该复选框，表示该文件夹继承其父项的权限设置。
- 用在此显示的可以应用到子对象的项目替代所有子对象的权限项目：选择该复选框，

可以将文件夹内的子对象的权限以该文件夹的权限替代。例如，若文件夹 c:\test 的权限被设置为"读取的权限"，则 c:\test 内的文件与文件夹的权限将被清除，并且重新被设为与 c:\test 相同的权限。

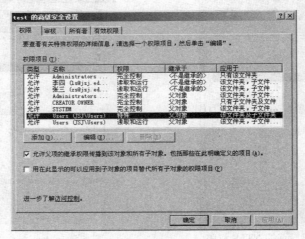

图 9-8　高级安全设置

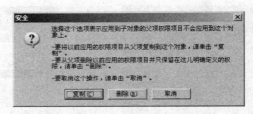

图 9-9　复制或删除 NTFS 权限

通过单击"添加"、"高级"和"立即查找"按钮，在类似图 9-6 所示的对话框中选择用户或组，再单击"确定"按钮；或者选定"权限项目"列表框中的用户或组账户，然后单击"编辑"按钮，弹出如图 9-10 所示的对话框，可以更精确地设置用户的权限。在 9.2.1 节中介绍的标准 NTFS 权限就是这些细项权限的组合，例如标准权限"读取"就是细项权限"列出文件夹/读取数据"、"读取属性"、"读取扩展属性"、"读取权限" 4 个权限的组合。通常情况下，不需要给用户指派特殊权限，只需要设置标准权限即可满足需求。

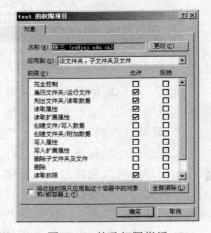

图 9-10　特殊权限指派

在"应用到"下拉列表框中指定应用权限的范围，如应用到"该文件夹"、"子文件夹"或"文件"等。

下面列出特殊权限及其含义：

- 遍历文件夹/运行文件："遍历文件夹"可以让用户即使在无权访问某个文件夹的情况下仍然可以切换到该文件夹内。这个权限设置仅适用于文件夹。另外，只有当用户在"组策略"中没有被赋予"绕过遍历检查"用户权力时，对文件夹的遍历才会生效；"运行文件"让用户可以运行程序文件，该权限设置仅适用于文件，不适用于文件夹。

- 列出文件夹/读取数据："列出文件夹"让用户可以查看该文件夹内的文件与子文件夹的名称（该权限设置仅适用于文件夹）；"读取数据"让用户可以查看文件内的数据（该权限设置仅适用于文件）。
- 读取属性：该权限让用户可以查看文件夹或文件的属性，例如只读、隐藏等属性。
- 读取扩展属性：该权限让用户可以查看文件夹或文件的扩展属性。扩展属性是由应用程序自行定义的，不同的应用程序可能有不同的设置。
- 创建文件/写入数据："创建文件"让用户可以在文件夹内创建文件（该权限设置仅适用于文件夹）；"写入数据"让用户能够修改文件内的数据或者覆盖文件的内容（该权限设置仅适用于文件）。
- 创建文件夹/附加数据："创建文件夹"让用户可以在文件夹内创建子文件夹（该权限设置仅适用于文件夹）；"附加数据"让用户可以在文件的后面添加数据，但是无法更改、删除、覆盖原有的数据（该权限设置只适用于文件）。
- 写入属性：该权限让用户可以更改文件夹或文件的属性，例如只读、隐藏等属性。
- 写入扩展属性：该权限让用户可以更改文件夹或文件的扩展属性。扩展属性是由应用程序自行定义的，不同的应用程序可能有不同的设置。
- 删除：该权限让用户可以删除该文件夹与文件。
- 删除子文件夹及文件：该权限让用户可以删除该文件夹内的子文件夹与文件，即使用户对这个子文件夹或文件没有"删除"的权限，也可以将其删除。
- 读取权限：该权限让用户可以读取文件夹或文件的权限设置。
- 更改权限：该权限让用户可以更改文件夹或文件的权限设置。
- 取得所有权：该权限让用户可以取得文件夹或文件的所有权。无论文件夹或文件的所有者对该文件夹或文件拥有什么权限，他永远具有更改该文件夹或文件权限的能力。

3. 域用户账户默认的 NTFS 权限

将某个磁盘格式化为 NTFS 文件系统时，系统会自动设置其默认的 NTFS 权限，其中有一部分权限会被其下的文件夹、子文件夹或文件继承。下面以文件夹 c:\test 为例来说明域用户账户默认的 NTFS 权限。

单击"开始"→"程序"→"附件"→"Windows 资源管理器"命令，在窗口中右击 c:\test 文件夹，在弹出的快捷菜单中选择"属性"命令，单击"安全"选项卡，如图 9-11 所示，该文件夹已经有一些默认的 NTFS 权限设置，这些设置是从其父项对象（也就是 C:磁盘）继承的，如 Users 组的权限，灰色的对钩表示这些权限是继承的，Users 组对 c:\test 文件夹具有"读取和运行"、"列出文件夹目录"、"读取"和"特别的权限" 4 个权限。

单击"高级"按钮，弹出如图 9-12 所示的"高级安全设置"对话框，在"权限项目"列表框中有两个涉及 Users 组的权限设置，分别单击"编辑"按钮，将弹出如图 9-13 和图 9-14 所示的对话框，可以更精确地查看 Users 组对 c:\test 文件夹默认的 NTFS 权限："遍历文件夹/运行文件"、"列出文件夹/读取数据"、"读取属性"、"读取扩展属性"、"创建文件/写入数据"和"创建文件夹/附加数据"。

所有的域用户账户隶属于 jsj.edu.cn/Users 中的 Domain Users 域组，而 Domain Users 全局

域组又是 jsj.edu.cn/Builtin 中的 Users 本地域组的成员。通过传递，所有的域用户账户对 c:\test
文件夹默认具有"遍历文件夹/运行文件"、"列出文件夹/读取数据"、"读取属性"、"读取扩展
属性"、"创建文件/写入数据"和"创建文件夹/附加数据"的 NTFS 权限。

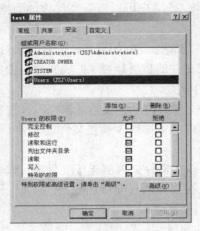

图 9-11　默认继承的 NTFS 权限

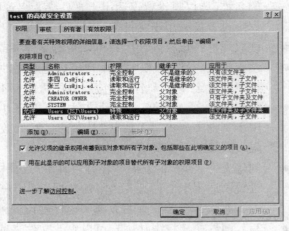

图 9-12　高级安全设置

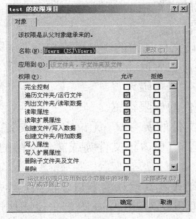

图 9-13　读取和运行的 NTFS 权限

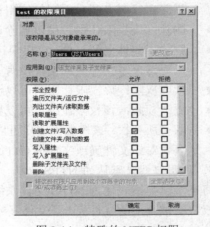

图 9-14　特殊的 NTFS 权限

9.3　用户的有效权限

由于可以给每个用户账户和组账户指派共享文件夹或 NTFS 权限，因此针对某个共享资
源，可能某个用户同时被指派了多个权限。那么，该用户的最终权限如何呢？

例如，若用户 zs 同时隶属于多个组，而用户 zs 与这些组分别被指派了不同的共享文件夹
权限或 NTFS 权限，则用户 zs 最终的有效权限是什么呢？

下面将针对有效权限的相关规则进行说明。

1. 权限的累加性

对于共享文件夹或 NTFS 同类权限而言，用户对某个资源的有效权限是其所有权限来源的

叠加。例如，若用户 zs 同时隶属于 wl 和 qrs 组，并且其权限设置如表 9-1 所示，则用户 zs 最终的有效权限为这 3 个权限的叠加，也就是"读取"、"更改"或"写入"。

表 9-1 权限的累加性

用户或组	对共享文件夹（c:\test）的权限	用户或组	对文件夹（c:\test）的 NTFS 权限
用户 zs	读取	用户 zs	写入
组 wl（网络）	读取、更改	组 wl（网络）	未设置
组 qrs（嵌入式）	未设置	组 qrs（嵌入式）	读取
用户 zs 最终的有效权限为"读取、更改"		用户 zs 最终的有效权限为"写入、读取"	

2. "拒绝"权限将屏蔽所有其他的权限

对于共享文件夹或 NTFS 同类权限而言，虽然用户对某个资源的有效权限是其所有权限来源的叠加，但是只要其中有一项权限被设为拒绝访问，则用户最终的有效权限将是拒绝访问。例如，若用户 zs 同时隶属于 wl 和 qrs 组，并且其权限设置如表 9-2 所示，则用户 zs 最终的有效权限为"拒绝访问"，也就是无权访问此资源。

表 9-2 "拒绝"权限将屏蔽所有其他的权限

用户或组	对共享文件夹（c:\test）的权限	用户或组	对文件夹（c:\test）的 NTFS 权限
用户 zs	读取	用户 zs	写入
组 wl（网络）	读取、更改	组 wl（网络）	拒绝访问
组 qrs（嵌入式）	拒绝访问	组 qrs（嵌入式）	读取
用户 zs 最终的有效权限为"拒绝访问"		用户 zs 最终的有效权限为"拒绝访问"	

在共享文件夹和 NTFS 权限中，并没有一个名称为"拒绝访问"的权限，若要设置"拒绝访问"的权限，则将权限列表中某权限项右边的"拒绝"复选框选中即可。

3. 文件权限覆盖文件夹的权限

如果针对文件夹设置了 NTFS 权限，同时也对该文件夹内的某个文件设置了 NTFS 权限，则以文件的权限设置优先。例如，用户 zs 对 c:\test 文件夹不具有任何权限，但是却对其中的 c:\test\Readme.txt 文件具有"读取"权限，则其仍然可以读取该文件。

4. 共享文件夹与 NTFS 权限的配合

如果共享文件夹位于 NTFS 磁盘分区内，则可以对共享文件夹及其文件设置 NTFS 权限，以便更进一步增强这些文件与文件夹的安全性。

用户能否访问某文件夹或文件，必须根据该共享文件夹权限与 NTFS 权限两者的设置来决定。若同时设置了共享文件夹权限与 NTFS 权限，则最后的有效权限取这两种权限之中最严格的设置。例如，经过权限叠加后，若用户 zs 对共享文件夹 c:\test 的最后有效权限为"读取"，另外经过叠加后，若用户 zs 对该文件夹内的文件 Readme.txt 的最后有效 NTFS 权限为"完全控制"，则用户 zs 对 c:\test\Readme.txt 的最终有效权限为最严格的"读取"。

如果用户 zs 直接从本地登录，而不是通过网络登录，则用户 zs 对 c:\test 的有效权限由默认的 NTFS 权限决定，具有"遍历文件夹/运行文件"、"列出文件夹/读取数据"、"读取属性"、"读取扩展属性"和"创建文件/写入数据"、"创建文件夹/附加数据"的 NTFS 权限（见 9.2.2

节），因为直接由本地登录不受共享权限的约束。

9.4 从工作站连接共享文件夹

用户可以利用网络驱动器来连接、访问网络上的共享文件夹。在将 Windows Server 2003 中的文件夹 test 设为共享文件夹后，客户端可以指定网络驱动盘 Z 映射到该共享文件夹，并通过 Z 盘访问 Windows Server 2003 上共享文件夹 test 中的程序和数据。

映射网络驱动器的方法是，选择"开始"→"程序"→"附件"→"Windows 资源管理器"命令，在打开的窗口中单击"工具"→"映射网络驱动器"命令，弹出如图 9-15 所示的对话框。

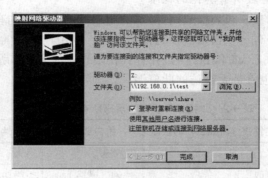

图 9-15　"映射网络驱动器"对话框

- 驱动器：选择要映射该共享文件夹的网络驱动器盘符。
- 文件夹：直接输入共享文件夹的 UNC（Universal Naming Convention）路径，或者单击"浏览"按钮来选择。
- 登录时重新连接：选定此复选框，以后用户每次登录时系统都会自动利用所指定的网络驱动器盘符来连接该共享文件夹。

单击"完成"按钮后即可通过此驱动器盘符来访问该共享文件夹，同时在"我的电脑"和"Windows 资源管理器"窗口中增加了一个 Z 盘驱动器，便于网络资源的访问。

图 9-15 中其他的两个选项说明如下：

- 使用其他用户名进行连接：系统默认是利用登录当前计算机时所输入的用户账户来连接共享文件夹，可以选择"使用其他用户名进行连接"来以其他的用户账户连接共享文件夹。
- 注册联机存储或连接到网络服务器：利用它在"网上邻居"窗口内创建一个快捷方式，通过该快捷方式即可访问该共享文件夹。

9.5 将共享文件夹发布到 Active Directory

可以将共享文件夹发布到 Active Directory，以便网络用户能够很方便地通过 Active Directory 查找和访问该共享资源。例如，要将共享文件夹发布到如图 9-16 所示的 gcx 组织单位内，步骤如下：

（1）将文件夹设为共享文件夹。

（2）选择"开始"→"程序"→"管理工具"→"Active Directory 用户和计算机"命令，打开"Active Directory 用户和计算机"窗口（如图 9-16 所示）；选中 gcx 组织单位并右击，从弹出的快捷菜单中选择"新建"→"共享文件夹"命令，弹出如图 9-17 所示的对话框；在"名称"文本框中输入在 Active Directory 内唯一的共享名，在"网络路径"文本框中输入该共享文件夹所在的网络路径。网络路径应先在"我的电脑"窗口的地址栏中验证其正确性。

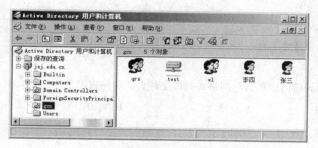

图 9-16 "Active Directory 用户和计算机"窗口

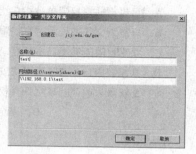

图 9-17 发布共享文件夹

（3）单击"确定"按钮，将共享文件夹发布到活动目录，如图 9-16 中的 test。

（4）将共享文件夹发布到活动目录后，域内的用户不需要知道该共享文件夹是位于哪一台计算机内，即可直接通过活动目录来查找和访问该文件夹。打开"网上邻居"窗口，如图 9-18 所示；单击"搜索 Active Directory"链接，弹出"查找 共享文件夹"窗口，如图 9-19 所示，选择查找"共享文件夹"项，单击"开始查找"按钮；找到共享文件夹后，双击即可打开该共享文件夹。

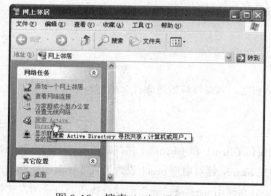

图 9-18 搜索 Active Directory

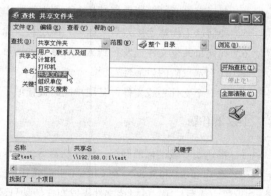

图 9-19 查找共享文件夹

注意，如果域的成员计算机为 Windows Server 2003 系统，双击桌面上的"网上邻居"图标后不会看到如图 9-18 所示窗口中的"网络任务"窗格，因此为了能使用搜索活动目录的功能，需要按照如下步骤操作：单击"开始"→"运行"命令，输入 mmc 命令并单击"确定"按钮，在"控制台"窗口中展开菜单"文件"→"添加/删除管理单元"，单击"添加"按钮，选择"Active Directory 用户和计算机"，单击"添加"按钮，再单击"关闭"和"确定"按钮。展开窗口中的域控制台目录树，右击域节点，从弹出的快捷菜单中选择"查找"命令，即可打开如图 9-19 所示的"查找 共享文件夹"窗口。

习题九

一、选择题

1. 对共享权限描述正确的是（　　）。
   A. 可以把共享权限单独指定给某个文件
   B. 只能为文件夹设置共享权限
   C. 共享权限能够提高本地登录时的资源安全性
   D. 共享权限比 NTFS 权限更安全

2. NTFS 权限只读，共享文件夹权限拒绝访问，那么从网络访问该文件夹的访问权限是（　　）。
   A. 只读　　　　　　B. 完全访问　　　　　　C. 修改　　　　　　D. 拒绝访问

二、填空题

1. 共享文件夹的权限有_____、_____和_____。
2. 所有的域用户账户隶属于域中的_____组。

三、简答题

1. 在 Windows Server 2003 中如何建立和管理共享文件夹？请写出步骤。
2. 在共享文件夹被移动到另一台计算机之后，如何保证对发布的共享文件夹的访问不受影响？
3. 共享文件夹与 NTFS 权限是如何配合的？
4. 怎样可以及时了解用户对共享文件夹及其中文件的访问情况？
5. 如何从工作站连接共享文件夹？简述其步骤。
6. 如何将共享文件夹发布到 Active Directory？
7. 什么是权限的累加性？
8. 对一个文件夹或文件，某用户同时被指派了多个权限，其最终权限遵守什么原则？

四、操作题

1. 搭建如下域结构的网络：域控制器 Server1、域成员 Client1 和 Client2，并在域控制器上创建两个普通域用户账户 user1 和 user2。在 Client1 上创建共享文件夹 Share，针对用户 user1 设置为只读权限和针对用户 user2 设置为读写权限，再将该文件夹发布在活动目录中。分别使用 user1 和 user2 通过查找活动目录的方式访问该共享文件夹，并验证其访问权限。

2. 某公司财务部门在服务器上设置了一个共享文件夹，用于保存财务部门的相关资料。公司希望这些资料只有财务部门的人员才能看到和使用，而其他部门的人员在"网上邻居"中不能看到这个共享文件夹。那么应该怎样设置呢？

第 10 章 用户工作环境的管理

本章主要介绍用户工作环境的管理。通过本章的学习，读者应掌握以下内容：
- 用户配置文件的设置
- 登录脚本的定义
- 主文件夹的设置
- 环境变量的设置与管理
- 磁盘配额的设置与管理

用户的工作环境包含用户桌面上所出现的项目与设置、账户的登录脚本、主文件夹、磁盘配额等。

在 Windows Server 2003 网络中，用户的工作环境有以下几个方面：
- 用户配置文件：用户配置文件内包含着用户自定义的工作环境，例如"桌面"与"开始"菜单等设置。
- 登录脚本：登录脚本是一个非常容易维护的批处理文件（.bat）或可执行文件（.exe/.com），当用户从网络上的任何一台计算机登录时，就会自动运行该用户的登录脚本。
- 主文件夹：用户可以将主文件夹作为存储个人信息的地方，只有该用户和具备 administrator 权限的用户对该文件夹拥有完全的控制权限，其他用户无权访问该文件夹。
- 环境变量：用来设置搜寻路径、临时文件目录等。
- 磁盘配额：限制用户在服务器的硬盘上能够写入的磁盘空间。
- 组策略：如果要进一步控制用户的工作环境，则可以通过 Windows Server 2003 的组策略来设置。例如，用它来限制用户"开始"菜单内的选项、在用户的计算机上自动安装应用程序等。组策略将在下一章中详细介绍。

10.1 用户配置文件

在 Windows Server 2003 内，用户可以通过"用户配置文件"来设置用户的工作环境，以便让用户在每次登录时都可以有一致的工作环境与界面，例如桌面设置、网络驱动器和网络打印机的连接等。

Windows Server 2003 的用户配置文件有以下 4 种：
- 默认用户配置文件：用户账户在第一次登录时会将默认用户配置文件的内容拷贝到指定的文件夹中，作为其用户配置文件。因此，所有的用户在第一次登录时会具有相同的环境和界面。

- 本地用户配置文件：设置存储在本地计算机上的用户配置文件为"本地用户配置文件"。"本地用户配置文件"随不同的计算机而有所不同。也就是说，每个用户在不同的计算机内各有其不同的本地用户配置文件。

- 漫游用户配置文件：设置存储在域控制器中的用户配置文件为"漫游用户配置文件"。用户可以自定义其工作环境，用户注销时其环境的更改会自动回存到此漫游用户配置文件内；用户下次登录时将下载其漫游用户配置文件，以这个更改过的设置为其工作环境。因此，用户通过网络上的任何一台计算机登录时，都能够使用自己的用户配置文件，如同漫游一般。

- 强制用户配置文件：它也是属于"漫游用户配置文件"，不过此配置文件是由系统管理员事先设置好的，用户登录后虽然可以调整其工作环境，但是当用户注销时其环境的更改并不会回存到此强制用户配置文件内，因此使用强制用户配置文件的用户每次登录时都是使用固定不变的工作环境。

"用户配置文件"仅适合于使用 Windows Server 2003、Windows 2000/NT 计算机的用户，对于 DOS、Windows 3x 或 Windows 9x 的用户没有任何作用。因此，若要享有用户配置文件的优点，则网络上所有的工作站应该都是 Windows Server 2003、Windows NT 计算机。

10.1.1 本地用户配置文件

在一台计算机上每个用户账户可以有各自不同的本地用户配置文件，当用户第一次在某台 Windows Server 2003 计算机上登录时，系统将自动为这个用户在此台计算机上新建一个本地用户配置文件。事实上，该本地用户配置文件是由默认用户配置文件复制而来的。

当用户注销时，其任何设置上的更改都将存储到该用户的本地用户配置文件内，而不会影响其他账户。若该用户再次从此计算机登录时，就会以该本地用户配置文件为其工作环境。

本地用户配置文件随计算机的不同而有所不同，也就是说，每个用户在不同的计算机内有其不同的本地用户配置文件。

系统管理员可以选择"开始"→"设置"→"控制面板"命令，再双击"系统"，在弹出的对话框中单击"高级"选项卡，再单击"用户配置文件"区域中的"设置"按钮，从弹出的对话框中查看这台计算机内的用户配置文件，如图 10-1 所示。

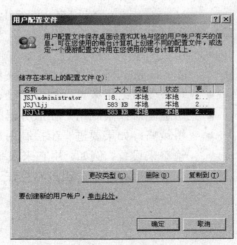

图 10-1 用户配置文件清单

10.1.2 漫游用户配置文件

如果用户希望在网络的任意一台计算机上登录时都能够使用一致的用户配置文件，则可以采用存储在域控制器上的"漫游用户配置文件"。

由于"漫游用户配置文件"存储在域控制器内，用户无论是从网络上的哪台计算机登录，都可以读取该用户配置文件。当用户注销时，其环境的更改会自动回存到域控制器上的该漫游用户配置文件内，因此用户再次登录时就会以这个更改过的最新用户配置文件为其工作环境。给用户呈现的是以漫游的方式登录域。

1. 设置漫游用户配置文件

设置漫游用户配置文件，首先必须在要存储漫游用户配置文件的域控制器上建立共享文件夹；然后给用户指定存储漫游用户配置文件的文件夹；最后，当该用户首次从网络上任意一台计算机登录域时，在指定的文件夹内将自动创建一个初始的漫游用户配置文件。具体步骤如下：

（1）利用 Administrator 在域控制器端登录。

（2）新建一个文件夹，并将其设为共享文件夹，共享名为 profiles，然后设置 everyone 对该共享文件夹有"完全控制"权限。另外，还需要对共享文件夹 profiles 设置 NTFS 权限，让 users 组对其具有写入权限。

（3）选择"开始"→"程序"→"管理工具"→"Active Directory 用户和计算机"命令，打开"Active Directory 用户和计算机"窗口。

（4）选择 SYZX 组织单位内的用户账户"张三"并右击，在弹出的快捷菜单中选择"属性"命令。

（5）在"属性"对话框中选择"配置文件"选项卡，如图 10-2 所示。

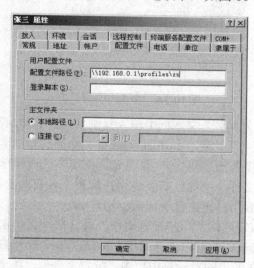

图 10-2 指定账户的配置文件路径

（6）在"配置文件路径"文本框中指定存储该用户配置文件的 UNC 路径\\192.168.0.1\profiles\zs（其中\\192.168.0.1 为服务器地址，也可以使用\\serverljj 计算机名的方式；profiles 为共享文件夹的共享名；zs 为指定的漫游用户配置文件的文件夹名称，建议使用用户账户的名称，并且该文件夹不需要预先创建），完成后单击"确定"按钮。

（7）上述步骤完成后，当用户（zs）第一次在网络上的任意一台计算机登录域时，系统将自动在该 UNC 路径处创建一个初始的漫游用户配置文件。此时该用户配置文件是从默认用户配置文件拷贝而来的；当用户注销时，其桌面设置以及所做的任何更改将被存储到此漫游用户配置文件内。以后该用户在网络上的任何一台计算机登录域时，都会读取该漫游用户配置文件，并以此用户配置文件来设置用户环境。而当用户再次注销时，其环境的更改又会被自动回存到此用户配置文件内。

2. 复制、指定漫游用户配置文件

前面所建立的是一个初始的漫游用户配置文件，其设置是以默认用户配置文件为准，也可以复制某用户的漫游用户配置文件，指定给其他用户使用。

以下步骤是将前面所创建的漫游用户配置文件复制到域控制器上，并指定给其他域用户使用。

（1）利用 Administrator 在域控制器上登录。

（2）选择"开始"→"设置"→"控制面板"命令，再双击"系统"，在弹出的对话框中单击"高级"选项卡，再单击"用户配置文件"区域中的"设置"按钮，弹出如图 10-1 所示的对话框。选定一个用户配置文件，然后单击"复制到"按钮，弹出如图 10-3 所示的对话框。需要注意的是，对于普通域用户账户，只有在域控制器上进行本地登录后，列表中才会出现该用户的配置文件。

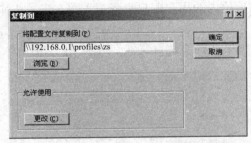

图 10-3 "复制到"对话框

（3）在"将配置文件复制到"文本框中输入复制目标的 UNC 路径\\192.168.0.1\profiles\zs（其中，\\192.168.0.1 为服务器名称；profiles 为共享文件夹的共享名；zs 为指定的漫游用户配置文件的文件夹名称，不需要预先建立）。在"允许使用"区域中单击"更改"按钮，设置让该用户有权限访问此配置文件。例如，若要将用户配置文件复制给用户 zs，则需要通过单击"允许使用"栏旁的"设置"按钮来赋予权限给用户 zs。

（4）单击"确定"按钮返回"用户配置文件"对话框，再单击"确定"按钮。

（5）打开"Active Directory 用户和计算机"窗口，选择 zs 用户并右击，在弹出的快捷菜单中选择"属性"命令，在弹出的对话框中单击"配置文件"选项卡，指定用户使用此漫游用户配置文件。

上述步骤完成后，当用户（zs）在网络上的任意一台计算机上登录域时，就会自动读取该漫游用户配置文件，并以此用户配置文件来设置用户环境。当用户注销时，其所做的任何更改都会被存储到此漫游用户配置文件内。

使用漫游用户配置文件的用户，第一次登录域时，其域控制器端的漫游用户配置文件会被自动复制到本地用户配置文件内。而当用户注销时，其环境的更改除了会被存储到域控制器端的漫游用户配置文件的文件夹外，还会被存储到本地用户配置文件的文件夹内。

用户再次从此计算机登录时，系统会比较域控制器上的漫游用户配置文件与本机内的本地用户配置文件，以决定使用哪个较新的用户配置文件。

- 若本地的比较新，则读取本地用户配置文件。
- 若域控制器上的比较新，则读取域控制器上的漫游用户配置文件。
- 若两者是相同的，则直接使用本地用户配置文件，以提高效率。

不论系统以哪个用户配置文件为准，当用户注销时，其环境的更改都会回存到这两个用户配置文件内。

3. 慢速连接

当用户利用慢速媒介来连接网络时（例如通过电话拨入的方式），在其登录时可能会浪费很多的时间来读取位于域控制器上的漫游用户配置文件（或强制用户配置文件），因此若能够让用户直接读取位于本地的用户配置文件，则可以加快用户登录的速度。

用户可以右击"我的电脑"图标，然后选择"属性"→"用户配置文件"选项，从弹出的对话框中选定其用户配置文件，单击"更改类型"按钮，选定"本地配置文件"选项，即可让用户在以后登录时直接读取本地用户配置文件，但是以后用户所做的环境更改只会存储到本地用户配置文件内，并不会存储到域控制器上的漫游用户配置文件内。

10.1.3 强制用户配置文件

强制用户配置文件也属于漫游用户配置文件之一，只不过用户无法更改此用户配置文件。因此，若要固定用户的环境设置时，可以使用强制用户配置文件。

被设置使用存储在域控制器上的强制用户配置文件的用户，在登录后仍然可以更改当前的工作环境。而注销时，这些更改并不会被回存到域控制器上的强制用户配置文件内，因此用户再次登录时仍旧使用域控制器上原来的强制用户配置文件。

虽然用户所更改的设置并不回存到域控制器上的强制用户配置文件内，但是却会被存储到本机的本地用户配置文件内。下一次用户登录，若服务器上的强制用户配置文件因故无法访问时，则会使用此本地用户配置文件。

由于强制用户配置文件的内容无法更改，因此它也适合于多个用户共享使用一个账户，例如2011级计算机学院的所有学生可以共享使用一个具有强制用户配置文件的账户，任何用户都无法更改其设置。

建立强制用户配置文件的方法与建立漫游用户配置文件的方法类似，只不过在完成后还必须要将该漫游用户配置文件的文件夹中的 Ntuser.dat 文件改名为 Ntuser.man，该漫游用户配置文件就变成了强制用户配置文件。

10.2 登录脚本

所谓登录脚本，就是当用户从 Windows Server 2003 或 Windows 2000/NT 计算机登录时自动执行的程序，类似于 DOS 中的自动批处理脚本（Autoexec.bat）。登录脚本可以是扩展名为.BAT 或.CMD 的批处理文件、扩展名为.EXE 或.COM 的可执行文件，以及利用 Visual Basic 或 JScript 编写的 Windows 脚本。

如果扩展名为.BAT 或.CMD，则系统将会启用 Windows 命令处理器来执行此批处理文件。

批处理文件内可以使用 Windows 所支持的命令（如 NET USE），也可以是一般可执行命令，便于连接网络驱动器、连接网络打印机等网络环境的建立。对 Windows Server 2003、

Windows 2000/NT 客户端，批处理文件与用户配置文件的配合使用使其工作环境变得更容易管理。

此外，在批处理文件内也可以使用表 10-1 中的变量，使登录脚本更灵活方便。

表 10-1　批处理文件中可使用的变量

批处理文件中可以使用的变量名称参数	说明
%HOMEDRIVE%	连接到其主文件夹的网络驱动器盘符
%HOMEPATH%	用户主文件夹的完整路径
%OS%	工作站的操作系统类型
%PROCESSOR_ARCHITECHTURE%	工作站的 CPU 类型
%USERDOMAIN%	用户账户所在的域名
%USERNAME%	用户名

下面是一个简单的批处理文件（login.bat）范例，其中两行命令用来连接网络驱动器。

　　NET　USE　Z:　\\192.168.1.1\home

　　NET　USE　Y:　\\serverljj\profiles

10.2.1　域用户账户的登录脚本

将登录脚本指派给域用户账户的步骤如下：

（1）先创建登录脚本，然后将其复制到域控制器的%systemroot%\sysvol\domainname\scripts 文件夹内（%systemroot%是存储系统文件的文件夹，一般为 c:\windows 文件夹，而 domainname 为域名）。

（2）指定域用户使用此登录脚本，方法为：选择"开始"→"程序"→"管理工具"→"Active Directory 用户和计算机"命令，在窗口中选择"组织单位"→"账户"并右击选择"属性"命令，在弹出的对话框中单击"配置文件"选项卡，如图 10-4 所示，在"登录脚本"文本框中输入登录脚本的文件名（不可以输入完整的路径）。

图 10-4　设置登录脚本的路径

（3）单击"确定"按钮完成设置。以后该用户登录域时就会从域控制器读取该登录脚本并执行。

如果域内有多台域控制器，Windows Server 2003 域控制器会定期将 SYSVOL 文件夹内的数据复制到其他的域控制器。因此将登录脚本放到此文件夹内可以将其自动复制到其他的域控制器内，使得每台域控制器内都有相同的该登录脚本。当该域用户登录时，可以由其中的任意一台域控制器来负责审核用户的账户与密码，并提供登录脚本。

10.2.2 本地用户账户的登录脚本

将登录脚本指派给本地用户账户的步骤如下：

（1）先创建登录脚本，然后将其复制到本地的%systemroot%\system32\repl\import\scripts 文件夹内（若该文件夹不存在，则应自行手动建立）。

（2）指定用户使用此登录脚本，方法为：选择"开始"→"控制面板"命令，再双击"管理工具"→"计算机管理"→"系统工具"→"本地用户和组"→"用户"，然后双击要设置的用户账户，在弹出的对话框中单击"配置文件"选项卡，出现类似图 11-4 所示的对话框，在"登录脚本"文本框中输入登录脚本的文件名。

（3）单击"确定"按钮完成设置。以后该用户登录时就会读取该登录脚本并执行。

10.3 主文件夹

在 Windows Server 2003 网络内，每个域用户都有一个可以存储其个人文件的位置，即"我的文档（My Documents）"文件夹。"我的文档"包含在用户配置文件内，因此域用户若使用存储在域控制器端的漫游用户配置文件，则在登录、注销时会花费时间下载或回存"我的文档"文件夹中的文件。

除了"我的文档"文件夹外，Windows Server 2003 还提供一个可以让用户存储个人文件的文件夹，即"主文件夹"。只有该用户和 administrator 才有权限访问该文件夹，主文件夹并不包含在用户配置文件内。

域用户与本地用户都可以指定主文件夹，主文件夹可以被设置在本地计算机内，也可以设置到网络上某台计算机的共享文件夹内。

（1）单击"开始"→"程序"→"管理工具"→"Active Directory 用户和计算机"命令，在窗口中选择"组织单位"→"账户"并右击选择"属性"命令，在弹出的对话框中单击"配置文件"选项卡，如图 10-5 所示。

（2）设置域用户的主文件夹。通过对话框中的"连接…到"选项，将其主文件夹设置到域控制器内，连接路径为\\192.168.0.1\home\zs，其中 home 文件夹应预先创建，并设为被 Everyone 组完全控制的共享文件夹权限；而 zs 文件夹则不需要预先创建，因为在单击"确定"按钮后系统就会自动创建该文件夹，同时指派相应的权限。设置完成后，当用户 zs 登录域时，其 Z 盘驱动器自动连接到该用户主文件夹（\\192.168.0.1\home\zs），用户可以使用 Z 盘驱动器作为主文件夹来存储数据。

最好不要将域用户的主文件夹设置到本地计算机内，因为系统不会自动建立该文件夹，也不会自动设置其权限，并且用户从另一台计算机登录时，原来的主文件夹就不存在了。

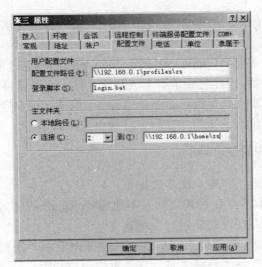

图 10-5　设置主文件夹

　　（3）设置本地用户的主文件夹。通过对话框中的"本地路径"单选框，将其主文件夹设置到所登录的本地计算机硬盘内。它必须使用一般的磁盘路径，例如 C:\Home\ljj，其中的 ljj 文件夹不需要预先建立，单击"确定"按钮后系统就会自动创建该文件夹，同时指派相应的权限。最好不要将本地用户的主文件夹设置到网络上的共享文件夹内，因为系统不会自动建立该文件夹，也无法设置其权限，并且在网络连接失败时，其主文件夹就不存在了。

　　系统在自动建立主文件夹时，若该文件夹已经存在，则会出现错误提示框，此时系统并不会自动设置用户对该文件夹的权限，必须手动设置此权限。

10.4　环境变量的管理

　　在 Windows Server 2003 计算机内，环境变量可以影响计算机如何运行程序、如何查找文件、如何分配内存空间等。

　　Windows Server 2003 的环境变量分为以下两类：

- 系统变量：系统变量适用于所有从此计算机登录的用户。只有具备 administrator 权限的用户才可以添加或更改系统变量。
- 用户变量：每个用户可以自定义用户变量，这个变量只对该用户有效，不会影响到其他的用户。

　　要添加、更改环境变量，可以选择"开始"→"设置"→"控制面板"命令，在窗口中双击"系统"，在弹出的对话框中单击"高级"选项卡，再单击"环境变量"按钮，弹出如图 10-6 所示的对话框，其中上半部分为用户变量区，下半部分为系统变量区。

　　除了系统环境变量与用户环境变量之外，位于 C 盘根目录中的 AUTOEXEC.BAT 文件内的环境变量也会影响这台计算机的有效环境变量设置。如果这 3 处的环境变量设置有冲突，则其有效的环境变量设置的策略如下：

- 若不是 PATH 环境变量，则相同变量设置的优先顺序是：用户变量、系统变量、AUTOEXEC.BAT。用优先变量设置替代其他变量设置。

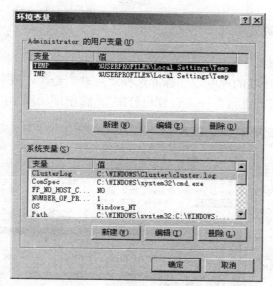

图 10-6 "环境变量"对话框

- 若是 PATH 环境变量，则其设置的优先顺序是：系统变量、用户变量、AUTOEXEC.BAT。但是它是根据优先顺序附加所有的变量设置。例如，若在系统变量区内 PATH=C:\Windows，同时在用户变量区内 PATH=C:\TOOLS，另外在 AUTOEXEC.BAT 内 PATH=D:\DATA，则最后的结果为 PATH=C:\Windows;C:\TOOLS;D:\DATA。

可以选择"开始"→"程序"→"附件"→"命令提示符"命令，打开"命令提示符"窗口，然后运行 SET 命令来查看当前计算机的环境变量设置。

10.5 磁盘配额

在 Windows Server 2003 计算机内，可以利用磁盘配额的功能来跟踪和控制每个用户可用的磁盘空间。磁盘配额的特性如下：

- 磁盘配额是针对单一用户账户来控制和跟踪的。
- 磁盘配额是以文件与文件夹的所有权来计算的。也就是在一个 NTFS 磁盘区内，所有权是属于该用户账户的文件与文件夹，其所占有的磁盘空间都会被计算在内。
- 磁盘配额的计算不考虑文件压缩的因素。虽然在 NTFS 磁盘区内的文件、文件夹可以被压缩，以减少它们占用磁盘的空间，但是磁盘配额的功能在计算用户的磁盘空间总使用量时是以文件的原始大小来计算的。
- 每个 NTFS 磁盘分区的磁盘配额是独立计算的，不论这几个 NTFS 磁盘分区是否在同一个硬盘内。例如，若一个硬盘被划分为 C 与 D 两个 NTFS 磁盘分区，则用户在磁盘 C 与 D 中分别可以有不同的磁盘配额，并且都有效。
- 默认情况下系统管理员不受磁盘配额的限制。

10.5.1　磁盘配额的设置

设置磁盘配额的步骤如下：

（1）右击桌面上的"我的电脑"图标并选择"管理"命令，或者选择"开始"→"控制面板"命令，再双击"管理工具"→"计算机管理"，将出现如图 10-7 所示的窗口。

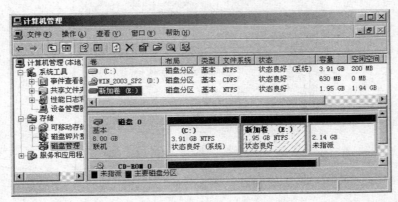

图 10-7　"计算机管理"窗口

（2）在左侧窗格中选择"存储"→"磁盘管理"，右侧窗格中会列出磁盘列表。

（3）选中图 10-7 中要被设置磁盘配额的 NTFS 磁盘分区并右击，从弹出的快捷菜单中选择"属性"命令，弹出"属性"对话框，选中"配额"选项卡，如图 10-8 所示。

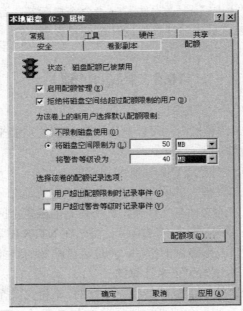

图 10-8　设置磁盘配额

- "启用配额管理"复选框：选择该复选框，启用此磁盘分区的磁盘配额功能。
- "拒绝将磁盘空间给超过配额限制的用户"复选框：若没有选中此复选框，即使用户在此磁盘分区所使用的磁盘空间超过配额限制，用户仍然可以继续将数据存储到此磁盘分区内；若选中此复选框，则当用户账户在此磁盘分区所使用的磁盘空间超过配额限制时，如果用户要再写入数据到此磁盘分区内，将会被系统拒绝，同时屏幕上会弹出如图 10-9 所示的对话框。此时用户可以单击"确定"按钮结束，或者单击"磁盘清理"按钮来清除临时文件、回收站内的文件、脱机文件等数据，以便腾出可用空间。

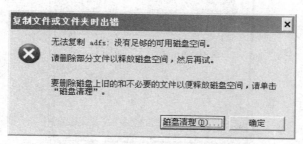

图 10-9　拒绝将磁盘空间给超过磁盘配额的用户

- "为该卷上的新用户选择默认配额限制"区域：用来设置第一次访问此磁盘分区的用户，其磁盘配额的大小为：
  - ➤ "不限制磁盘使用"单选框：若选择该单选框，则用户在此磁盘分区的可用空间不受限制。
  - ➤ "将磁盘空间限制为"单选框：若选择该单选框，则限制用户在此磁盘分区的可用空间，并可在其右边设置限额值。
  - ➤ "将警告等级设为"项：设置用户所使用的磁盘空间的警告值。
- "选择该卷的配额记录选项"区域：用来设置是否记录"用户超出配额限制时记录事件"和"用户超过警告等级时记录事件"。

（4）单击"确定"按钮完成设置。

用户超出配额限制、警告等级时记录的事件，可以通过右击桌面上的"我的电脑"图标，然后选择"管理"→"系统工具"→"事件查看器"→"系统"选项来查看。

10.5.2　查看每个用户的磁盘配额使用情况

在如图 10-8 所示的对话框中，单击"配额项"按钮，得到如图 10-10 所示的窗口。可以查看每个用户的磁盘使用情况，也可以单独设置每个用户可用的磁盘配额空间。

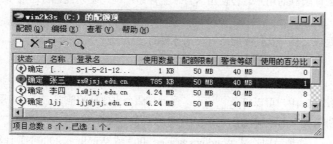

图 10-10　磁盘使用情况列表

如果要更改其中某一个用户的磁盘配额设置，只要双击该用户，然后在弹出的对话框（如

图 10-11 所示）中更改其磁盘配额设置即可。

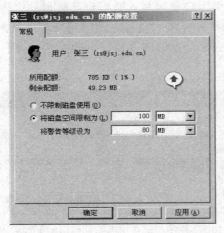

图 10-11　设置某用户账户的磁盘配额

　　如果要对没有出现在图 10-10 列表中的用户进行磁盘配额设置，则选择"配额"→"新建配额项"命令。设置完成后，该用户访问此磁盘时就会受到此处设置的约束。通过磁盘配额的限制，可以避免用户将大量的文件复制到共享服务器的磁盘空间内而造成的资源浪费。

习题十

一、选择题

　　1．公司的办公网络是 Windows Server 2003 域环境。若想使员工无论使用哪台计算机都能获得他在前一次登录时使用的桌面环境，该员工可以修改并保存桌面环境，则使用（　　）能够实现。

　　A．本地配置文件　　　B．漫游配置文件　　　　C．强制配置文件　　　D．临时配置文件

　　2．以下关于磁盘配额的说法中错误的是（　　）。

　　A．可以查看每个用户的磁盘使用情况，也可以单独设置每个用户可用的磁盘配额空间

　　B．若没有选中"拒绝将磁盘空间给超过配额限制的用户"复选框，即使用户在此磁盘分区所使用的磁盘空间超过配额限制，用户仍然可以继续将数据存储到此磁盘分区内

　　C．对设置了磁盘配额的用户，若使用 NTFS 文件系统的压缩功能，可通过压缩进一步增加可用磁盘空间

　　D．磁盘配额是以文件与文件夹的所有权来计算的

二、填空题

　　1．在域结构的网络中，用户可以将_____作为存储个人信息的地方，只有该用户和具备 administrator 权限的用户对该文件夹拥有完全的控制权限，其他用户无权访问该文件夹。

　　2．所谓_____，就是当用户从 Windows Server 2003 或 Windows 2000/NT 计算机登录时自动执行的程序。

　　3．_____也属于漫游用户配置文件之一，只不过用户无法更改此用户配置文件。

三、简答题

1．Windows Server 2003 所提供的用户配置文件主要有哪几种？

2．用户配置文件有几种？各有什么特点？

3．如何设置强制用户配置文件？

4．简述登录脚本的作用。

5．在用户存储文件时，主文件夹和"我的文档"目录有什么不同？

6．在 Windows Server 2003 中如何设置主文件夹？主文件夹如何管理？

7．如何将登录脚本指派给本地用户账户？需要注意什么？

8．有哪几类环境变量？如何设置它们？

9．磁盘配额的作用是什么？如何设置磁盘配额？

10．简述 Windows Server 2003 内的环境变量的内容。当环境变量发生冲突时，其有效的变量设置的策略是什么？

11．如何查看用户磁盘配额的使用情况？

四、操作题

1．搭建如下域结构的网络：域控制器 Server1、域成员 Client1 和 Client2，并在域控制器上创建两个个普通域用户账户 user1 和 user2。针对用户 user1 设置漫游用户配置文件，再使用该用户在 Client1 和 Client2 上登录并修改桌面配置环境，予以验证。针对用户 user2 设置主文件夹，修改其访问权限为读写，并通过磁盘配额将限额设置为 50MB。

2．在网络中有两个共享文件夹，试编写一个开机脚本，使得每次打开计算机时自动将这两个文件夹的内容分别复制到本机不同的文件夹中。

第 11 章　组策略

本章主要介绍组策略的定义和设置。通过本章的学习，读者应掌握以下内容：
● 组策略概述
● 管理模板策略的设置
● Windows 设置策略的管理
● 通过软件设置策略部署应用程序

11.1　组策略概述

组策略（Group Policy）是管理员为用户和计算机定义并控制程序、网络资源及操作系统行为的主要工具。通过使用组策略可以设置各种软件、计算机和用户策略。

组策略以 Windows 中的一个 MMC 管理单元的形式存在，可以帮助系统管理员针对整个计算机或是特定用户来设置多种配置，包括桌面配置和安全配置。例如，可以为特定用户或用户组定制可用的程序、桌面上的内容，以及"开始"菜单中的选项等，也可以在整个计算机范围内创建特殊的桌面配置。简而言之，组策略是 Windows 中的一套系统更改和配置管理工具的集合。

从配置和管理系统的功能上看，注册表与组策略非常相似。早期的 Windows 操作系统中，注册表是一个非常重要的工具，它用来保存系统、应用软件配置的信息。很多配置都是可以自定义设置的，但这些配置发布在注册表的各个角落，而且随着 Windows 功能的越来越丰富，注册表里的配置项目也越来越多，因此手工配置非常困难和麻烦。组策略则将系统重要的配置功能汇集成各种配置模块，供管理人员直接使用，从而达到了方便管理计算机的目的。

因此，可以这样理解，组策略就是修改注册表中的配置。当然，组策略使用自己更完善的管理组织方法，可以对各种对象中的设置进行管理和配置，远比手工修改注册表方便、灵活。

组策略是 Windows Server 2003 操作系统提供的一个关键性的更改和配置管理技术，可以针对站点、域或组织单位设置组策略，这些组策略的设置存储在域控制器的活动目录内。组策略包含"计算机配置"与"用户配置"两部分的设置。

● 计算机配置：当计算机启动时，就会根据"计算机配置"的设置来确定计算机的环境。例如，若针对域 jsj.edu.cn 设置了组策略，则此组策略内的"计算机配置"就会被应用到该域内的所有计算机。

● 用户配置：当用户登录时，就会根据"用户配置"的设置来确定用户的工作环境。例如，若针对域 jsj.edu.cn 设置了组策略，则此组策略内的"用户配置"就会被应用到此域内的所有用户账户。

不管是"计算机配置"还是"用户配置"，其组策略都包含以下 3 个方面的内容：

（1）管理模板：包括 Windows 组件、网络、桌面以及任务栏和"开始"菜单等相关的策略。

（2）Windows 设置：包括脚本、安全设置（账户策略和本地策略）等相关的策略。

（3）软件设置：包括软件安装策略，可以进行应用程序的指派与发布。

除了可以针对站点、域与组织单位设置组策略之外，还可以对每一台 Windows Server 2003 计算机设置"本地组策略"，该组策略只能应用到本地计算机以及在此计算机登录的所有用户。

11.1.1　组策略对象

在域结构网络的模式下，所有的组策略都必须通过建立组策略对象（Group Policy Object，GPO）的方式设置。选择"开始"→"程序"→"管理工具"→"Active Directory 用户和计算机"命令，在弹出的对话框中选择站点、域或组织单位并右击，在弹出的快捷菜单中选择"属性"命令，在弹出对话框的"组策略"选项卡中查看其 GPO 设置值，如图 11-1 所示的 Default Domain Controllers Policy 为域控制器默认的 GPO。

当新建一个 GPO 时，Windows Server 2003 都会为此 GPO 建立一个相对应的组策略模板（GPT，Group Policy Template）文件夹，用于存储 GPO 的数据。GPT 文件夹位于域控制器的 %systemroot%\SYSVOL\sysvol 文件夹内，它将被自动地复制到其他所有的域控制器中。

若在如图 11-1 所示的列表框中创建了多个 GPO，并且这些 GPO 内的设置有冲突时，则以排列在前面的 GPO 设置为优先。

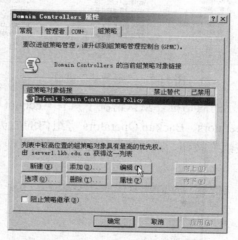

图 11-1　"组策略"选项卡

1. 一般用户默认的组策略

由于 Windows Server 2003 默认只有特殊的用户账户（如 administrator）才能直接在域控制器上登录，而一般账户无法从域控制器上登录，除非他们被赋予"本地登录"的权限。其验证步骤如下：

（1）在域控制器端以 administrator 账户登录。

（2）选择"开始"→"程序"→"管理工具"→"Active Directory 用户和计算机"命令，从弹出的对话框中选中 gcx 组织单位并右击，然后从弹出的快捷菜单中选择"新建"→"用户"命令，添加一个用户账户 ls。

（3）完成后注销 administrator，以 ls 用户账户登录，将出现登录失败的提示"此系统的本地策略不允许您交互登录"。

2. 更改组策略

下面将介绍如何更改组策略。让域内的所有用户账户都可以从域控制器上登录，也就是更改 Default Domain Controllers Policy 设置，让 Domain Users 组内的所有成员都具备"允许在本地登录"的权力，具体步骤如下：

（1）在域控制器端，以 administrator 账户登录。选择"开始"→"程序"→"管理工具"→"Active Directory 用户和计算机"命令，选中 Domain Controllers 并右击，再从弹出的快捷菜单中选择"属性"命令，在弹出的对话框中单击"组策略"选项卡，选定 Default Domain Controllers Policy 选项，然后单击"编辑"按钮。

（2）打开如图 11-2 所示的"组策略编辑器"窗口，依次选择展开"计算机配置"→"Windows 设置"→"安全设置"→"本地策略"→"用户权限分配"，然后双击右侧窗格中的"允许在本地登录"选项。

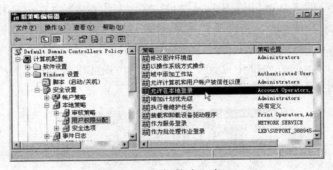

图 11-2　"组策略"窗口

（3）弹出如图 11-3 所示的对话框，默认情况下只有 Account Operators、Administrators、Printer Operators、Server Operators、Backup Operators 等组内的成员才具有"允许在本地登录"的权限。单击"添加用户或组"按钮，选择 Domain Users 组以便让所有的域用户都能在本地登录。

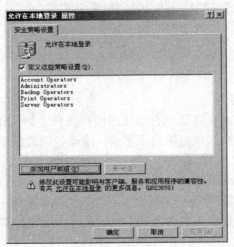

图 11-3　"允许在本地登录 属性"对话框

（4）单击"确定"按钮，返回"组策略编辑器"窗口。

（5）返回"Domain Controllers 属性"对话框，单击"确定"按钮关闭此对话框。

3．验证更改组策略的有效性

更改组策略后，其并不立刻生效，Windows Server 2003 域控制器的组策略更新时间默认为 5 分钟；Windows Server 2003 工作站、成员服务器的组策略更新时间默认为 90 分钟。为了使更改后的组策略能够立刻生效，必须在该计算机上选择"开始"→"程序"→"附件"→"命令提示符"命令，打开"命令提示符"窗口，运行 gpupdate /target:computer（让"组策略"的"计算机配置"生效）或 gpupdate /target:user（让"组策略"的"用户配置"生效）命令；或者重启计算机。

可以利用"事件查看器"中的"应用程序日志"来查看更改后的策略是否已经应用到此计算机。

验证更改"在本地登录"组策略的有效性的步骤如下：

（1）在域控制器上执行 gpupdate /target:computer 命令，注销 administrator 账户；或者重新启动域控制器。

（2）重新登录时，用刚建立的域用户 ls 登录，此时应该可以登录成功。

11.1.2　组策略的应用顺序与规则

如果在本地计算机、站点、域与组织单位内分别设置了组策略，则这些组策略的优先顺序与规则如下：

- 如果在高层容器内建立了组策略，而未在其低层容器内建立组策略，则低层容器会继承在高层容器内所建立的组策略。以图 11-4 为例，如果仅针对域 jsj.edu.cn 建立了组策略，则其低层的 gcx 组织单位会继承这个策略，同时更低层的 2011 组织单位也会继承这个策略。也就是说，该组策略会被应用到 gcx 组织单位，同时也会被应用到更低层的 2011 组织单位。

- 如果在低层的容器内建立了组策略，则此组策略内的设置默认会替代由其高层的父容器所传递下来的组策略。以图 11-4 为例，如果针对域内的组织单位 gcx 建立了组策略，同时也针对其下层的 2011 组织单位建立了组策略，则 2011 组织单位的组策略以其本身的组策略为准。

- 如果在父容器的组策略内的某个策略被设为"未被配置"，则子容器并不继承这个策略。

- 如果在父容器的组策略内的某个策略被设为"启用"或"禁用"，但是子容器内的组策略内并未设置此策略，则子容器会继承这个设置。

- 在子容器的组策略内，可以通过选中图 11-1 所示对话框中的"阻止策略继承"复选框来设置不要继承由父容器传递的组策略设置。

- 在父容器的组策略内，可以通过"禁止替代"复选框来强迫子容器必须继承由父容器传递的组策略设置，不论子容器的组策略内是否设置了"阻止策略继承"，父容器的"禁止替代"的优先级高于子容器内的"阻止策略继承"。

11.2　管理模板策略的设置

管理模板策略包括 Windows 组件、网络、桌面、"任务栏和「开始」菜单"等相关的内容。

本节用实例来介绍设置管理模板策略的步骤。

利用 administrator 账户登录，然后选择"开始"→"程序"→"管理工具"→"Active Directory 用户和计算机"命令，打开"Active Directory 用户和计算机"窗口，建立实例所需的组织单位与用户账户，结果如图 11-4 所示。

图 11-4　组策略示例

选中域名后右击，从弹出的快捷菜单中选择"新建"→"组织单位"命令，添加一个组织单位，名称为 gcx。

选中 gcx 组织单位后右击，从弹出的快捷菜单中选择"新建"→"组织单位"命令，添加一个用户账户，名称为 zhuren。

选中 gcx 组织单位后右击，从弹出的快捷菜单中选择"新建"→"组织单位"命令，添加一个下级组织单位，名称为 2011。

选中 2011 组织单位后右击，从弹出的快捷菜单中选择"新建"→"用户"命令，添加一个用户账户，名称为 zhangsan。

11.2.1　设置管理模板策略

设置 gcx 组织单位的管理模板策略，隐藏用户桌面上的"网上邻居"图标；将"开始"菜单中的"运行"、"帮助"等命令隐藏；在"开始"菜单中添加"注销"的功能。

操作步骤如下：

（1）打开"Active Directory 用户和计算机"窗口，选中 gcx 组织单位后右击，从弹出的快捷菜单中选择"属性"→"组策略"→"新建"命令，添加一个组策略，并将其命名为 gcx Policy。

（2）在如图 11-5 所示的对话框中单击"编辑"按钮，打开如图 11-6 所示的"组策略编辑器"窗口。

（3）在其中展开"用户配置"→"管理模板"→"任务栏和「开始」菜单"项，双击右侧窗格中的"从「开始」菜单中删除'运行'菜单"，弹出如图 11-7 所示的对话框，选中"已启用"单选框，单击"确定"按钮；双击右侧窗格中的"从「开始」菜单删除'帮助'命令"，弹出类似图 11-7 所示的

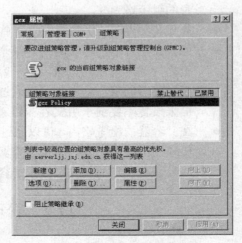

图 11-5　添加新的组策略

对话框，选中"已启用"单选框，单击"确定"按钮；双击右侧窗格中的"将'注销'添加到「开始」菜单"，弹出类似图 11-7 所示的对话框，选中"已启用"单选框，单击"确定"按钮。

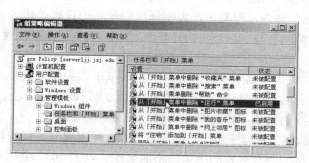

图 11-6 "组策略编辑器"窗口

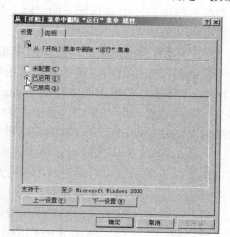

图 11-7 设置策略是否启用

（4）在"组策略编辑器"窗口中展开"用户配置"→"管理模板"→"桌面"项，双击右侧窗格中的"隐藏桌面上的'网上邻居'图标"，弹出类似图 11-7 所示的对话框，选中"已启用"单选框，单击"确定"按钮。

（5）设置完成后关闭"组策略"窗口。

（6）单击"确定"按钮，结束组策略设置。

在该组策略生效后，注销并利用 gcx 组织单位内的域用户账户 zhuren 登录，其桌面上的"网上邻居"图标以及"开始"菜单中的"帮助"与"运行"命令都没有了，但是却多出了一个"注销 zhuren"的命令；注销后利用 2011 组织单位内的域用户账户 zhangsan 登录，其桌面上的设置等同于 zhuren 用户账户的桌面设置，表示位于下层的 2011 组织单位继承了上一层的 gcx 组织单位内的组策略设置。

11.2.2 设置组策略的替代功能

设置 2011 组织单位内的管理模板策略，并将其设置为：

● 不隐藏用户桌面上的"网上邻居"图标。

● 不要在"开始"菜单中添加"注销"的功能。

然后利用 2011 组织单位内的用户账户 zhangsan 登录，并验证是否继承或替代由 gcx 组织单位所传递的组策略设置。

（1）打开"Active Directory 用户和计算机"窗口，选择 2011 组织单位并右击，从弹出的快捷菜单中选择"属性"→"组策略"→"新建"选项，新建一个组策略，并将其命名为 2011 Policy。

（2）在如图 11-5 所示的对话框中单击"编辑"按钮，打开在如图 11-6 所示的"组策略编辑器"窗口。

（3）选择"用户配置"→"管理模板"→"任务栏和「开始」菜单"，双击右侧窗格中的"将'注销'添加到「开始」菜单"，弹出如图 11-7 所示的对话框，选中"已禁用"单选框，单击"确定"按钮。

（4）在"组策略编辑器"窗口中，选择"用户配置"→"管理模板"→"桌面"项，双击右侧窗格中的"隐藏桌面上的'网上邻居'图标"，弹出如图 11-7 所示的对话框，选中"已禁用"单选框，单击"确定"按钮。

（5）设置完成后关闭"组策略编辑器"窗口，然后单击"确定"按钮完成组策略设置。

在该组策略生效后，注销并用域用户账户 zhangsan 登录，桌面上的"网上邻居"图标又出现了，"开始"菜单中的"注销 zhangsan"命令又没有了，表明低层组策略的设置替代了高层组策略的设置；而"开始"菜单中的"帮助"与"运行"命令依然没有，表明"未被配置"的子容器的策略将继承父容器的策略设置。

若在如图 11-5 所示的对话框中选中"阻止策略继承"复选框，然后单击"关闭"按钮。在该组策略生效后，注销并用域用户账户 zhangsan 登录，"开始"菜单中的"帮助"与"运行"命令就出现了，表明"未被配置"的子容器的策略阻止策略继承父容器的策略设置。

若在上层 gcx 组织单位的"组策略编辑器"窗口中单击"选项"按钮，在出现的窗口中设置"禁止替代"选项，则属于 gcx 组织单位的所有对象的组策略不能更改。以上 2011 组织单位的组策略设置无效。

11.3　Windows 设置策略的管理

Windows 设置策略包括登录/注销、启动/关闭脚本、安全设置的账户策略与本地策略等相关的策略。下面针对典型的策略进行介绍。

11.3.1　账户策略的设置

账户策略分为"密码策略"与"账户锁定策略"，可以选择"Active Directory 用户和计算机"窗口内的域（或组织单位）后右击，从弹出的快捷菜单中选择"属性"→"组策略"命令，在弹出对话框的"组策略"选项卡中选定组策略，然后选择"编辑"→"计算机配置"→"Windows 设置"→"安全设置"→"账户策略"命令打开如图 11-8 所示的窗口，然后设置相应的策略。

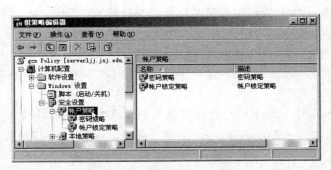

图 11-8　账户策略的设置

1. 密码策略

选择"密码策略"，如图 11-9 所示，设置与用户账户密码有关的策略。

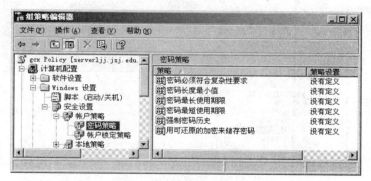

图 11-9　设置密码策略

- 密码必须符合复杂性要求，包含来自以下 4 种字符类别中的 3 种：英文大写字母
  （A～Z）、英文小写字母（a～z）、10 个基本数字（0～9）和非字母字符（如!、$、
  #、%）等。

- 密码最长使用期限：设置用户密码最长的使用期限。用户在登录时，若密码使用期限
  已到，系统会自动要求用户更改密码。双击图 11-9 中的"密码最长使用期限"项，
  弹出如图 11-10 所示的对话框，在其中设置密码最长使用期限。

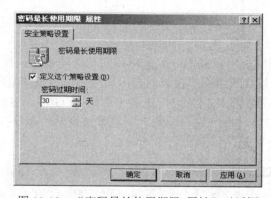

图 11-10　"密码最长使用期限 属性"对话框

- 密码最短使用期限：设置用户密码最短的使用期限，在期限未到之前，用户不得更改
  密码。它被默认设为 0 天，表示用户可以随时更改密码。

- 密码长度最小值：规定用户在设置密码时密码的最小长度。

- 强制密码历史：设置是否记录用户以前所使用过的密码，以便设置用户在更改其密码
  时是否可以重复使用旧的密码。

2. 账户锁定策略

选择"账户锁定策略"，如图 11-11 所示，可以设置以下策略：

- 账户锁定阈值：可设置在用户登录多次失败（例如密码输入错误）后将该账户锁定。
  在未被解除锁定之前，用户无法再利用此账户登录。

- 账户锁定时间：设置在锁定时将账户锁定多长时间，在这段时间过后锁定自动解除；
  如果将锁定时间设为 0 分钟，则表示此账户将被永久锁定，不会被自动解除锁定，
  此时必须由系统管理员解除锁定。

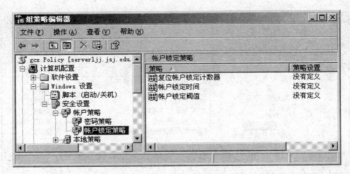

图 11-11　设置账户锁定策略

- 复位账户锁定计数器：锁定计数器的初值为 0，用户若登录失败，则锁定计数器的值加 1；若登录成功，则锁定计数器的值被归零；若锁定计数器的值等于账户锁定阈值，则该账户会被锁定。

还可以通过此处设置所谓的间隔时间，以便让锁定计数器的值在间隔时间到后自动清零。若用户连续多次（账户锁定阈值）登录失败，其账户就会被锁定。但是，账户在被锁定之前（尚未达到账户锁定阈值），如果前一次登录失败后的间隔时间已超过 30 分钟，则锁定计数器的值被清零。

11.3.2　本地策略

本地策略包括审核策略、用户权限分配策略和安全选项策略。打开"Active Directory 用户和计算机"窗口，选定域（或组织单位）后右击，从弹出的快捷菜单中选择"属性"→"组策略"命令，再在弹出对话框的"组策略"选项卡中选定 GPO，然后选择"编辑"→"计算机配置"→"Windows 设置"→"安全设置"→"本地策略"命令打开如图 11-12 所示的窗口，针对相应的策略进行设置。

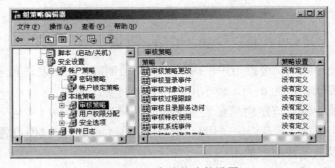

图 11-12　本地策略的设置

1．审核策略

选择"审核策略"，如图 11-12 所示，可以设置以下策略：

- 审核策略更改：审核"审核策略"等策略是否已被更改。
- 审核登录事件：审核是否有用户登录与注销。
- 审核对象访问：审核是否有用户访问文件、文件夹、打印机等资源。必须另外再针对所选择的文件、文件夹、打印机等资源设置审核的操作。

- 审核过程跟踪：跟踪过程的执行，例如是否有某个程序被启动或者结束。
- 审核目录服务访问：审核是否有用户访问 Active Directory 内的对象。必须另外再针对所选择的对象设置审核的操作。
- 审核特权使用：审核是否用户使用了"用户权限指派"策略内所赋予的权力。
- 审核系统事件：审核是否有用户登录、注销、执行网络连接的操作。
- 审核账户登录事件：审核是否利用此计算机内的账户来审核用户的身份。
- 审核账户管理：审核是否有用户账户的添加、更改、删除、更名等事件。

每个被审核的事件都可以分为"成功"与"失败"，也就是可以审核该事件是否成功地发生。

2. 用户权限分配策略

选择"用户权限分配"策略，设置以下常用的几个策略：

- 允许在本地登录：允许用户直接在本机上登录。
- 域中添加工作站：允许用户将 Windows Server 2003、Windows NT 计算机加入到域内。加入域后，用户才可以在这些计算机上用域用户账户登录域，并访问域内的资源。
- 关闭系统：允许用户关闭计算机。
- 从网络访问此计算机：允许用户通过网络上的其他计算机来连接并访问此计算机内的资源。
- 从远程系统强制关机：允许通过远程计算机来关闭此计算机。
- 备份文件和目录：允许用户备份硬盘内的文件与文件夹。
- 还原文件和目录：允许用户还原所备份的文件与文件夹。
- 管理审核和安全日志：允许用户指定要审核的事件，也允许用户查询与清除安全日志。
- 更改系统时间：允许用户设置计算机的系统日期和时间。
- 装载和卸载设备驱动程序：允许用户装载与卸载设备驱动程序。
- 取得文件或其他对象的所有权：允许用户夺取由其他用户对文件、文件夹或其他对象的所有权。

3. 安全选项策略

选择"安全选项"策略，可以设置以下策略：

- 登录屏幕上不要显示上次登录的用户名：每次用户按 Ctrl+Alt+Del 键后，在所出现的"登录到 Windows"对话框中都会自动显示上一次登录者的用户名称，通过此选项可以让其不显示。
- 允许在未登录前关机：在按 Ctrl+Alt+Del 键后所出现的"登录到 Windows"对话框中，"关机"按钮可以选用，以便在不需要登录的情况下就可以关闭计算机。
- 在密码到期前提示用户更改密码：设置在用户的密码过期前几天提示用户必须更改密码。
- 禁用按 Ctrl+Alt+Del 键进行登录的设置：设置在计算机启动时直接出现"登录到 Windows"对话框，不需要提示"请按 Ctrl+Alt+Del 开始"。
- 用户试图登录时的消息文字与用户试图登录时的消息标题：每次当 Windows Server 2003 启动时，它都会提示"请按 Ctrl+Alt+Del 开始"，而如果希望用户在按完这 3 个键后窗口上自动显示一些希望用户看到的信息，则可以利用此处设置显示信息的标题文字与内容。

11.3.3　登录/注销、启动/关机脚本

用户配置文件中的"登录脚本"是针对一个用户设置的，也就是若某个用户被指派了登录脚本，则当其登录时此脚本就会自动执行，而对其他用户无效。

"组策略"中的"登录/注销脚本"是针对域或组织单位内的所有用户进行设置的，也就是只要域或组织单位内的用户登录时系统就自动执行此"登录脚本"，注销时就执行"注销脚本"。

另外，"启动/关机脚本"是针对计算机进行设置的，只要计算机启动就会自动执行"启动脚本"，而关机时执行"关机脚本"。

1．登录/注销脚本

（1）利用文件 logon.vbs 来设置登录脚本。可以用"记事本"来创建该文件，其中只有一行在屏幕上显示字符串的命令：Wscript.echo"这是由组策略设置的登录脚本"。同时，创建 logoff.vbs 来设置注销脚本，其中也只有一行在屏幕上显示字符串的命令：Wscript.echo"这是由组策略设置的注销脚本"。

（2）打开"Active Directory 用户和计算机"窗口，选择域名（或组织单位）并右击，从弹出的快捷菜单中选择"属性"→"组策略"命令，然后在弹出的对话框中选定 GPO，再选择"编辑"→"用户配置"→"Windows 设置"→"脚本（登录/注销）"命令，出现如图 11-13 所示的窗口，双击右侧窗格中的"登录"选项。

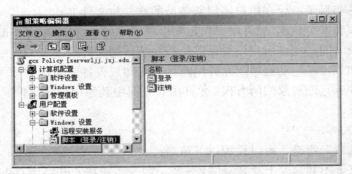

图 11-13　设置登录和注销脚本

（3）弹出如图 11-14 所示的对话框，单击"显示文件"按钮。

（4）打开如图 11-15 所示的窗口，先切换到"Windows 资源管理器"，选定登录脚本并右击，从弹出的快捷菜单中选择"复制"命令，然后返回 Logon 窗口，选择"编辑"→"粘贴"命令，将登录脚本复制到该窗口中。

（5）返回到"登录 属性"对话框，单击"添加"按钮。

（6）弹出如图 11-16 所示的对话框，单击"浏览"按钮，从图 11-15 所示的 Logon 文件夹内选定登录脚本。如果脚本需要输入参数，则在"脚本参数"文本框中键入参数，完成后单击"确定"按钮。

（7）返回到"登录 属性"对话框，单击"确定"按钮。

（8）返回如图 11-13 所示的窗口，双击右侧窗格中的"注销"选项，然后重复步骤（2）至步骤（6），设置"注销"脚本。

图 11-14 "登录 属性"对话框

图 11-15 复制登录脚本

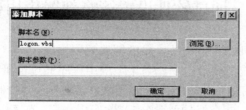

图 11-16 指定登录脚本

　　完成设置后,如果这个 GPO 策略是针对域设置的,则域内的所有用户登录时会自动执行所设置的登录脚本,注销时会自动执行注销脚本;如果这个 GPO 策略是针对某个组织单位设置的,则此组织单位内的所有用户登录、注销时都会自动执行此处所设置的登录/注销脚本。

　　2. 启动/关机脚本

　　(1)创建启动与关机脚本。

　　(2)打开"Active Directory 用户和计算机"窗口,选择域名(或组织单位)并右击,从弹出的快捷菜单中选择"属性"→"组策略"命令,在弹出的对话框中选定 GPO 后,依次选择"编辑"→"计算机配置"→"Windows 设置"→"脚本(启动/关机)"命令,出现如图 11-17 所示的窗口,双击右侧窗格中的"启动"选项。

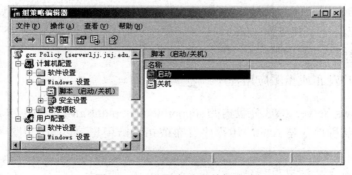

图 11-17 设置启动和关机脚本

　　(3)弹出"启动 属性"对话框,单击"显示文件"按钮。

（4）打开如图 11-15 所示的窗口，先切换到"Windows 资源管理器"，选定启动脚本并右击，从弹出的快捷菜单中选择"复制"命令，然后返回窗口，选择"编辑"→"粘贴"命令，将启动脚本复制到该窗口中。

（5）返回到"启动 属性"对话框，单击"添加"按钮。

（6）弹出如图 11-16 所示的对话框，单击"浏览"按钮，从 startup 文件夹内选定启动脚本。如果脚本需要输入参数，则在"脚本参数"文本框中键入参数，完成后单击"确定"按钮。

（7）返回到"启动 属性"对话框，单击"确定"按钮。

（8）返回如图 11-17 所示的窗口，双击右侧窗格中的"关机"选项，然后重复步骤（2）至步骤（6），设置"关机"脚本。

完成设置后，如果这个 GPO 策略是针对域设置的，则域内的所有计算机启动时会自动执行此处所设置的启动脚本，关机时会自动执行关机脚本。

11.4　通过软件设置策略部署应用程序

通过软件设置策略，可以为用户与计算机部署应用程序。

● 将应用程序发布或指派给用户。当某个应用程序通过组策略的 GPO 被发布或指派给用户后，域用户可以依次选择"开始"→"设置"→"控制面板"命令，再双击"添加或删除程序"选项，通过网络来安装此应用程序。或者当域用户要打开一个与该应用程序相关联的文件（如 Excel 文件）时，Windows Server 2003 计算机将先自动安装此应用程序（如 Microsoft Excel），再打开此文件（如 Excel 文件）。

● 将应用程序发布或指派给计算机。若此应用程序被发布或指派给计算机，则计算机启动后，可以通过上述方式将该应用程序安装到该计算机内，并且它是被放到公用程序组中的，任何用户登录后都可以使用此应用程序。

● 自动修复应用程序。被发布或指派的应用程序，若在安装完成后有文件被损毁、丢失或删除，则系统会自动检测到，然后修复、重新安装此应用程序。

● 删除用户的应用程序。被发布或指派的应用程序，若在用户安装完成后，需要不再让用户使用，则只要将此程序从软件设置策略部署应用程序列表中删除，用户下次登录或计算机重新启动时将自动删除该应用程序。

以上所部署的应用程序必须被包装为 Windows 安装程序包的格式，其扩展名为.msi。若要将其他现有的应用程序打包为 Windows 安装程序包，则可以通过 WinINSTALL LE（Limited Edition）工具软件完成。

11.4.1　给用户发布或指派应用程序

下面以 Windows Server 2003 光盘内的 support\tools\suptools.msi 应用程序为例，介绍如何将具有 Windows 安装程序包格式的应用程序发布或指派给用户，以便让用户可以安装、使用该应用程序。

1. 给用户发布或指派应用程序

给用户发布或指派应用程序的步骤如下：

（1）用 administrator 账户登录到域控制器。

（2）在域控制器上建立一个文件夹，如 C:\packages，并将其设为共享文件夹，共享名为 packages。

（3）将 Windows Server 2003 软件安装光盘中的\support\tools\suptools.msi 文件复制到共享文件夹 Packages 内。

（4）打开"Active Directory 用户和计算机"窗口，选中域名（或组织单位）并右击，从弹出的快捷菜单中选择"属性"→"组策略"命令，打开"组策略"选项卡，然后选定 GPO，选择"编辑"→"用户配置"→"软件设置"→"软件安装"项，打开如图 11-18 所示的窗口。

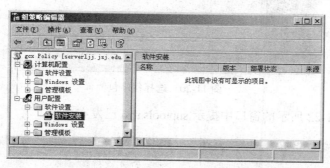

图 11-18　软件安装

（5）选择"软件安装"并右击，从弹出的快捷菜单中选择"属性"命令，弹出如图 11-19 所示的对话框，在"默认程序包位置"文本框中输入应用程序包的位置，注意此处请用 UNC 路径，如\\192.168.0.1\packages，然后单击"确定"按钮。

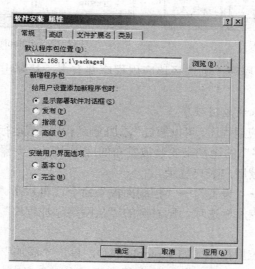

图 11-19　"软件安装 属性"对话框

（6）返回图 11-18 所示的"组策略编辑器"窗口，选择"软件安装"并右击，从弹出的快捷菜单中选择"新建"→"程序包"命令，弹出如图 11-20 所示的对话框，选择应用程序包 suptools.msi，然后单击"打开"按钮。

（7）弹出如图 11-21 所示的对话框，在"选择部署方法"区域中选择"已发布"、"已指派"或"高级"单选框。这里选择"已发布"单选框，然后单击"确定"按钮。

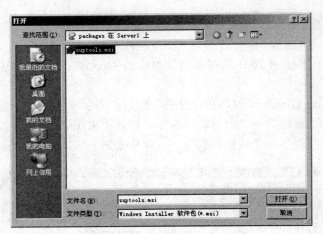

图 11-20　选择程序包

（8）在如图 11-22 所示的窗口中提示 suptools.msi 已发布成功。

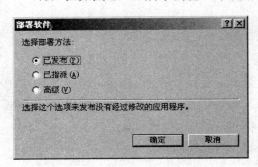

图 11-21　选择部署方式

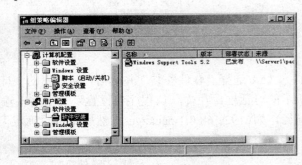

图 11-22　suptools.msi 发行成功

若要取消发布此应用程序，则选择该应用程序并右击，从弹出的快捷菜单中选择"所有任务"→"删除"命令。

2．安装被发布或指派的应用程序

安装被发布或指派的应用程序，可以通过"添加/删除程序"或运行相关联的文件的途径进行。

通过"添加/删除程序"的途径来安装被发布的应用程序的步骤如下：

（1）在网络上，用域用户账户登录。

（2）选择"开始"→"设置"→"控制面板"命令，再双击"添加或删除程序"选项。

（3）单击"添加新程序"选项，则右侧的"从网络添加程序"处将显示所有已被发布的应用程序。

（4）选择要安装的应用程序（如 suptools.msi），单击"添加"按钮开始安装应用程序。

安装完成后，选择"开始"→"程序"，在程序列表中就会多出一个 Windows Support Tools 程序项，单击该程序项即可启动。

若通过发布方式已安装好的应用程序被部分删除，则用户下次登录时该应用程序会被自动修复。

若通过发布方式已安装好的应用程序被取消发布，则用户下次登录时该应用程序也将会被自动删除。

11.4.2　给计算机指派应用程序

前面介绍的"发布应用程序"与"指派应用程序"都是针对用户的，应用程序被安装在用户的用户配置文件内，只能被该用户使用；也可以将应用程序"指派给计算机"，则只要计算机启动，这个应用程序就会被自动安装到此计算机的"公用程序组"内，所有在这台计算机上登录的用户都可以使用该应用程序。

给计算机指派应用程序的步骤与给用户指派应用程序的步骤类似，只不过在"组策略编辑器"窗口内必须选择"计算机配置"（而不是"用户配置"）→"软件设置"→"软件安装"选项。

11.4.3　更改部分应用程序的设置

可以在组策略内更改被部署的应用程序设置。

● 改变应用程序的部署类型。例如，将被发布的应用程序改为被指派，或将被指派的应用程序改为被发布。设置时只要在被部署的应用程序上右击，从弹出的快捷菜单中选择"发布"或"指派"命令。

● 取消被部署的应用程序。在被部署的应用程序上右击，从弹出的快捷菜单中选择"所有任务"→"删除"命令，在弹出的"删除软件"对话框中选择"立刻从用户和计算机卸载软件"或"允许用户继续使用软件，但禁止新的安装"。

● 设置当安装此应用程序时，是否出现完整的安装界面，或者只显示部分的安装界面：在被部署的应用程序上右击，从弹出的快捷菜单中选择"属性"→"部署"命令，在弹出的对话框中设置"基本选项"或"最大选项"。

● 将应用程序升级。若希望将应用程序 Office 2000 升级为应用程序 Office 2003，则在 Office 2003（新的应用程序）上右击，从弹出的快捷菜单中选择"属性"→"升级"→"添加"命令，弹出"添加升级软件包"对话框时在"要升级的程序包"列表内选择 Office 2000（旧的应用程序）。设置完成后，只要用户登录时其 Office 2000 应用程序都会被 Office 2003 应用程序所取代。

11.4.4　使用 WinINSTALL LE 制作 MSI 安装软件包

在安装应用程序时，一般从网上下载或通过安装光盘获取的安装文件大都是扩展名为.exe 的程序，而组策略在部署软件时对安装文件的要求是必须是扩展名为.msi 的文件。MSI 文件是一种特殊的 Windows Installer 的数据包，它实际上是一个数据库，包含了安装程序所需要的信息和在很多安装情形下安装（或卸载）的指令和数据。MSI 文件将程序的组成文件与功能关联起来。此外，它通常还包含了有关安装过程本身的信息，如安装所需的产品序列号、目标文件夹路径、系统依赖项、安装选项、控制安装过程的属性设置等。

下面将详细介绍将扩展名为.exe 的应用程序安装文件通过 WinINSTALL LE 打包工具定制为扩展名为.msi 的安装文件的步骤。这里，以"搜狗拼音输入法"软件为例，介绍如何将其打包成 MSI 安装程序包。

通过 WinINSTALL LE 制作 MSI 安装软件包的原理为：在网络中选取一台计算机，读取该计算机完成软件安装后的环境，与安装软件之前的环境进行比较，根据两者之间的差异来制作其 MSI 程序。具体来说就是，分别对软件安装前和安装后执行两次系统的快照扫描，将两次快照扫描之间的系统和注册表的变化对比后将差异记录下来并保存，再结合该软件的安装程序打包生成 MSI 包。所以，在对安装软件进行打包之前，我们需要准备一台只安装有干净的操作系统的计算机（例如，在下面的程序包打包操作中，域的成员计算机 Client1 最好只安装干净的操作系统），即该计算机采用标准方式安装操作系统和系统自带的硬件驱动程序，没有安装任何其他程序，并且尽量不要做对系统和注册表有改变的操作。

具体步骤如下：

（1）在域控制器 Serverljj 上安装 WinINSTALL LE，其安装过程与一般应用程序的安装类似，根据向导选择合适的安装路径并按照提示进行设置即可。

（2）安装完毕后，将在指定的安装路径下自动创建一个名为 WinINSTALL 的共享文件夹，其中包含 Bin、Help 和 Packages 三个子文件夹，其中 Bin 下就是 WinINSTALL 的程序文件目录，在该文件夹中可以找到名为 Discover.exe 的工具，后面将介绍如何使用该工具对系统进行快照扫描。

（3）使用具有本地管理员权限的用户在域的成员计算机 Client1 上登录，并通过网络访问服务器共享目录\\Serverljj\WinINSTALL\bin，双击运行其中的 Discover.exe 程序。此时，将看到如图 11-23 所示的向导，单击 Next 按钮进入到 MSI 文件的保存路径界面，这里在"名字"文本框中输入 Sougou Input，在下方输入打包后的 MSI 文件的保存路径为\\Serverljj\WinINSTALL\Packages\Sougou\Sougou Input.msi，如图 11-24 所示。需要注意的是，当前登录的用户要对域控制器上的共享目录\\Serverljj\WinINSTALL\Packages 具有写入的权限，因为制作好的 MSI 安装包将直接从域成员计算机 Client1 上传至域控制器 Serverljj。

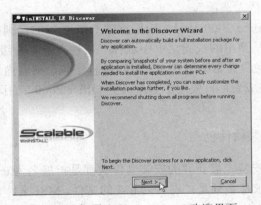

图 11-23 打开 Discover Wizard 欢迎界面

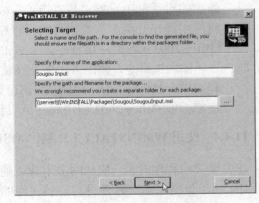

图 11-24 打包 MSI 文件的保存路径

（4）单击 Next 按钮，提示"当前路径下文件夹不存在，是否要创建"，单击"是"按钮。

（5）单击 Next 按钮，指定 Discover 程序在对系统进行扫描时临时文件的保存位置，默认选择 C:。

（6）单击 Next 按钮，在弹出的对话框中选择要扫描的驱动器。如果将来在软件部署中希望将该输入法软件安装在域中其他计算机的 C 盘，则在如图 11-25 所示对话框的左侧可选分区中选择[-c-]，然后单击 Add 按钮，将其移至右侧要扫描的分区列表框中。

（7）单击 Next 按钮，提示在 Discover 程序扫描时要排除的范围（包括文件夹或文件），增加要排除的范围可以加快扫描速度，这里选择默认的设置，如图 11-26 所示。

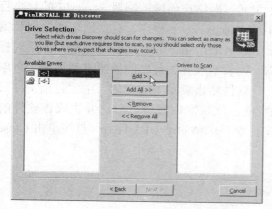

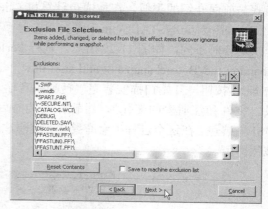

图 11-25 选择要扫描的驱动器　　　　图 11-26 Discover 程序扫描时要排除的范围

（8）单击 Next 按钮，提示要排除的注册表信息，同样选择默认设置。再单击 Next 按钮，
单击 Finish 按钮开始扫描。扫描完成后将弹出如图 11-27 所示的对话框，提示扫描已完成，单
击"确定"按钮。此时 Discover 程序对该输入法软件安装前的系统扫描并生成快照。

图 11-27 提示软件安装前对系统的扫描已完成

（9）系统会自动打开选择应用程序安装文件的对话框，要求用户选择运行的程序并进行
安装。在如图 11-28 所示的 Run Applicatoin Setup Program 对话框中找到"搜狗拼音输入法"
软件的安装程序，单击"打开"按钮。随后，会运行该输入法软件安装向导，按照一般应用软
件的安装步骤进行安装。

图 11-28 选择安装程序进行软件的安装

（10）安装完毕后需要再次使用 Discover 程序扫描软件安装后的系统，制作第二次快照。步骤与前面介绍的类似，在域成员计算机 Client1 上通过网络访问域控制器 Serverljj 的共享目录\\Serverljj\WinINSTALL\bin，再次双击运行其中的 Discover.exe 程序，这次出现的画面和第一次运行时不同，如图 11-29 所示。选择 Perform the 'After' snapshot now 单选框；如果选择 Abandon the 'Before' snapshot and start now 单选框，则表示放弃先前做的快照重新再来。再单击 Next 按钮，开始扫描安装完"搜狗拼音输入法"软件后系统发生的变化（主要包括文件目录、文件和注册表的变化），对软件安装前后系统的两次快照内容进行对比并生成该软件的 MSI 安装包。在这个过程中会有警告，提醒注意文件保存选择的是 URL 路径，直接单击 Close 按钮即可。

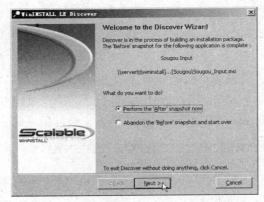

图 11-29　选择 Perform the 'After' snapshot now 单选框

（11）最后出现如图 11-30 所示的标题栏为 The 'After' snapshot is complete 的对话框，提示 MSI 文件打包成功。此时，在\\serverljj\WinINSTALL\Packages\Sougou 目录下可以查看到生成的 MSI 文件。

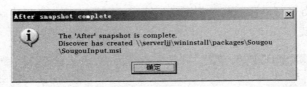

图 11-30　提示 MSI 文件打包成功

 习题十一

一、选择题

1. 在基于 Windows Server 2003 的域控制器上对组策略进行改动后，强制刷新使用到的命令为（　　　）。

　　A．secedit　　　　　　　B．gpupdate　　　　　　C．compmgmt.msc　　D．dcpromo

2. 关于策略处理规则，下列描述正确的是（　　　）。

　　A．如果子容器内的某个策略被配置，则它会覆盖由其父容器所传递下来的配置值

B．组策略的配置是有累加性的

C．系统是先处理计算机配置，再处理用户配置

D．当组策略的用户配置和计算机配置冲突的时候，优先处理用户配置

二、填空题

1．组策略包含"计算机配置"与_____两部分的设置。

2．不管是"计算机配置"还是"用户配置"，其组策略都包含以下 3 个方面的内容：软件设置、Windows 设置和_____。

三、简答题

1．组策略作用的对象有哪些？

2．利用组策略管理计算机有哪些优点？

3．简述组策略的应用顺序和规则。

4．部署软件有什么作用？

5．组策略的设置包括哪几个方面？

6．怎样删除网络中部署的软件？

7．如何设置组策略的替代功能？

8．如何设置登录/注销和启动/关机脚本？它们分别用在什么地方？

9．在组策略编辑器中，在"计算机配置"和"用户配置"部署软件有什么不同？

10．怎样对用户设置密码策略？

四、操作题

搭建如下的域结构网络：域控制器 Server1、域成员 Client1 和 Client2，并在域控制器上创建两个个普通域用户账户 user1 和 user2。通过组策略的设置，使得两个用户在登录域的任何计算机时桌面都没有"网上邻居"的图标；利用 WinINSTALL LE 工具将普通应用程序安装文件转换成 MSI 安装包，并使用组策略进行软件的部署。

第 12 章　终端服务的安装与设置

本章主要介绍终端服务的定义、设置与管理。通过本章的学习，读者应掌握以下内容：
- 终端服务的概述、安装
- 远程管理与控制
- 终端服务器的设置
- 在终端服务器上安装应用程序

12.1　终端服务的概述

在操作平台逐步转向 Windows Server 2003 环境后，能否让 Windows NT、Windows 95/98、Windows XP 等旧版窗口环境的计算机客户端享有与 Windows Server 2003 相似的桌面环境，运行 Windows Server 2003 的应用程序，管理域控制器的活动目录呢？Microsoft Windows Server 2003 的"终端服务（Terminal Services）"是最佳的选择。

Windows Server 2003 的终端服务是一个多用户系统，它利用终端仿真的方式使原来各种不同桌面环境的多个客户端能够同时连接到执行终端服务的 Windows Server 2003 计算机上，并且有着与 Windows Server 2003 类似的桌面环境，运行 Windows Server 2003 内的应用程序，管理 Windows Server 2003 域等。

Windows Server 2003 的终端服务允许用户从客户端访问服务器，运行服务器中的应用程序，就像使用本地计算机一样。客户端只进行输入、输出以及网络连接等工作，而不进行任何运算，只需要通过网络将客户端提出的服务请求传送给服务器，同时接收服务器回传的屏幕显示信息。这使得客户端的配置可以非常低，486、586 等机型因为运算能力太差，已经被淘汰，而作为客户机，已经够用了。所有的运算、存储都在终端服务器内进行，只需在服务器上安装一份软件，所有的客户端就都可以共享使用。计算机维护由维护每一台 PC 机转为维护一台终端服务器，并且系统管理员可以在任何一台终端客户端远程管理 Windows Server 2003 域与计算机，这些操作就像是在本机操作一样，维护与管理极为方便。而远程控制还可以通过映射功能将另一台客户端与服务器之间的会话映射过来，可以直接控制其鼠标和键盘，向其他用户演示操作过程，便于远程教学。

12.1.1　终端服务器的功能

Windows Server 2003 通过终端服务技术可以提供以下两大功能：
- 远程桌面管理：这个功能让系统管理员可以远程管理网络与计算机，此功能已经内含在 Windows Server 2003 内，不需要另外安装，不过每台服务器最多只允许 2 位系统管理员的同时连接。

- 多人同时执行位于终端服务器中的应用程序：在 Windows Server 2003 内安装了终端服务器的组件后，可以在这台终端服务器中安装应用程序，这些应用程序可以让网络上的多个用户同时共享执行，而且这些用户的计算机可以是 Windows Server 2003、Windows XP、Windows 2000、Windows NT、Windows ME/98/95 等。

如果只要提供"远程桌面管理"的功能，则不需要安装"终端服务器"和"终端服务器授权服务器"组件，但是最多只允许 2 个客户端的同时连接。

安装终端服务器后，可以供多人同时执行位于终端服务器中的应用程序，但是只有 120 天的使用期限，终端服务器将在 120 天后拒绝客户端的连接，除非网络内安装了一台已经被激活的"终端服务器授权服务器"，并且取得合法的授权连接数，也就是说 120 天后用户必须经过"终端服务器授权服务器"的授权后才可以连接终端服务器。

12.1.2　安装终端客户端连接软件

客户端若要连接到终端服务器或远程计算机，则这些计算机内必须有"远程桌面连接"软件。Windows Server 2003、Windows XP 已经内含了"远程桌面连接"，不需要安装；而 Windows 2000、Windows NT、Windows ME/98/95 等客户端则必须安装。

远程桌面连接软件位于终端服务器的%systemroot%\system32\clients\tsclient\win32 文件夹内，请先共享该文件夹，然后从客户端访问此共享文件夹，并执行其中的 setup.exe 程序，便可以直接安装。

远程桌面连接软件安装完成后，单击"开始"→"程序"，在出现的程序列表中会增加"远程桌面连接"选项，单击运行该程序即可连接、访问远程终端服务器。

在 Windows Server 2003 中，若安装了"Internet 信息服务（IIS）"中的"远程桌面 Web 连接"组件，则客户端还可以通过打开浏览器来访问终端服务器，而不需要启动"远程桌面连接"软件。

12.2　终端服务器的安装与授权

12.2.1　终端服务器的安装

在 Windows Server 2003 中安装"终端服务"组件，使其成为终端服务器，步骤如下：

（1）在 Windows Server 2003 中，以 Administrator 账户登录，选择"开始"→"设置"→"控制面板"命令，再双击"添加或删除程序"，单击"添加/删除 Windows 组件"选项。

（2）从"组件"列表框中选中"终端服务器"复选框，如图 12-1 所示，单击"下一步"按钮。

（3）打开"终端服务器安装程序"安装向导，单击"下一步"按钮，弹出如图 12-2 所示的对话框，选择终端服务的运行模式，有两种运行模式供选择：

- 完整安全模式：该模式下，可以为终端服务器提供最安全的环境，安全性最好。但是正因为安全所以限制较多，某些为以前操作平台设计的应用程序可能无法正常运行。

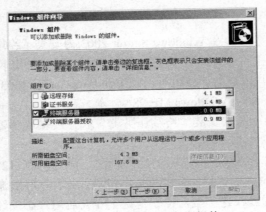

图 12-1　添加"终端服务"组件

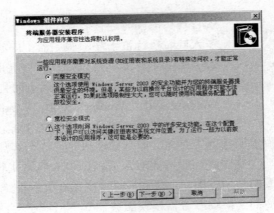

图 12-2　选择终端服务的安全模式

- 宽松安全模式：宽松安全模式相比完整安全模式来说安全级别低一些。限制少了，用户可以访问关键的注册表和系统文件位置，运行一些为以前版本设计的应用程序。

这里选择"完整安全模式"。

（4）单击"下一步"按钮，弹出如图 12-3 所示的对话框，提示"注意：此终端服务器必须在 120 天内与 Windows Server 2003 终端服务器许可证服务器连接才能保证继续运行"，这里选择"我将在 120 天内指定许可证服务器"单选框。

（5）单击"下一步"按钮，选择终端服务器的授权模式，如图 12-4 所示。

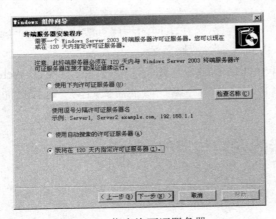

图 12-3　指定许可证服务器

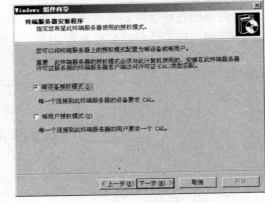

图 12-4　授权模式

有两种授权模式：

- 每设备授权模式：是一个设备一个授权，在使用终端服务时只能在具有授权许可证的设备上。
- 每用户授权模式：是针对用户来购买许可证的，有多少个用户（账户）要使用终端服务就要购买多少个用户许可证（CAL）。

这里选择"每设备授权模式"。

（6）单击"下一步"按钮，在"完成 Windows 组件向导"对话框中单击"完成"按钮。

（7）重新启动计算机，终端服务器生效。

12.2.2 终端服务器授权

终端服务器提供了 120 天的授权宽限期，在此期间不需要许可证服务器。在授权宽限期内，终端服务器可以接受来自未授权客户端的连接，而无须联系许可证服务器。该宽限期于终端服务器首次接受客户端连接时开始，120 天后结束。

因此，终端服务器必须在 120 天内安装许可证服务器，并通过注册码激活。一旦激活，许可证服务器就会在客户机第一次登录到终端服务器时提供客户机许可证，并颁发给终端服务客户机。下面介绍终端服务器授权的步骤。

1. 安装"终端服务器授权"组件

（1）以 Administrator 身份从服务器端登录。

（2）选择"开始"→"设置"→"控制面板"命令，再双击"添加或删除程序"，单击"添加/删除 Windows 组件"选项。

（3）出现"Windows 组件向导"对话框，从"组件"列表框中选中"终端服务器授权"复选框，如图 12-5 所示，单击"下一步"按钮。

（4）在图 12-6 所示的对话框中指定安装许可证服务器数据库的位置，单击"下一步"按钮。

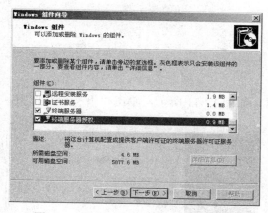

图 12-5　选择"终端服务器授权"组件

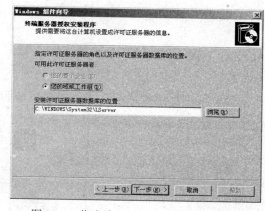

图 12-6　指定许可证服务器数据库的位置

（5）单击"完成"按钮，完成"终端服务器授权"组件的安装。

2. 激活终端服务器许可证服务器

（1）选择"开始"→"程序"→"管理工具"→"终端服务器授权"命令，打开如图 12-7 所示的窗口，其中有一个没有被激活的许可证服务器。

（2）右击要激活的许可证服务器，在弹出的快捷菜单中选择"激活服务器"命令启动激活向导。

（3）在弹出的"终端服务器许可证服务器激活向导"对话框中单击"下一步"按钮，选择"激活方法"为"自动连接（推荐）"，如图 12-8 所示，单击"下一步"按钮。

（4）要激活终端服务器许可证服务器，必须输入以下信息：姓、名、公司、国家，如图 12-9 所示，单击"下一步"按钮。

（5）弹出如图 12-10 所示的对话框，输入可选的公司信息，单击"下一步"按钮。

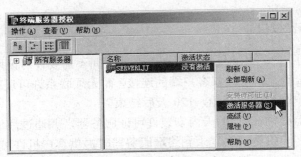

图 12-7　未激活的许可证服务器

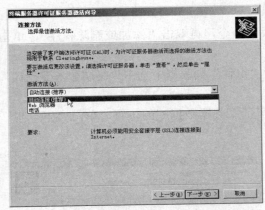

图 12-8　选择"自动连接（推荐）"激活方法

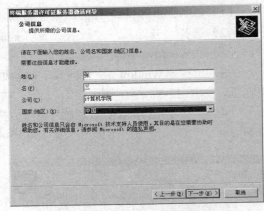

图 12-9　输入必填的信息

（6）提示已经激活终端服务器许可证服务器，如图 12-11 所示，单击"下一步"按钮。

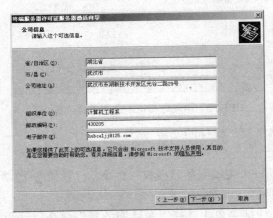

图 12-10　输入可选的公司信息

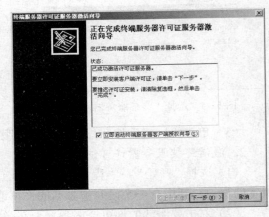

图 12-11　激活终端服务器许可证服务器

3. 终端服务器客户端访问许可证授权

（1）启动终端服务器客户端授权向导，如图 12-12 所示，单击"下一步"按钮。

（2）弹出如图 12-13 所示的对话框，在"许可证计划"下拉列表框中选择 Enterprise Agreement，单击"下一步"按钮。

（3）弹出如图 12-14 所示的对话框，在"协议号码"文本框中输入终端服务器客户端访问许可证的协议号码，单击"下一步"按钮。

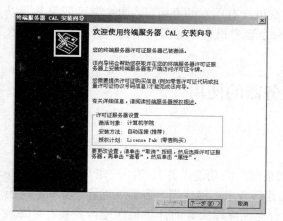
图 12-12 启动终端服务器客户端授权向导

图 12-13 选择 Enterprise Agreement

（4）弹出如图 12-15 所示的对话框，在"产品版本"下拉列表框中选择 Windows Server 2003，在"产品类型"下拉列表框中选择"终端服务器每设备客户端访问许可证"，在"数量"文本框中输入此许可证服务器可用的许可证数，单击"下一步"按钮。

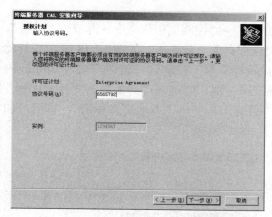
图 12-14 输入协议号码

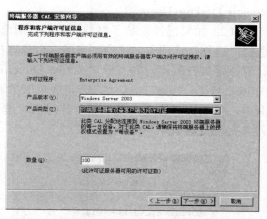
图 12-15 输入许可证信息

（5）提示已经成功完成了终端服务器客户端授权，单击"完成"按钮。这时，终端服务器的"激活状态"显示为"已激活"，如图 12-16 所示。

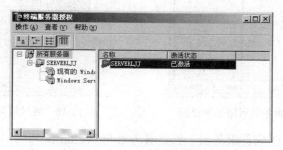
图 12-16 已激活的终端服务器

在许可证服务器安装客户机许可证之后，该服务器就可以颁发许可证了。当客户机第一次登录终端服务器时，终端服务器能识别出该客户机没有颁发的许可证，通知许可证服务器以便为该客户机颁发新的许可证。一旦获得授权，每个客户机许可证都将与特定计算机或终端永久关联，而且不能传递给另一个客户机。

12.3　终端服务器的使用

12.3.1　启用远程桌面功能

必须在提供终端服务的计算机上启用"远程桌面"的功能，并且将用户账户加入 Remote Desktop Users 组后，用户才可以利用"远程桌面连接"来连接终端服务器或远程计算机。将用户加入到 Remote Desktop Users 组的方法，视这台提供终端服务的计算机内是否安装有"终端服务器"组件而有所不同。

（1）如果未安装终端服务器，只提供远程桌面管理的功能，则选择"开始"→"控制面板"命令，再双击"系统"，选择"远程"选项卡，选中"启用这台计算机上的远程桌面"复选框，如图 12-17 所示，然后单击"选择远程用户"按钮，再单击"添加"按钮将用户加入到 Remote Desktop Users 组。

（2）如果已经安装了终端服务器，则选择"开始"→"控制面板"命令，再双击"系统"，选择"远程"选项卡，选中"启用这台计算机上的远程桌面"复选框，如图 12-18 所示。若此计算机是域控制器，则打开"Active Directory 用户及计算机"控制台，将用户加入 Builtin 内的 Remote Desktop Users 组；若是成员服务器、独立服务器，则选择"开始"→"控制面板"命令，再双击"管理工具"→"计算机管理"→"系统工具"→"本地用户和组"，将用户加入 Remote Desktop Users 组。

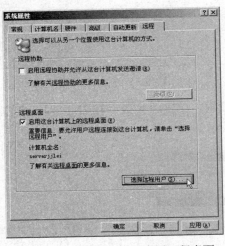

图 12-17　非终端服务器启用远程桌面

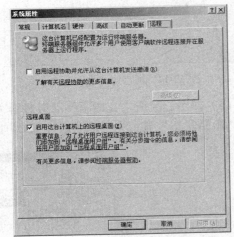

图 12-18　终端服务器启用远程桌面

Windows Server 2003 成员服务器、独立服务器与 Windows XP 计算机内，Remote Desktop Users 组默认具备允许通过终端服务登录的权限。但 Windows Server 2003 域控制器中，Remote

Desktop Users 组却没有这项权限，开放此权限的方法为：在域控制器中，选择"开始"→"管理工具"→"域控制器安全策略"→"安全设置"→"本地策略"→"用户权限分配"→"通过终端服务允许登录"来添加 Remote Desktop Users 组。策略设置完成后，必须等到此策略应用域控制器后才有效。系统默认是 5 分钟后生效，重新启动计算机或执行 gpupdate/target: computer 命令也会生效。

12.3.2　连接终端服务器或远程计算机

启用了终端服务器或远程计算机的远程桌面功能后，用户即可从任何一个客户端用"远程桌面连接"连接。若是域结构网络中 Administrators 组内的成员，则可以通过远程桌面来管理 Windows Server 2003 域与计算机，可以直接运行"管理工具"来进行各项管理工作，这些操作就像是在本机上操作一样。步骤如下：

（1）在已安装"远程桌面连接"软件的客户端上，通过选择"开始"→"程序"→"附件"→"远程桌面连接"命令（或者单击"开始"→"运行"命令，在弹出的对话框中输入 mstsc 命令并单击"确定"按钮）启动"远程桌面连接"程序。

（2）在如图 12-19 所示的窗口中，输入所要连接的终端服务器或远程计算机的 IP 地址、计算机名称或 DNS 主机名称，单击"连接"按钮。

图 12-19　选择连接的终端服务器

（3）打开如图 12-20 所示的登录窗口，输入账户的用户名与密码，单击"确定"按钮登录终端服务器或远程计算机。如果登录的用户账户密码为空，则可能由于账户限制而导致无法正常登录。对于普通用户账户，默认情况下不具有通过远程桌面连接到终端服务器或远程计算机的权限，需要将该用户设置添加到 Remote Desktop Users 组。

图 12-20　登录到终端服务器

（4）如果是 Administrator 账户远程连接域控制器，则在客户端上可以直接运行原本只有在 Windows Server 2003 域控制器上才有的系统管理工具来管理域与计算机。可以将窗口最大化，整个屏幕就是 Windows Server 2003 的界面，就像在本机上操作一样，能非常方便地进行远程管理，如图 12-21 所示。

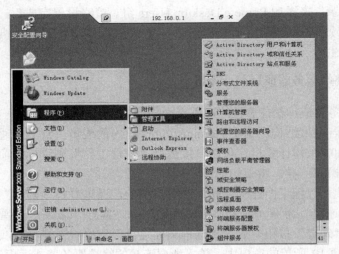

图 12-21 "终端服务客户端"窗口

12.3.3 注销或中断连接

用户要结束与终端服务器或远程计算机的连接，可以通过以下两种方法实现：

● 注销。用户注销后，其在终端服务器或远程计算机上所执行的程序将被结束，所占用的资源会被释放。可以在"远程桌面"窗口中选择"开始"→"注销"命令来注销连接。

● 中断。中断连接并不会结束用户正在终端服务器或远程计算机上执行的程序，这些程序仍然会继续执行，而且桌面环境也会被保留；用户下一次即使是从另外一台计算机重新连接终端服务器或远程计算机，也还是能够继续拥有前次的环境。用户可以直接单击"远程桌面"窗口右上角的 ☒ 按钮来中断连接。例如在执行一个运行很长时间的应用程序时，就可以利用这种方式来中断连接，等一段时间后再来连接会话，检查程序执行结果。

如果要将位于远程的终端服务器关机，则在"远程桌面"窗口中选择"开始"→"关闭计算机"命令，再单击"关闭"选项。

12.3.4 远程控制

系统管理员从客户端连接到终端服务器或远程计算机后，通过映射功能可以将另一个客户端与终端服务器或远程计算机之间的会话映射过来。因此，系统管理员在任何一台客户端上可以查看另一个客户端在终端服务器或远程计算机上的窗口与操作情况。同时，系统管理员还可以直接通过其键盘与鼠标来控制另一个终端客户端与终端服务器或远程计算机之间的会话。

对于计算机教学来说，映射与远程控制的功能非常适合用来指导远程用户操作和配置服务器。远程控制的步骤如下：

（1）从一台客户端（主控端）连接到终端服务器或远程计算机上，并用 Administrator 账户登录。

（2）登录成功后，在"远程桌面"窗口中选择"开始"→"程序"→"管理工具"→"终端服务管理器"命令（或者单击"开始"→"运行"命令，在弹出的对话框中输入 tsadmin 命令并单击"确定"按钮）打开如图 12-22 所示的"终端服务管理器"窗口。

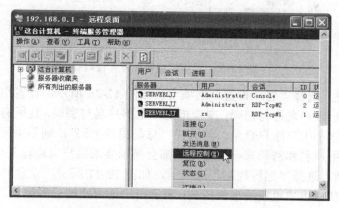

图 12-22　远程控制 zs 用户

（3）选择要控制的会话（客户端，如图 12-22 中的 zs）并右击，从弹出的快捷菜单中选择"远程控制"命令。

（4）弹出如图 12-23 所示的对话框，选择用来结束远程控制的快捷键，默认为 Ctrl+*键（*位于数字小键盘上），通过快捷键可以停止远程控制，单击"确定"按钮。

（5）这时，在相应的客户端（被控端）可能会出现如图 12-24 所示的对话框，客户端的用户只要单击"是"按钮即可（也可以设置让系统强迫客户端接受远程控制，这时就不会出现该对话框了）。如果客户端单击"否"按钮，或者不作选择，则无法进行远程控制。

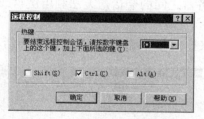

图 12-23　远程控制结束快捷键

图 12-24　选择是否接受远程控制

（6）远程控制成功后，在屏幕上显示对方与终端服务器或远程计算机之间的会话窗口以及所有的操作过程。同时可以控制该客户端，对方在其窗口中也可以看到远程控制的操作过程。

（7）在主控端，按快捷键（默认为 Ctrl+*键）即可停止监视与控制客户端。

12.4　终端服务器的设置

选择"开始"→"程序"→"管理工具"→"终端服务配置"命令（或者选择"开始"→"运行"命令，在弹出的对话框中输入 tscc.msc 命令并单击"确定"按钮）打开如图 12-25 所示的窗口，选择"连接"，双击右侧窗格中的 RDP-Tcp，弹出如图 12-26 所示的对话框，下面说明其中几个重要的选项。

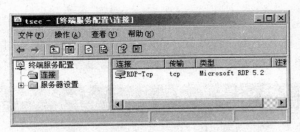

图 12-25　"终端服务配置"窗口

（1）登录设置。选择"登录设置"选项卡，如图 12-26 所示，设置用户在远程登录时是否必须自行输入用户账户名称与密码；或者指定一个用户名与密码，让所有连接到终端服务器的用户都自动使用这个用户账户登录。若选择"总是提示密码"，则不论用户的远程桌面连接是否已经指定用某用户名和密码来自动连接，都会显示要求用户自行输入用户名和密码。

（2）远程控制。选择"远程控制"选项卡，如图 12-27 所示，设置如下：

● 使用具有默认用户设置的远程控制：表示用户是否能被远程控制，是通过用户账户的属性来设置的。可以通过打开"Active Directory 用户和计算机"或"本地用户和组"窗口，选择某账户，设置其属性为"启用远程控制"来让用户具有被远程控制的功能。

● 不允许远程控制：该用户与终端服务器之间的远程桌面连接无法被系统管理员从远程控制。

● 使用具有下列设置的远程控制：所有用户的远程桌面连接都可以被远程控制，且利用以下设置来决定如何被远程控制：

　➢ 需要用户权限：若选中该复选框，则当要被远程控制时该用户会得到要求其同意被远程控制的请求信息，经过其同意后才可以被远程控制。

　➢ 查看会话：只能监视客户端与终端服务器之间的会话，无法利用键盘或鼠标来远程控制。

　➢ 与会话交互：可以用键盘、鼠标操作来控制客户端与服务器之间的会话。

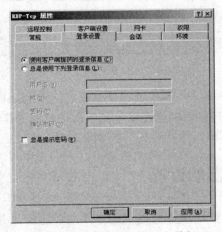

图 12-26　"登录设置"选项卡

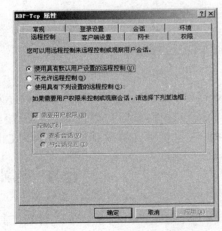

图 12-27　"远程控制"选项卡

（3）客户端设置。选择"客户端设置"选项卡，如图 12-28 所示，设置如下：

● 使用用户设置的连接设置：设置登录时是否连接客户端的驱动器、打印机等。

- 颜色深度最大值：设置远程桌面连接的最大颜色数，若用户的远程桌面连接处的设置值高于此处的限制，则以此处的设置来显示远程桌面窗口的色彩品质。
- 禁用下列项目：设置是否禁用本地的驱动器、打印机、LPT 端口、COM 端口、剪贴板和音频资源的映射。

（4）终端服务配置文件的设置。打开"Active Directory 用户和计算机"或"本地用户和组"窗口，双击某账户，弹出如图 12-29 所示的对话框，选择"终端服务配置文件"选项卡，在其中设置终端服务用户配置文件。可以通过取消对"拒绝这个用户登录到任何终端服务器"复选框的勾选来设置该用户账户有登录终端服务器的权限。

图 12-28   "客户端设置"选项卡

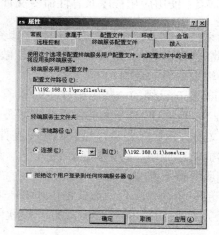
图 12-29   "终端服务配置文件"选项卡

在终端服务器上创建了一个具有远程访问权限的用户账号，在使用该账户连接至终端服务器时，同一时间内不允许建立多个会话。也就是说，如果已经使用该用户账户远程连接至终端服务器或远程计算机，此时再使用该账户进行远程连接时，那么前一个会话就会"被迫"断开远程桌面连接。如果要取消该限制，需要在"终端服务配置"窗口中展开左侧窗格中的"服务器设置"，如图 12-25 所示，在详细信息窗格中双击"限制每个用户使用一个会话"，取消对"限制每个用户使用一个会话"复选框的勾选。

12.5   在终端服务器上安装应用程序

在终端服务器上安装的应用程序能够被多个客户端同时共享运行，使客户端能通过终端服务的方式运行对系统资源要求较高的软件，并且软件的安装与维护由在每一台计算机上转变为仅对一台终端服务器，使软件的安装与维护变得极为方便。

12.5.1   在终端服务器上安装应用程序

将应用程序安装到终端服务器中，以便让该应用程序可供多个客户端用户共享运行，方法有以下两种：

（1）使用 change user 命令。

可以使用 change user /query 命令查看终端服务器的当前模式：安装模式或运行模式。在安装应用程序之前，必须运行 change user /install 命令将系统切换为安装模式。

用 INSTALL 或 SETUP 程序安装应用程序。安装完成后，再执行 change user /execute 命令将系统切换回运行模式。

（2）用"控制面板"中的"添加/删除程序"。

用"控制面板"中的"添加/删除程序"安装应用程序不需要运行 change user 命令。因为"添加/删除程序"会自动运行 change user /install 命令切换到安装模式，完成安装后也会自动执行 change user /execute 命令将系统切换回运行模式。

12.5.2　使用应用程序兼容性命令文件

如果终端服务器安装为"应用程序服务器模式"，由于有多个终端用户共享应用程序的使用，因此这些应用程序在安装完成后必须做必要的修改，以减少它们对终端服务器效率的影响，提高终端服务器的效率。

Microsoft 已经为一些应用程序编写了"应用程序兼容性命令文件"，例如 Euroda Pro 4.0、Outlook 98 等，这些命令文件位于终端服务器的%systemroot%\Application Compatibility Scripts\Install 文件夹内。只要运行相应的命令文件，它就会自动修改应用程序，使其更加适合于终端服务器的共享应用。许多新的应用程序，例如 Microsoft Office 2003，不需要修改即可很好地在终端服务器上共享运行。

一般每个客户端会话需要占用 4MB～8MB 的服务器内存。一台酷睿 i3 CPU、2GB 内存的终端服务器能支持 100 个客户端的一般软件应用。

习题十二

一、选择题

1．必须在提供终端服务的计算机上启用"远程桌面"的功能，并且将用户账户加入（　　）组后，用户才可以利用"远程桌面连接"来连接终端服务器或远程计算机。

    A．Power Users　　　　　　　　　　　　B．Remote Desktop Users

    C．Network Configuration Operators　　　D．Domain Users

2．在远程控制的步骤中，需要从一台客户端（主控端）连接到终端服务器或远程计算机上，并用 Administrator 账户登录后，通过打开（　　），然后再选择要控制的会话。

    A．远程桌面连接　　　B．终端服务配置　　　C．终端服务管理器　　　D．系统监视器

二、填空题

1．Windows Server 2003、Windows XP 已经内含"远程桌面连接"，通过命令_____可以打开。

2．终端服务器提供了 120 天的授权宽限期，但必须在 120 天内安装_____，并通过注册码激活。

三、简答题

1．简述终端服务的工作原理。

2．通过什么命令可以打开终端服务器管理器和终端服务配置？

3．如何安装终端服务器？

4．如何设置终端服务器的客户端连接数？

5．如何进行终端服务的授权？

6．什么是远程控制和远程管理？

7．假如你是一个企业的网络管理员，某用户反映他在使用"远程桌面"时始终提示无法连接到服务器。请问可能的原因是什么？应该怎样处理？

四、操作题

在局域网中选取一台系统为 Windows Server 2003 的计算机，安装终端服务器和许可证服务器，并进行终端服务器授权。在终端服务器上创建两个用户账户 user1（具有管理员权限）和 user2（普通账户），赋予它们远程桌面连接权限，然后使用这两个账户分别通过两台计算机连接到此终端服务器，并通过远程控制查看其中一个客户端在终端服务器或远程计算机上的窗口及操作情况。

第 13 章　配置 DHCP 和 DNS 服务器

本章主要介绍 DHCP 和 DNS 的概念、原理、安装与设置。通过本章的学习，读者应掌握以下内容：

- DHCP 服务器的安装与设置
- DNS 服务器的安装与设置

13.1　DHCP 服务器的安装与设置

在使用 TCP/IP 协议的网络中，每台计算机都被称为主机，每台主机都必须有唯一的 IP 地址，并且通过该 IP 地址与网络上的其他主机沟通。在简单的网络中，可以用手动固定的方式来分配 IP 地址。若网络中需要分配 IP 地址的主机很多，特别是在网络中增加、删除网络节点或者重新配置网络时，其工作量很大，比较容易出错，而且出错时不易查找，加重了网络管理的负担。

DHCP 是 Dynamic Host Configuration Protocol（动态主机配置协议）的缩写，采用 DHCP 服务方式后，用户不再需要自行设置网络参数，而是由 DHCP 服务器来自动分配客户端所需要的 IP 地址。它可以减少人工错误的困扰、减轻管理上的负担，还可以解决网络中主机多而 IP 地址不够的问题。

要使用 DHCP 方式自动索取 IP 地址，整个网络必须至少有一台服务器内安装了 DHCP 服务，其他要使用 DHCP 功能的客户端也必须有支持自动向 DHCP 服务器索取 IP 地址的功能，这些客户端被称为 DHCP 客户端。

DHCP 服务器只是将 IP 地址租给 DHCP 客户端使用一段时间，在租约到期时，如果 DHCP 客户端没有更新租约，DHCP 服务器将会收回该 IP 地址的使用权。

13.1.1　DHCP 的运行方式

当 DHCP 客户端启动时，它会自动与 DHCP 服务器沟通，并且要求 DHCP 服务器提供 IP 地址给该 DHCP 客户端。而 DHCP 服务器在收到 DHCP 客户端的请求后，会根据 DHCP 服务器端的设置决定如何提供 IP 地址给客户端。

（1）永久租用。当 DHCP 客户端向 DHCP 服务器租用到 IP 地址后，这个地址就永远分派给这个 DHCP 客户端使用。只要有足够的 IP 地址给客户端使用，就没有必要限定租约，就可以采用这种方式给客户端自动分派 IP 地址。

（2）限定租期。当 DHCP 客户端向 DHCP 服务器租用到 IP 地址后，DHCP 客户端只是暂时使用这个地址一段时间。如果客户端在租约到期时并没有更新租约，则 DHCP 服务器会收回该 IP 地址，并将该 IP 地址提供给其他的 DHCP 客户端使用。如果原 DHCP 客户端又需要 IP 地址，它可以向 DHCP 服务器重新租用另一个 IP 地址。

限定租期的方式就是动态分配的方式，它可以解决 IP 地址不够用的问题。例如，某个属于 C 类地址的网络，它只能支持 254 台主机，但是网络中的主机超过 254 台，IP 地址就不够用了。这时，可以使用 DHCP 的动态分配功能来解决这个问题，因为 IP 地址是动态分配的，而不是固定给某客户端使用，只要有空闲的 IP 地址，DHCP 客户端启动时就可从 DHCP 服务器申请到 IP 地址。当客户端在租约到期前没有更新租约，不需要使用该 IP 地址时，就可由 DHCP 服务器收回，并提供给其他的 DHCP 客户端使用，但同时连接网络的客户端不能超过 254 台。

DHCP 服务器不但可以给 DHCP 客户端提供 IP 地址，还可以给 DHCP 客户端提供一些其他的选项设置，如子网掩码、默认网关与 DNS 服务器等。

13.1.2　DHCP 的工作原理

当 DHCP 客户端启动时，它会与 DHCP 服务器沟通，以便向 DHCP 服务器索取 IP 地址、子网掩码等 TCP/IP 的设置参数。它们之间的沟通方式，根据 DHCP 客户端是向 DHCP 服务器索取一个新的 IP 地址还是更新租约（要求继续使用原来的 IP 地址）而有所不同。

1. 向 DHCP 服务器索取新的 IP 地址

计算机第一次以 DHCP 客户端的身份启动或 DHCP 客户端所租用的 IP 地址已被 DHCP 服务器收回时，DHCP 客户端会向 DHCP 服务器索取一个新的 IP 地址。DHCP 客户端与 DHCP 服务器之间通过以下 4 个阶段进行相互沟通：

（1）发现阶段（DHCPDISCOVER），即 DHCP 客户端寻找 DHCP 服务器的阶段。DHCP 客户端以广播方式发送发现（DHCPDISCOVER）信息到网络上，以便查找一台能够提供 IP 地址的 DHCP 服务器。

（2）提供阶段（DHCPOFFER），即 DHCP 服务器提供 IP 地址的阶段。当网络上的 DHCP 服务器收到 DHCP 客户端的发现（DHCPDISCOVER）信息后，它就从尚未分配的 IP 地址中挑选一个，然后用广播的方式提供给 DHCP 客户端。如果网络上有多台 DHCP 服务器都收到 DHCP 客户端的发现（DHCPDISCOVER）信息，并且也都响应给该 DHCP 客户端（表示它们都可以给该客户端提供 IP 地址），则 DHCP 客户端会从中挑选第一个收到的提供（DHCPOFFER）信息。

（3）选择阶段（DHCPREQUEST），即 DHCP 客户端选择某台 DHCP 服务器提供的 IP 地址阶段。当 DHCP 客户端挑选好第一个收到的提供（DHCPOFFER）信息后，它就用广播的方式响应一个选择（DHCPREQUEST）信息给 DHCP 服务器。采用广播的方式，是因为它不但要通知所选择的 DHCP 服务器，还必须通知其他没有被选上的 DHCP 服务器，以便这些 DHCP 服务器能够将其原本要分配给该 DHCP 客户端所保留的 IP 地址释放出来。

（4）确认阶段（DHCPACK），即 DHCP 服务器确认所提供的 IP 地址的阶段。当 DHCP 服务器收到 DHCP 客户端请求 IP 地址的选择（DHCPREQUEST）信息后，就会利用广播的方式给 DHCP 客户端发出确认（DHCPACK）信息。该信息内包含 DHCP 客户端所需的 TCP/IP 设置数据，如 IP 地址、子网掩码、默认网关、DNS 服务器等。

DHCP 客户端在收到 DHCPACK 信息后，就完成了索取 IP 地址的过程，也就可以开始利用这个 IP 地址与网络上的其他计算机进行沟通了。

2．更新 IP 地址的租约

DHCP 服务器向 DHCP 客户端租借的 IP 地址一般都有期限，期满后 DHCP 服务器便会收回租借的 IP 地址。如果 DHCP 客户端要求延长其 IP 租约，则必须更新其 IP 租约。更新租约时，DHCP 客户端会向 DHCP 服务器发送请求（DHCPREQUEST）信息，有以下两种情况：

（1）DHCP 客户端重新启动时。每次 DHCP 客户端重新启动时都会自动利用广播的方式向 DHCP 服务器发送请求（DHCPREQUEST）信息，以便要求继续租用原来所使用的 IP 地址。若允许，DHCP 服务器则回复一个确认（DHCPPACK）信息；否则，DHCP 客户端重新向 DHCP 服务器索取一个新的 IP 地址。

（2）IP 租约期过一半时。DHCP 客户端也会在租约过一半时自动向其 DHCP 服务器发送一个请求（DHCPREQUEST）信息，以便要求继续租用原来所使用的 IP 地址。若允许，DHCP 服务器则回答一个确认（DHCPACK）信息。即使租约无法续约成功，因为租约还没有到期，DHCP 客户端仍然可以继续使用原来的 IP 地址，但该 DHCP 客户端还会在租约期过 7/8 时再利用广播请求（DHCPREQUEST）信息的方式查找任何一台可用的 DHCP 服务器，以便更新租约。如果仍然无法续约成功，则该 DHCP 客户端将立即放弃其正在使用的 IP 地址，重新向 DHCP 服务器索取一个新的 IP 地址。

另外，DHCP 客户端也可以利用 ipconfig/renew 命令来手动更新或释放 IP 租约。

3．DHCP/BOOTP 中继代理

DHCP 信息是以广播为主，如果 DHCP 服务器与 DHCP 客户端分别位于不同的网络区域（通过 IP 路由器来连接），IP 路由器就不能将广播信息传递到不同的网络区域，因此限制了 DHCP 的使用范围。但是只要 IP 路由器具备 DHCP/BOOTP 中继代理的功能，就可以将 DHCP 信息转送到其他的网络区域。

如果 IP 路由器没有具备 DHCP/BOOTP 中继代理的功能，则必须在每个网络区域内都安装一台 DHCP 服务器，或者必须利用一台计算机来扮演 DHCP/BOOTP 中继代理的角色，以便将 DHCP 信息转送到有 DHCP 服务器的网络区域。

13.1.3　DHCP 服务器的安装与设置

DHCP 服务器只能安装到 Windows Server 2003 服务器中，Windows 非服务器操作系统无法扮演 DHCP 服务器的角色。DHCP 服务器本身的 IP 地址必须是固定式的，其 IP 地址、子网掩码、默认网关等数据必须用手动方式输入。

1．DHCP 服务器的安装

（1）在 Windows Server 2003 服务器中，以 Administrator 账户登录。选择"开始"→"设置"→"控制面板"命令，再双击"添加或删除程序"选项，单击"添加/删除 Windows 组件"。

（2）弹出如图 13-1 所示的对话框，选中"网络服务"复选框，单击"详细信息"按钮。

（3）弹出如图 13-2 所示的对话框，选中"动态主机配置协议（DHCP）"复选框，单击"确定"按钮。

（4）单击"下一步"按钮，完成 DHCP 服务器的安装。

完成安装后，选择"开始"→"程序"→"管理工具"选项，在出现的程序列表中多了一个 DHCP 程序项，供用户管理与设置 DHCP 服务器。

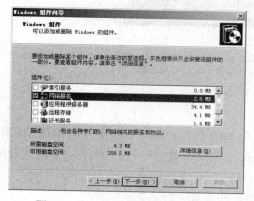

图 13-1 "Windows 组件"对话框

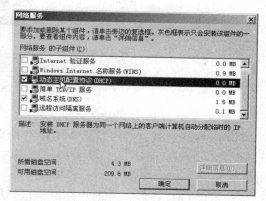

图 13-2 添加"动态主机配置协议"组件

2. DHCP 服务器的授权

如果每个用户都可以任意安装 DHCP 服务器，并且其所提供的 IP 地址是随意乱设的，则当 DHCP 客户端向 DHCP 服务器索取 IP 地址时，很可能由此台 DHCP 服务器提供 IP 地址，其所获得的 IP 地址可能根本就无法使用，或者已经被其他的用户所使用，而使 DHCP 客户端无法访问网络资源。

因此，在 DHCP 服务器安装完成后，并不能向 DHCP 客户端提供服务，还必须经过"授权"。域结构网络中，未经授权的 DHCP 服务器在接收到 DHCP 客户端索取 IP 地址的请求时并不会给 DHCP 客户端分派 IP 地址。

被授权的 DHCP 服务器必须是域的成员，其 IP 地址被记录在 Windows Server 2003 的 Active Directory 内。一般来说，必须是 Domain Admins 或 Enterprise Admins 组的成员才可以执行 DHCP 服务器的授权工作。

执行 DHCP 服务器的授权工作，可使用域管理员 Administrator 登录 DHCP 服务器，然后选择"开始"→"程序"→"管理工具"→DHCP 命令，将出现如图 13-3 所示的窗口。右击要授权的 DHCP 服务器，从弹出的快捷菜单中选择"授权"命令，结果如图 13-4 所示。

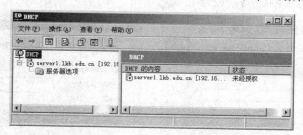

图 13-3 未经授权的 DHCP

不是域成员的 DHCP 服务器（独立服务器）无法被授权。这台独立服务器在启动 DHCP 服务时会检查其所属子网内是否存在任何一台已经在 Active Directory 中被授权的 DHCP 服务器，若存在，该独立服务器就不会启动 DHCP 服务，也不会出租 IP 地址给 DHCP 客户端；若不存在，该独立服务器就会启动 DHCP 服务，并且可以出租 IP 地址给 DHCP 客户端。

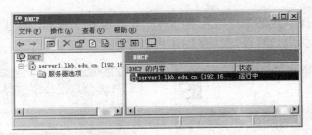

图 13-4 已经授权的 DHCP

3. 建立可用的 IP 作用域

必须在 DHCP 服务器内设置一段 IP 作用域。当 DHCP 客户端向 DHCP 服务器请求租用 IP 地址时，DHCP 服务器就可以从该段作用域内选择一个尚未被出租的 IP 地址，并将其分配给 DHCP 客户端。

创建可供 DHCP 客户端使用的 IP 地址作用域的步骤如下：

（1）选择"开始"→"程序"→"管理工具"→DHCP 命令，打开如图 13-5 所示的窗口。

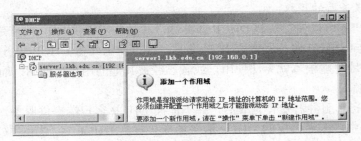

图 13-5 DHCP 窗口

（2）右击要配置的 DHCP 服务器，在弹出的快捷菜单中选择"新建作用域"命令。

（3）弹出"欢迎使用新建作用域向导"对话框，单击"下一步"按钮。

（4）弹出如图 13-6 所示的对话框，为该作用域输入名称与描述文字，单击"下一步"按钮。

（5）弹出如图 13-7 所示的对话框，设置可供 DHCP 客户端使用的 IP 地址范围的起始地址与结束地址，以及这些 IP 地址的子网掩码，可以直接在"子网掩码"栏指定，也可以在"长度"栏设置用几位作为子网掩码。设置完成后单击"下一步"按钮。

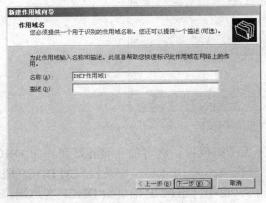

图 13-6 设置作用域的名称

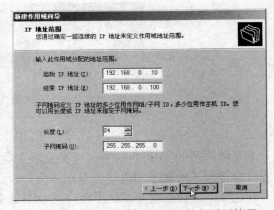

图 13-7 设置可供使用的 IP 地址与子网掩码

（6）如果在 IP 作用域内有部分 IP 地址是被非 DHCP 客户端所使用的，则可以在如图 13-8 所示的对话框中将这些 IP 地址排除，然后单击"下一步"按钮。

（7）弹出如图 13-9 所示的对话框，设置 IP 地址的租用期限，默认值为 8 天，然后单击"下一步"按钮。

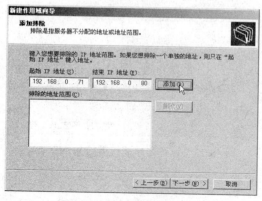

图 13-8 添加排除的 IP 地址

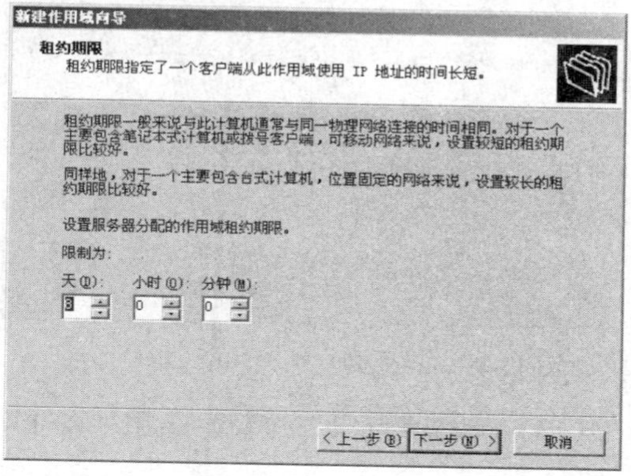

图 13-9 设置租约期限

（8）弹出如图 13-10 所示的对话框，选择"是，我想现在配置这些选项"单选框，然后单击"下一步"按钮，以便为这个 IP 作用域设置 DHCP 选项。DHCP 选项的内容主要包括 DNS 服务器、默认网关、WINS 服务器等。

（9）弹出如图 13-11 所示的对话框，输入默认网关的 IP 地址，单击"添加"按钮，然后再单击"下一步"按钮。若没有 IP 路由器，则可以不必输入，直接单击"下一步"按钮。

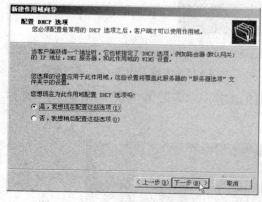
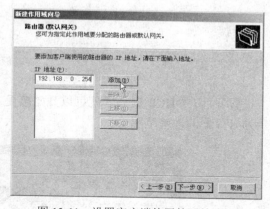

图 13-10 选择是否配置 DHCP 选项

图 13-11 设置客户端使用的网关地址

（10）弹出如图 13-12 所示的对话框，输入 DNS 服务器的域名称和 IP 地址，或者只输入名称，然后单击"解析"按钮让其自动查询这台 DNS 服务器的 IP 地址。如果网络目前还没有 DNS 服务器，则直接单击"下一步"按钮。

（11）弹出如图 13-13 所示的对话框时请输入 WINS 服务器的域名称和 IP 地址，或者只输入域名称，然后单击"解析"按钮让它自动查询这台 WINS 服务器的 IP 地址。如果网络目前还没有 WINS 服务器，则直接单击"下一步"按钮。

（12）弹出如图 13-14 所示的对话框，选择"是，我想现在激活此作用域"单选框开始激活新的作用域，单击"下一步"按钮。

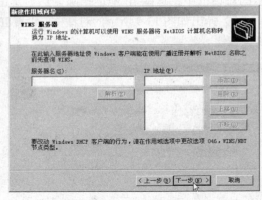

图 13-12　设置客户端使用的 DNS 地址　　　图 13-13　设置客户端使用的 WINS 地址

（13）单击"完成"按钮，结果如图 13-15 所示。

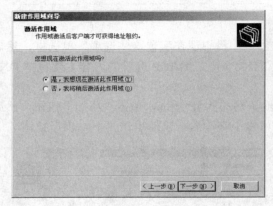

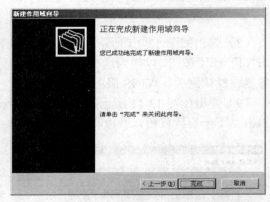

图 13-14　激活此作用域　　　　　图 13-15　完成 DHCP 作用域的设置

设置好后，DHCP 服务器就可以开始接受 DHCP 客户端索取 IP 地址的请求了，图 13-16 所示为可分配的地址范围。

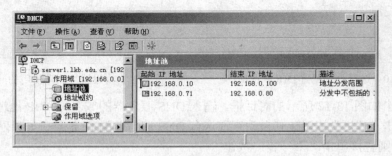

图 13-16　DHCP 可分配地址

在一台 DHCP 服务器内，只能针对一个子网设置一个 IP 作用域。例如，不可以在设置一个 IP 作用域为 192.168.0.10～192.168.0.70 后，又同时设置另一个 IP 作用域为 192.168.0.81～192.168.0.100。解决方法是，先设置一个连续的 IP 作用域 192.168.0.10～192.168.0.100，然后将中间的 192.168.0.71～192.168.0.80 排除掉。

可以在一台 DHCP 服务器内建立多个 IP 作用域，以便为多个子网区域内的 DHCP 客户端提供服务。

4. 修改、停用、协调与删除 IP 作用域

在如图 13-16 所示的 DHCP 控制台窗口中，单击要设置的 IP 作用域，可以进行如下操作：

- 修改 IP 作用域。右击该作用域，从弹出的快捷菜单中选择"属性"命令，在弹出的对话框中完成修改后单击"确定"按钮。
- 停用 IP 作用域。右击该作用域，从弹出的快捷菜单中选择"停用"命令。
- 协调 IP 作用域。右击该作用域，从弹出的快捷菜单中选择"协调"命令。
- 删除 IP 作用域。右击该作用域，从弹出的快捷菜单中选择"删除"命令。

5. 停止、启动、暂停、恢复 DHCP 服务器

在如图 13-16 所示的 DHCP 控制台窗口中，单击要设置的 DHCP 服务器，可以进行如下操作：

- 停止 DHCP 服务器。右击该服务器，从弹出的快捷菜单中选择"所有工作"→"停止"命令。
- 开始 DHCP 服务器。右击该服务器，从弹出的快捷菜单中选择"所有工作"→"开始"命令。
- 暂停 DHCP 服务器。右击该服务器，从弹出的快捷菜单中选择"所有工作"→"暂停"命令。
- 恢复 DHCP 服务器。右击该服务器，从弹出的快捷菜单中选择"所有工作"→"恢复"命令。

6. 保留特定的 IP 地址

可以保留特定的 IP 地址给某客户端使用，也就是说，当这个客户端每次向 DHCP 服务器索取 IP 地址或更新租约时，DHCP 服务器都会给该客户端分配相同的 IP 地址。保留特定 IP 地址的步骤如下：

（1）在如图 13-16 所示的 DHCP 控制台窗口中，右击某作用域，从弹出的快捷菜单中选择"保留"→"新建保留"命令。

（2）弹出如图 13-17 所示的对话框，进行以下设置：

- 保留名称：在文本框中输入用来标识 DHCP 客户端的名称，例如可以输入计算机名称。此处并不一定需要输入客户端真正的计算机名称，因为该名称只在管理 DHCP 服务器中的数据时使用。
- IP 地址：输入要保留给客户端的 IP 地址。
- MAC 地址：输入客户端网卡的硬件地址，也就是 Media Access Control 地址。可以在客户端的计算机上利用 ipconfig /all 或 Net Config Workstation 命令来查看网卡的硬件地址，也可以利用网卡厂商所附带的软件查看，其为一个 12 位的十六进制数。
- 描述：输入一些辅助性的说明文字。
- 支持的类型：设置客户端是否必须为 DHCP 客户端，还是较旧型的 BOOTP 客户端，或者两者都支持。BOOTP 是针对早期那些没有磁盘的客户端来设计的，因为这些客户端没有空间来存储其启动所需的信息，因此通过 BOOTP 的方式让这些客户端从

BOOTP 服务器读取这些信息，以便能够正常启动并连接网络。

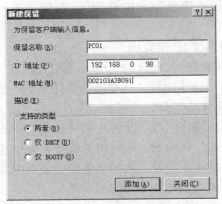

图 13-17 "新建保留"对话框

（3）输入完成后，依次单击"添加"和"关闭"按钮。图 13-18 所示为完成后的窗口。

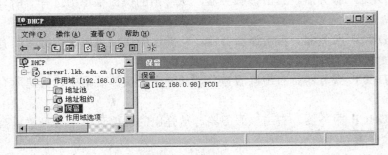

图 13-18 保留的 IP 地址

在 DHCP 窗口的面板树中，可以单击"地址租约"、"保留"来查看目前有哪些 IP 地址已经被租借、保留。

7. 设置 DHCP 选项

除了给 DHCP 客户端指定 IP 地址外，还可以利用 DHCP 服务器设置 DHCP 客户端的工作环境。例如，可以设置其 DNS 服务器、默认网关、WINS 服务器等。当 DHCP 客户端向 DHCP 服务器索取 IP 地址或更新 IP 租约时，DHCP 服务器就可以自动为 DHCP 客户端设置这些选项，如下：

- 003：路由器。
- 006：DNS 服务器。
- 015：DNS 域名称。
- 044：WINS/NBNS 服务器。
- 046：WINS/NBT 节点类型。
- 047：NetBIOS 作用域标识号。

设置 DHCP 选项时，可以右击图 13-19 中的"作用域选项"，在弹出的快捷菜单中选择"配置选项"命令来针对某个作用域设置；也可以右击图 13-19 中的"服务器选项"，从弹出的快捷菜单中选择"配置选项"命令来针对该 DHCP 服务器内的所有作用域设置。如果这两个对象都设置了某个选项（例如都设置了 DNS 服务器），则以作用域内的设置为优先。

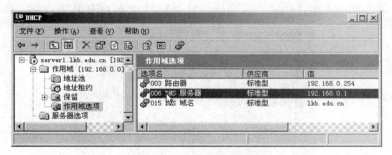

图 13-19　设置作用域选项

设置作用域选项（以 006 DNS 服务器为例）的步骤如下：

（1）右击图 13-19 中的"作用域选项"，从弹出的快捷菜单中选择"配置选项"命令。

（2）弹出如图 13-20 所示的对话框，选中"006 DNS 服务器"复选框，然后输入 DNS 服务器的 IP 地址，单击"添加"按钮。如果不知道 DNS 服务器的 IP 地址，则可以输入 DNS 服务器的 DNS 域名，然后单击"解析"按钮让系统查找 IP 地址。完成后单击"确定"按钮。

可以在 DHCP 客户端利用 ipconfig/renew 命令更新 IP 租约，然后用 ipconfig/all 命令来查看更新情况，会发现 DHCP 客户端的 DNS 服务器已被指向所设置的 192.168.0.1。

如果在作用域选项及服务器选项中都设置了某个选项（例如都设置了 DNS 服务器），则以作用域选项的设置为优先。但是，如果 DHCP 客户端自行在其计算机中指定了 DNS 服务器的 IP 地址，如图 13-21 所示，则以其自行的设置为优先，也就是该设置会覆盖掉作用域选项与服务器选项中的设置值。

图 13-20　设置 DNS 作用域选项

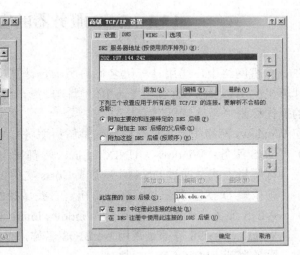

图 13-21　客户端自行设置 DNS

13.1.4　DHCP 客户端的设置

在 Windows 系统的计算机上，右击桌面上的"网上邻居"图标并选择"属性"命令，右击"本地连接"，在弹出的快捷菜单中选择"属性"命令，弹出"本地连接 属性"对话框，在其中选择"Internet 协议（TCP/IP）"，再单击"属性"按钮，在"常规"选项卡中选择"自动获得 IP 地址"单选框，单击"确定"按钮后该计算机被设为 DHCP 客户端，如图 13-22 所示。

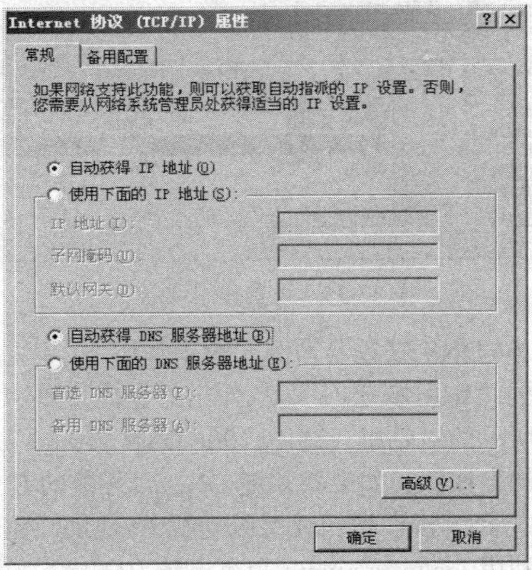

图 13-22　DHCP 客户端的设置

如果客户端无法从网络上的 DHCP 服务器索取到 IP 地址，它会自动获取一个为 169.254.x.y 的专用 IP 地址并使用它。以后这台计算机仍然会继续查找 DHCP 服务器，在没有向 DHCP 服务器索取到 IP 地址之前仍然使用该专用 IP 地址。

13.2　DNS 服务器的安装与设置

在计算机网络中，当用计算机名称与另一台计算机沟通时，必须先通过其计算机名称找出该计算机的 IP 地址，然后利用该 IP 地址与另一台计算机沟通，这种由计算机名称找出 IP 地址的操作称为"名称解析"。

在 Windows 网络中，主要有两种名称解析服务：

● DNS 服务。Windows、UNIX、Linux 等都采用 DNS 域名称来命名。它们所使用的名称解析方式是通过 DNS 服务器或 Hosts 文件。Windows Server 2003 域模式的网络必须依赖 DNS 服务器执行名称解析，查找域控制器。

● WINS 服务。WINS 的全称是 Windows Internet Name Service，旧版的 Windows NT、Windows 95/98 等都是采用 NetBIOS 名称，它们所使用的名称解析方式是通过 WINS 服务器或 LMHOSTS 文件。

Windows Server 2003 计算机可以利用 DNS 服务，也可以利用 WINS 服务与其他计算机沟通。如果网络内只有非 Windows 95/98 计算机，则可以不考虑 NetBIOS 名称解析的问题。

在计算机网络中，当使用 DNS 域名称与其沟通时，主机必须通过此 DNS 域名称找出该主机的 IP 地址才可以与其沟通。DNS（Domain Name System）是目前广泛用于 Internet 的主机名称解析，用于提供域名称登记和域名称到 IP 地址转换的一组协议和服务。

当 DNS 客户端向 DNS 服务器提出 IP 地址的查询请求时，DNS 服务器可以从其数据库内寻找所需要的 IP 地址，并传送给 DNS 客户端。

Windows Server 2003 域的 Active Directory 与 DNS 紧密结合在一起，Windows 的计算机名称采用 DNS 的命名方式，而且必须依赖 DNS 服务器来寻找域控制器。因此，在 Windows Server 2003 域内必须有 DNS 服务器。

13.2.1 DNS 概述

当 DNS 客户端向 DNS 服务器提出查询 IP 地址的请求后，DNS 服务器首先从其数据库内寻找这个 IP 地址。若数据库内没有 DNS 客户端所需要的数据，此时 DNS 服务器必须向外界求助。

1. 域名称空间

整个 DNS 的结构是一个如图 13-23 所示的树状结构，该树状结构称为域名称空间。它实际上是一个倒过来的树，树根在最上面。域名称空间的根由 Internet Network Center（InterNIC）管理，InterNIC 承担着划分域名称空间和登记域名的职责。域名通过使用名字信息来管理，其存储在域名称服务器的分布式数据库中，每个域名称服务器有一个数据库文件，其中包含了域名树中某个区域的记录信息。

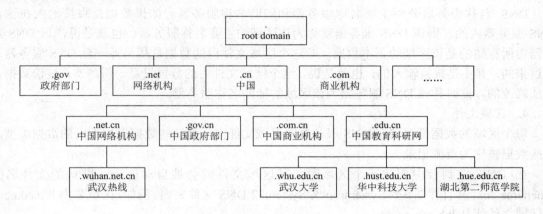

图 13-23 域名称空间

Internet 将所有联网主机的域名称空间划分为许多不同的域，树根下是最高级别的域，每个最高级别的域又被分成一系列二级域，三级和更低级别的域又是二级域的分支。

注意：在 DNS 内域的划分完全按照组织来进行，而不是按物理位置。例如 COM 域是由来自全世界的商业性组织所组成。

2. 区域

所谓的"区域"，就是指域名称空间树状结构的一部分，它让用户能够将域名称空间分为较小的区段，便于管理。在这个区域内的主机数据必须存储在 DNS 服务器内。用来存储这些数据的文件就称为区域文件，一台 DNS 服务器内可以存储一个或多个区域的数据，同时一个区域的数据也可以存储到多台 DNS 服务器内。

将一个 DNS 域划分为多个区域，分散网络的管理。例如，图中将域 edu.cn 分为两个区域：Zone1 和 Zone2，每个区域各有一个区域文件，区域文件包含域内所有主机的数据。这两个区域文件可以存放在同一台 DNS 服务器内，也可以分别存放在不同的 DNS 服务器内，还可以指派两个不同的系统管理员分别负责管理这两个区域，分散网络管理的负担。

一个区域所包含的范围必须是在域名称空间中连续的区域。

3. 域名称服务器

DNS 名称服务器存储着域名称空间内的区域数据。在一台 DNS 服务器中可以存储一个或多个区域内的数据，也就是说，该 DNS 服务器管辖范围可以包含在域名称空间内的一个或多个区域。它负责将 DNS 客户端所要查询的 IP 地址提供给 DNS 客户端。

当在一台 DNS 服务器上建立一个区域文件时，该区域内的主机数据都将输入到此 DNS 服务器中。当 DNS 服务器收到 DNS 客户端查询 IP 地址的请求后，它会尝试在其数据库中寻找所管辖的区域内是否有所需要的数据。如果该 DNS 服务器内没有 DNS 客户端所查询的主机数据，其并不在 DNS 服务器所管辖的区域内，则 DNS 将转向其他的 DNS 服务器查询。

为了安全上的考虑，不希望网络内所有的 DNS 服务器都直接与外界的 DNS 服务器沟通，而希望只有某一台 DNS 服务器可以与外界直接沟通，网络内的其他 DNS 服务器是通过这台 DNS 服务器与外界间接沟通的，这台 DNS 服务器就称为转发器。当 DNS 服务器通过扮演转发器角色的另一台 DNS 服务器将 DNS 客户端的请求发送出去后，就等待查询的结果，并将此结果响应给 DNS 客户端。

DNS 名称服务器分为主要名称服务器和辅助名称服务器。如果数据是直接输入在这台 DNS 服务器内的，则该 DNS 服务器就称为该区域的主要名称服务器。也就是说，该 DNS 服务器内所存储的是该区域的正本数据。若这个区域文件内的数据是从另外一台 DNS 服务器复制过来的，并不是直接输入的，也就是说，这个区域文件内的数据只是一份副本，这份数据是无法修改的，此时称该 DNS 服务器为该区域的辅助名称服务器。

4. 区域文件

每个区域的数据都存储在 DNS 服务器的区域文件内，而这些数据有着不同的数据类型，这些数据被称为资源记录。

在 DNS 控制台中创建一个区域时，其区域文件就会被自动创建，默认的文件名为 zonename.dns，并且存储在％Systemroot%\System32\DNS 文件夹内。例如，区域名为 lkb.edu.cn，则区域文件就是 lkb.edu.cn.dns。

5. 正向或反向搜索区域

在 DNS 服务器内创建一个正向搜索区域，则 DNS 客户端可以用主机名称查询其 IP 地址。例如，DNS 客户端可以查询主机名称为 www.hue.edu.cn 的 IP 地址。

在 DNS 服务器内创建一个反向搜索区域，则 DNS 客户端可以用 IP 地址查询其主机名称。例如，DNS 客户端可以查询 IP 地址为 192.168.0.1 的主机名称。

当创建正向或反向搜索区域时，系统就会自动为其创建一个正向或反向搜索区域文件。

6. 区域类型

Windows Server 2003 的 DNS 服务器内，正向或反向搜索区域都支持以下 3 种区域类型：

● 主要区域。在 DNS 服务器内创建一个主要区域和区域文件，并存储该区域内所有主机数据的正本，可以直接在此区域内新建、修改、删除记录。这个 DNS 服务器就是这个区域的主要名称服务器。

● 辅助区域。在 DNS 服务器内创建一个辅助区域，并存储该区域内所有主机数据的副本，这份数据是从其主要区域利用区域转送的方式复制过来的，而且是只读的，不可以修改。这个 DNS 服务器就是这个区域的辅助名称服务器。

● 存根区域。存根区域内存储着一个区域的副本信息，不过它与辅助区域不同，存根区域内只包含少数记录（如 SOA、NS、glue A 记录），利用这些记录来寻找此区域的授权服务器。当有 DNS 客户端来查找（递归查询）存根区域内的资源记录时，DNS 服务器会利用区域内的 NS 等记录得知此区域的授权服务器，然后向授权服务器查找（迭代查询）。

13.2.2 DNS 服务器的安装

1. 安装 DNS 服务器

如果没有 DNS 服务器，则可以按照以下步骤来安装：

（1）在 Windows Server 2003 服务器中，以 Administrator 账户登录。选择"开始"→"设置"→"控制面板"命令，再双击"添加或删除程序"选项，单击"添加/删除 Windows 组件"。

（2）弹出如图 13-24 所示的对话框，选择"网络服务"选项，单击"详细信息"按钮。

（3）弹出如图 13-25 所示的对话框，选中"域名系统（DNS）"复选框，单击"确定"按钮。

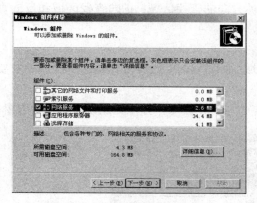

图 13-24 添加"网络服务"组件

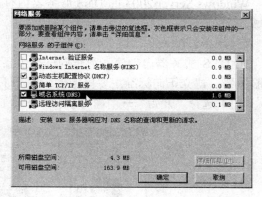

图 13-25 添加"域名系统（DNS）"组件

（4）返回前一个对话框，单击"下一步"按钮。

完成安装后选择"开始"→"程序"→"管理工具"命令，在弹出的程序列表中增加了一个 DNS 程序项，用于管理与设置 DNS 服务器，同时自动创建一个 %systemroot%\system32\dns 文件夹，其中存储 DNS 运行的相关文件，例如缓存文件、区域文件、启动文件等。

2. DNS 客户端的设置

在 Windows Server 2003 计算机上，选择"开始"→"设置"→"控制面板"命令，再双击"网络连接"→"本地连接"，在弹出的对话框中单击"属性"按钮，弹出"本地连接 属性"对话框，在其中选择"Internet 协议（TCP/IP）"，再单击"属性"按钮，弹出如图 13-26 所示的对话框，在"首选 DNS 服务器"文本框中输入 DNS 服务器的 IP 地址，如果还有其他的 DNS 服务器可供选择，则在"备用 DNS 服务器"文本框中输入另外一台 DNS 服务器的 IP 地址。

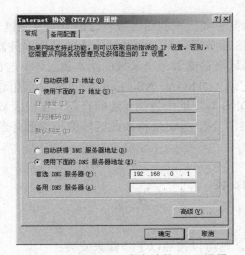

图 13-26　Windows 客户端的 DNS 设置

13.2.3　在 DNS 服务器中创建查找区域

必须在 DNS 服务器内创建区域与区域文件，以便将位于该区域内的主机数据存储到区域文件内。

Windows Server 2003 的 DNS 服务器内有两种方向的查找区域：正向查找区域和反向查找区域。

1. 建立正向主要区域

在 DNS 服务器内创建一个正向标准主要区域后，该 DNS 服务器就是这个区域的主要名称服务器。建立正向标准主要区域的步骤如下：

（1）选择"开始"→"程序"→"管理工具"→DNS 命令，打开如图 13-27 所示的窗口。

图 13-27　DNS 控制台

（2）选取 DNS 服务器并右击"正向查找区域"，然后从弹出的快捷菜单中选择"新建区域"命令，弹出"欢迎使用新建区域向导"对话框，单击"下一步"按钮。

（3）弹出如图 13-28 所示的"区域类型"对话框，选择"主要区域"单选框，然后单击"下一步"按钮。

（4）弹出如图 13-29 所示的"区域名称"对话框，在文本框中输入一个区域名称 lkb.edu.cn，单击"下一步"按钮。

（5）弹出如图 13-30 所示的"区域文件"对话框，单击"下一步"按钮，使用默认的区域文件名；或者选择"使用此现存文件"单选框，输入区域文件名。如果要使用现有的区域文件，则必须先将该文件复制到%systemroot%\system32\dns 文件夹内。

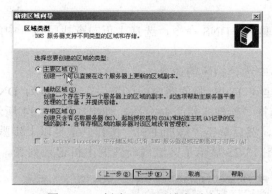

图 13-28　创建 DNS 区域类型选择

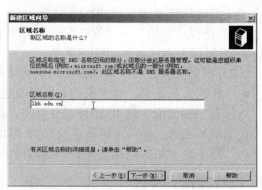

图 13-29　输入"区域名称"

（6）单击"下一步"按钮，弹出如图 13-31 所示的"动态更新"对话框，选择"不允许动态更新"单选框。

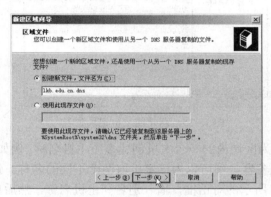

图 13-30　创建 DNS 区域类型选择

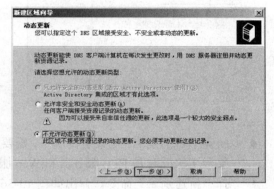

图 13-31　"动态更新"对话框

（7）单击"下一步"和"完成"按钮完成区域的创建，如图 13-32 所示。图 13-33 中的 lkb.edu.cn 就是刚才所创建的区域。

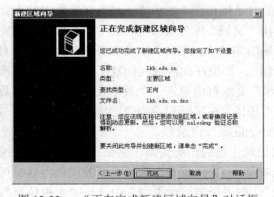

图 13-32　"正在完成新建区域向导"对话框

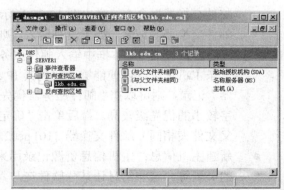

图 13-33　创建的 lkb.edu.cn 区域

2. 新建记录到主要区域

在主要区域内可以新建主机的相关数据，这些数据称为"资源记录"，DNS 服务器支持相当多的资源记录。

在主要区域内新建记录的步骤如下：

（1）选择"开始"→"程序"→"管理工具"→DNS 命令，选择"正向查找区域"中的 lkb.edu.cn 区域并右击，弹出快捷菜单。

（2）根据要新建的记录在弹出的快捷菜单中选择相应的命令。

- 新建主机记录：将主机的相关数据创建到 DNS 服务器内的区域后，就可以为 DNS 客户端查询主机 IP 地址提供服务。选择"新建主机"命令后，弹出如图 13-34 所示的对话框，输入主机名称及其 IP 地址，然后单击"添加主机"按钮。重复以上步骤，将多台主机的数据输入到该区域内。图 13-35 显示了区域内新建的主机记录列表。

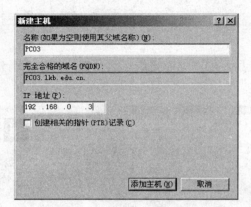

图 13-34　"新建主机"对话框　　　　　图 13-35　新建的主机记录列表

- 新建主机的别名：在某些情况下，需要为区域内的一台主机创建多个主机名称。例如，某台主机同时是 FTP 服务器和 Web 服务器，则可以为该主机取两个不同的名称。选择"新建别名"命令，弹出如图 13-36 所示的对话框，输入别名和主机名称，然后单击"确定"按钮，添加后区域中出现一条"WWW 别名 pc03.lkb.edu.cn"记录项。

- 新建邮件交换器：将邮件发送到邮件服务器后，本地邮件服务器必须将邮件转送到目的地邮件服务器，而目的地邮件服务器的地址可以向 DNS 服务器查询。选择"新建邮件交换器"命令，弹出图 13-37 所示的对话框，在"主机或子域"文本框中输入此邮件交换器的域名，如果没有输入，则用"父域"作为其域名。在"邮件服务器的完全合格的域名"文本框中输入邮件服务器的完整主机名称，该名称必须在此区域内有一条主机记录，以便能够查找到其 IP 地址。如果在此区域内创建了多个"邮件交换器"记录，则可以在"邮件服务器优先级"文本框中输入一个数字设置其优先级，数字较小的优先级较高。最后单击"确定"按钮，在区域记录列表中添加了一行　"（与父文件夹相同）邮件交换器 [10] pc02.lkb.edu.cn"记录项。

- 新建主机信息：主机信息资源记录用来记录主机的相关数据，例如 CPU、操作系统的类型等。这些信息让某些软件在与具有某些 CPU 或操作系统类型的主机沟通时可以采用特殊的程序。选择"其他新记录"，在"资源记录类型"中选择"主机信息"，单击"创建记录"按钮，弹出如图 13-38 所示的对话框，输入主机名称、CPU 与操作系统的类型等信息。在"CPU 类型"与"操作系统"文本框中所输入的字符串应符合 RFCl700 标准。最后单击"确定"按钮，添加如图 13-38 所示的"PC03 主机信息 Core i3-5300，Windows Server 2003"记录项。

图 13-36　新建"别名"记录

图 13-37　新建"邮件交换器"记录

图 13-38　新建主机信息

3. 创建反向标准主要区域

反向区域可以让 DNS 客户端利用 IP 地址查询其主机名称，反向区域并不是必要的，只是在某些特殊情况下才会使用，例如运行 nslookup 诊断程序时，另外在 IIS 内可以利用它限制连接的客户端。

在反向区域中，区域名的前半段必须是其 Network ID 反向书写，而区域名的后半段必须为 in-addr.arpa。例如，要对 Network ID 为 192.168.0 的 IP 地址来提供反向查询功能，则此反向区域的名称必须是 0.168.192.in-addr.arpa。

（1）选择"开始"→"程序"→"管理工具"→DNS 命令，右击"反向查找区域"，从弹出的快捷菜单中选择"新建区域"命令。

（2）弹出"欢迎使用新建区域向导"对话框，单击"下一步"按钮。

（3）弹出如图 13-39 所示的对话框，选择"主要区域"单选框，单击"下一步"按钮。

（4）弹出如图 13-40 所示的"反向查找区域名称"对话框，在"网络 ID"文本框中输入此区域的 Network ID，它会自动在"反向查找区域名称"栏设置其区域名；也可以自行直接在"反向查找区域名称"文本框中输入其区域名。完成后单击"下一步"按钮。

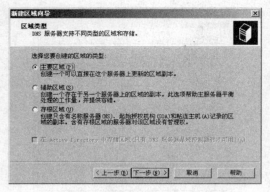 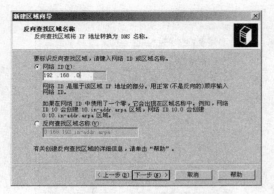

图 13-39　选择新建的区域类型　　　　　　图 13-40　设置反向查找区域的名称

（5）弹出如图 13-41 所示的"区域文件"对话框，单击"下一步"按钮，使用默认的区域文件名称；或者选择"使用此现存文件"单选框，输入区域文件名。如果要使用现有的区域文件，则必须先将该文件复制到％systemroot%\system32\dns 文件夹内。

（6）弹出如图 13-42 所示的"动态更新"对话框，选择"不允许动态更新"单选框，单击"下一步"按钮。弹出"完成新建区域向导"对话框，单击"完成"按钮。图 13-43 中的 192.168.0.x Subnet 就是刚才所创建的反向区域。

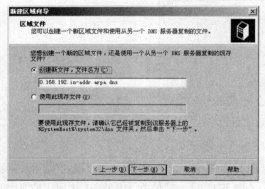 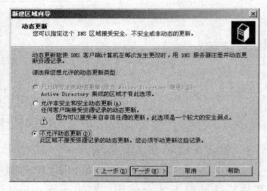

图 13-41　设置反向查找区域的文件名　　　　图 13-42　"动态更新"对话框

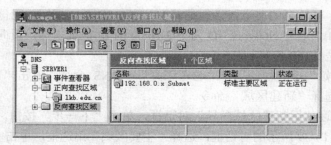

图 13-43　192.138.0.x Subnet 反向查找区域

4. 在反向区域内创建记录

在反向查找区域内可以新建记录数据，以提供反向查询的服务。可以使用以下两种方式来创建反向区域的记录：

- 右击"正向查找区域"，从弹出的快捷菜单中选择"新建主机"命令，在弹出的对话框中选中"创建相关的指针（PTR）记录"复选框，在正向查找区域内创建主机记录时顺便在反向查找区域内创建一条反向记录，如图 13-44 所示。注意，选择此选项时，相关的反向查找区域必须已经存在。
- 右击"反向查找区域"（192.168.0.x Subnet），从弹出的快捷菜单中选择"新建指针"命令，然后在如图 13-45 所示的对话框中输入主机的 IP 地址及其完整的名称。

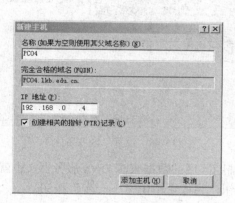
图 13-44　选中"创建相关的指针记录"复选框

图 13-45　新建反向查找区域中的数据

新建反向查找区域数据的结果如图 13-46 所示。

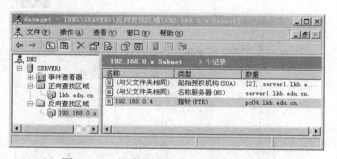
图 13-46　新建反向查找区域数据的结果

5. 在 Active Directory 中存储区域

在 Active Directory 中存储区域，即 Active Directory 集成区域，该区域只能创建在域控制器内，在某台域控制器上创建 Active Directory 集成区域后，此区域内的资源记录数据就存储在该域控制器的 Active Directory 内，并会自动复制到其他域控制器内。将 Windows Server 2003 独立服务器升级为域控制器的过程中，如果安装 DNS 服务器，则升级过程中所创建的区域会被自动设置为 Active Directory 集成区域。

6. 创建辅助区域

以下步骤说明如何新建一个正向标准的 DNS 辅助区域，该区域内的数据是从另外一台

DNS 服务器的主要区域复制过来的。

（1）选择"开始"→"程序"→"管理工具"→DNS 命令，右击"正向查找区域"，从弹出的快捷菜单中选择"新建区域"命令。

（2）弹出"欢迎使用新建区域向导"对话框，单击"下一步"按钮。

（3）弹出如图 13-47 所示的对话框，选择"辅助区域"单选框，单击"下一步"按钮。

（4）弹出如图 13-48 所示的"区域名称"对话框，输入区域名称。此名称最好与主要区域的名称相同。

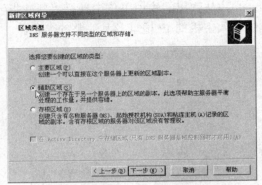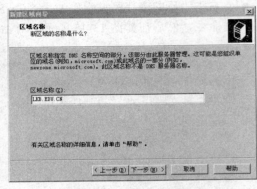

图 13-47 选择"辅助区域"单选框 　　　　图 13-48 设置"区域名称"

（5）弹出如图 13-49 所示的对话框，选择此辅助区域的数据来源 DNS 服务器，也就是存储主要区域的 DNS 服务器，然后单击"添加"按钮，完成后单击"下一步"按钮。

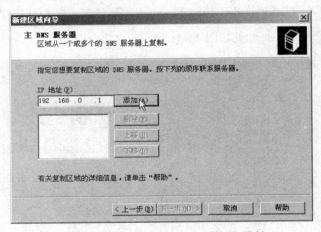

图 13-49 指定源 DNS 服务器的 IP 地址

（6）弹出"完成新建区域向导"对话框，单击"完成"按钮。

接下来，需要在主 DNS 服务器上指定辅助 DNS 服务器，具体步骤如下：

（1）使用具有管理权限的用户登录主 DNS 服务器，打开 DNS 管理控制台。在配置辅助 DNS 服务器的正向区域上右击，在弹出的快捷菜单中选择"属性"命令。

（2）在弹出对话框的"区域复制"选项卡中，选择"只有在'名称服务器'选项卡中列出的服务器"单选框，如图 13-50 所示。然后打开"名称服务器"选项卡，在"服务器完全合格的域名"文本框中输入辅助 DNS 服务器的名字，并在"IP 地址"文本框中输入其 IP 地址，单击"添加"按钮，如图 13-51 所示。

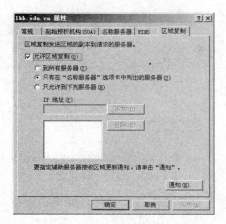

图 13-50　"区域复制"选项卡

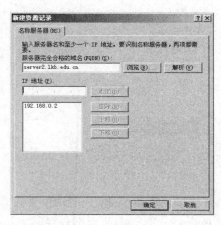

图 13-51　"名称服务器"选项卡

（3）单击"确定"按钮，完成配置。

扮演辅助 DNS 服务器的主机默认每隔 15 分钟会向其主要 DNS 服务器请求执行"区域转送"操作，保持区域数据的同步。

13.2.4　DNS 的其他重要设置

DNS 服务器有一些较重要的设置，如转发器和动态更新的设置以及指定根域内的服务器等。

1. 转发器的设置

可以为 DNS 服务器指定转发器，以便当该 DNS 服务器要向其他的 DNS 服务器查询数据时能够要求此转发器来代替它向其他的 DNS 服务器查询。

当 DNS 服务器通过转发器将 DNS 客户端的请求发送出去后，就等待查询的结果，并将此结果响应给 DNS 客户端。如果转发器无法查询到所需的数据，则该 DNS 服务器会向外界查询。可以通过选用"不使用递归"来取消此功能，在这种情况下，这台 DNS 服务器完全依赖转发器，被称为是一台"从属服务器"，它们不能直接与外界沟通。

指定转发器的方法为：在 DNS 窗口中右击 DNS 服务器，从弹出的快捷菜单中选择"属性"命令，在弹出的对话框中选择"转发器"选项卡，如图 13-52 所示，其中的"DNS 域"列表框中只有一项内容，即"所有其他 DNS 域"，单击旁边的"新建"按钮，在弹出的"新转发器"对话框中输入一个域名，再单击"确定"按钮；在"DNS 域"列表框中选择你输入的某个域名，再在"所选域的转发器的 IP 地址列表"文本框中输入转发器（另外一台与外界沟通的 DNS 服务器）的 IP 地址，单击"添加"按钮，如图 13-53 所示。

2. 指定根域的服务器

当 DNS 服务器向外界的 DNS 服务器查询数据时，先向位于根域的服务器查询（除非指定了"转发器"），根域的 DNS 服务器地址是通过"缓存文件"获得的，该文件在 DNS 服务器安装时被自动复制到%Systemroot%\System32\DNS 文件夹内，其文件名为 cache.dns。

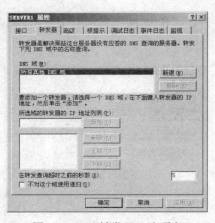 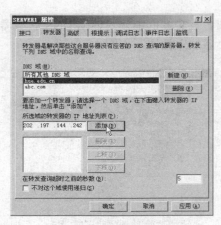

图 13-52　"转发器"选项卡　　　　　图 13-53　设置"转发器"

如果根域内新建或删除了 DNS 服务器，则缓存文件必须修改。另外，如果该网络并没有连接到 Internet，则不需要查询外界的主机数据，也不需要利用缓存文件查找默认的根域 DNS 服务器。此时应该修改缓存文件，以便将缓存文件内根域的 DNS 服务器数据改为企业内部网络最上层的 DNS 服务器。

然而，在此并不希望直接修改此文件，最好是通过以下的途径来修改此文件的内容：在"DNS 控制台"内右击"DNS 服务器"，从弹出的快捷菜单中选择"属性"命令，在弹出的对话框中选择"根提示"选项卡，如图 13-54 所示，其中显示的是目前在根域内 DNS 服务器的主机名称与 IP 地址数据，然后即可自行新建、修改或删除根域内的 DNS 服务器。

3. 动态更新的设置

Windows Server 2003 的 DNS 服务器能够动态更新数据，也就是说，当 DNS 客户端的主机名称或 IP 地址更改时，这些更改的数据会自动传送到 DNS 服务器端，以便更新 DNS 服务器的数据库。当然 DNS

图 13-54　设置"根提示"

客户端也必须支持动态更新的功能，如 Windows Server 2003 的计算机，而 Windows NT 等旧版的操作系统不支持动态更新（事实上，即使客户端没有支持动态更新的功能，但是只要它是 DHCP 的客户端，还是可以通过 DHCP 服务器来动态更新的）。

在 DNS 服务器端设置可以接收客户端动态更新的请求，其设置是以区域为单位的。在 DNS 窗口中右击要启用动态更新的区域（lkb.edu.cn），从弹出的快捷菜单中选择"属性"命令，在弹出的对话框中单击"常规"选项卡，如图 13-55 所示，选择"非安全"的动态更新，也可以选择"无"，不允许进行动态更新。如果是 Windows Server 2003，则其中还有一项为安全的更新，是指只有经过身份验证的用户才能更新 DNS 区域中的记录。非安全动态更新则允许任何用户更新 DNS 区域中的记录，不管这些用户是否经过身份验证。若 DNS 被设置为与 AD 集成，如果将更新设置为安全动态更新，则只有加入域的客户端才可以动态更新；如果希望不在域内的客户端也可以更新，可以将更新改为非安全更新。

登记到 DNS 服务器的数据取决于 DNS 客户端的 DNS 设置。在 Windows 的 DNS 客户端上选择"开始"→"控制面板"命令，再双击"网络连接"，右击"本地连接"，从弹出的快捷菜单中选择"属性"命令，在弹出的对话框中选中"Internet 协议（TCP/IP）"并单击"属性"按钮，再单击"高级"按钮，在弹出的对话框中单击 DNS 选项卡来查看、更改其 DNS 的设置，如图 13-56 所示。

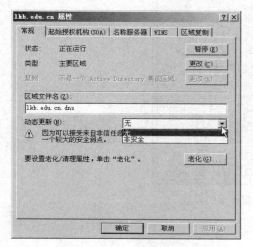

图 13-55　动态更新的设置

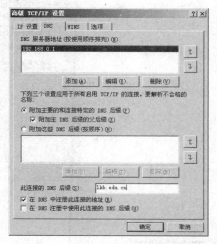

图 13-56　客户端 DNS 的设置

- 在 DNS 中注册此连接的地址：选中该复选框，则该 DNS 客户端会登记其完整的计算机名称与 IP 地址，如 pc04.lkb.edu.cn。
- 在 DNS 注册中使用此连接的 DNS 后缀：选中该复选框，其还会登记另外一个名称，这个名称是由计算机名（pc04）与图 13-56 中的"此连接的 DNS 后缀"栏设置的后缀（lkb.edu.cn）组成的，为 pc04.lkb.edu.cn。如果图 13-56 中"此连接的 DNS 后缀"栏没有设置后缀，并且此客户端是 DHCP 客户端，则以 DHCP 服务器上 DHCP 选项中所设置的域名称为其后缀。DHCP 客户端可以利用 ipconfig /all 命令查看其连接时的有效后缀。

Windows 的客户端在更新其位于 DNS 服务器内的数据时，根据是否为 DHCP 客户端而有所不同：

- 如果是 DHCP 客户端，并且 DHCP 服务器设置为如图 13-57 所示，才可以支持将更新数据送到 DNS 服务器的功能。当 DHCP 客户端从 DHCP 服务器索取或更新 IP 地址数据后，就会自动将更新的数据传送给 DNS 服务器。不过，DHCP 客户端只负责更新正向区域的主机资源记录，而反向区域的记录由 DHCP 服务器负责。DHCP 客户端也可以利用 ipconifig\registerdns 命令将更新数据传送给 DNS 服务器。
- 如果不是 DHCP 客户端，则在计算机名称或 IP 地址改变完成后会自动将更新数据送到 DNS 服务器，而且它是同时更新正向区域的 PTR 资源记录。也可以利用 ipconifig\registerdns 命令将更新数据传送给 DNS 服务器。

旧版的 Windows 操作系统，例如 Windows NT、Windows 95/98，虽然它们不支持动态更新的功能，但是仍然可以通过 Windows Server 2003 的 DHCP 服务器的帮助来达到动态更新的目的，在 DHCP 服务器内必须选择图 13-57 中的"为不请求更新的 DHCP 客户端动态更新 DNS A 和 PTR 记录"复选框。

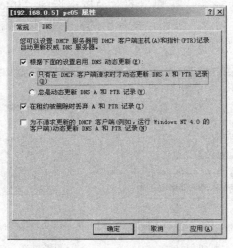

图 13-57　DHCP 服务器的设置

 **习题十三**

一、选择题

1. DHCP 客户端会在租约期限的（　　）%向服务端请求刷新地址。

    A. 45　　　　　　　　B. 50　　　　　　　　C. 60　　　　　　　　D. 70

2. 以下查询方式中不是 DNS 查询方式的是（　　）。

    A. 反向　　　　　　　B. 递归查询　　　　　C. 穷举查询　　　　　D. 迭代查询

二、填空题

1. 在 DHCP 服务器中，如果要设置保留 IP 地址，则必须把 IP 地址和客户端的＿＿＿＿＿＿进行绑定。

2. 测试 DNS 服务器能否对域名进行解析的常用命令是＿＿＿＿＿。

3. 在使用 DNS 查询地址时客户机向服务器发送的是＿＿＿＿＿＿查询。

三、简答题

1. DHCP 服务器的运行方式有几种，各有什么特点？DHCP 的工作原理是什么？

2. 什么是迭代查询方式？

3. 什么是正向查找和反向查找？它们有哪些区别和联系？

4. 主要区域与辅助区域各有什么作用？

四、操作题

1. 在局域网中，选取两台计算机分别安装 DNS 和 DHCP 服务。在安装好的 DNS 服务器上创建一个正向查找区域 lkb.edu.cn，并在其中添加主机记录 ljj.lkb.edu.cn，对应的别名记录为 server2.lkb.edu.cn；然后配置 DHCP 服务器，配置一个作用域，并将作用域选项中的 DNS 设置为前面所配置的服务器。测试客户端能否自动获取相关设置，并验证能否解析计算机名称 server2.lkb.edu.cn。

2．网络中有一个活动目录域 ata.com，有 100 台 Windows XP 和 3 台 Windows Server 2003 计算机，3 台服务器的信息如表 13-1 所示。

表 13-1　3 台服务器的信息

名称	操作系统	角色
ATASrvA	Windows Server 2003	域控制器、主 DNS 服务器
ATASrvB	Windows Server 2003	域控制器、WINS 服务器
ATASrvC	Windows Server 2003	成员服务器、DHCP 服务器

管理员在网络中添加了一台有网络接口的打印设备，名为 ATAPrinter1，并为 ATAPrinter1 手工配置了 IP 地址。目前，ATAPrinter1 没有在 DNS 服务器上注册。网络中的相关部分如图 13-58 所示。

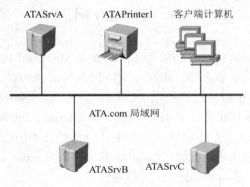

图 13-58　习题网络

要确保客户端可以通过名字连接到 ATAPrinter1，应该如何做？

3．某企业有一个较大规模的企业网，你作为一名刚到这个企业的网络管理员，对该企业的网络还不熟悉。一天某子网中的一些用户反映，他们的网络不能正确工作。你去客户端的计算机上查看，发现用户不能从 DHCP 服务器获得 IP 地址。请分析一下可能的原因有哪些？

第 14 章　Internet/Intranet 的应用

本章主要介绍 IIS 6.0 的应用、Web 站点的创建与管理、利用 Serv-U 建立专业 FTP 服务器。通过本章的学习，读者应掌握以下内容：

- IIS 6.0 概况
- Web 站点的创建与管理
- 创建与管理专业的 FTP 服务器

14.1　IIS 6.0 概况

IIS 是 Internet Information Server 的缩写，IIS 6.0 是 Microsoft 内置在 Windows Server 2003 操作系统中的网络文件和应用服务器。IIS 6.0 支持标准的信息协议，提供了 Internet 服务器应用程序编程接口（ISAPI）和公共网关接口（CGI），支持 Microsoft Visual Basic 编程系统、VBScript、Microsoft JScript 开发软件和 Java 组件，为 Internet、Intranet 和 Extranet 站点提供服务器解决方案。IIS 6.0 集成了安装向导、安全性和身份验证实用程序、Web 发布工具和对其他基于 Web 的应用程序的支持等附加特性，可以充分利用 Windows 中 NTFS 文件系统内置的安全性来保证 IIS 的安全，提高了 Internet 的整体性能。

14.1.1　IIS 6.0 核心组件

IIS 6.0 提供了许多组件，其中一些组件是和相关的服务及工具绑定在一起的。IIS 6.0 主要有以下一些核心组件：

（1）Internet 信息服务器（Internet Information Server）。Internet 信息服务器是一个平台，是操作 IIS 6.0 的管理工具。它提供了许多组件来完成核心功能，这些组件被看做可应用于 Internet/Intranet 上信息的发布服务。

（2）Web 服务（WWW Service）。Web 服务的英文全称是 World Wide Web，简称 WWW，它的功能就是管理和维护网站、网页，并回复基于浏览器的请求。有了 WWW 服务及其内置的功能，通过 Internet 信息服务器 ISAPI 应用程序接口、ASP、工业标准的 CGI 脚本及内置的对数据库连接的支持可以创建各种各样的 Internet 应用程序。

（3）FTP 服务（FTP Service）。FTP 的全称是 File Transfer Protocol（文件传输协议），是 Internet 上出现最早、使用最为广泛的一种服务。它通过在文件服务器和客户端之间建立起双重连接（控制连接和数据连接）来实现在服务器和客户端之间的文件传输，包括从服务器下载文件和向服务器上传文件。

（4）SMTP 服务（SMTP Service）。Microsoft 的 SMTP 服务是使用 Simple Mail Transfer

Protocol（简单邮件传输协议）来收发电子邮件的服务，为 IIS 6.0 站点提供基本邮件功能。

（5）NNTP 服务（NNTP Service）。使用 Microsoft NNTP 服务，用户可以通过 Network News Transport Protocol（网络新闻传输协议）来访问新闻组，它给 IIS 6.0 布局增添了新闻组功能。

（6）索引服务器（Index Server）。Microsoft 索引服务器可以通过读 IIS 6.0 布局的内容索引它的信息，使得用户可以查询 IIS 6.0 的内容，并返回到能找到所有信息的查询结果的地方。

（7）认证服务器（Certificate Server）。有了 Microsoft 的认证服务器，IIS 6.0 布局就可以发行和管理一种用于提高安全性的设备，叫做数字证书。有了数字证书，Web 站点和用户都可以得到安全保证。也就是说，用户看到的站点和文档是可信的，同样用户的身份也是可信的，这样就保证了严格的安全性。更重要的是，认证服务器使 IIS 布局可以控制谁可以发证书，因此给 IIS 布局创建了扩展的安全性。

14.1.2　IIS 6.0 的主要特性

和 Windows 2000 中包含的 IIS 5.0 相比，IIS 6.0 更为安全和稳定，在可靠性、扩展性和安全性上都具有很大的提升。IIS 6.0 主要有以下几个新特性：

- 可靠性：由于 Web 应用程序在不同的工作进程中执行，并且基于 WAS 完善的隔离、监控和恢复机制，当某个应用程序池出现问题时，不会影响其他应用程序池并且能够得到最快的恢复。
- 扩展性：通过全新设计的架构，IIS 6.0 显著提高了 Web 服务器的吞吐量和性能，从而在以下方面得到了提高：IIS 6.0 Web 服务器可以架设的 Web 站点数、并发活动工作进程数、Web 服务器或 Web 站点的启动和停止性能、Web 服务器可以处理的并发请求数。
- 安全性：和安装 Windows 2000 服务器时会默认安装 IIS 5.0 并启用 ASP 支持不同，在安装 Windows Server 2003 标准版/企业版/数据中心版时默认并不会安装 IIS 6.0，并且在安装 IIS 6.0 时，默认只能访问静态内容并且禁止使用父路径访问。管理员可以根据自己的需要在 IIS 管理器中启用或禁用 Web 服务扩展。
- 可管理性：为了迎合企业中管理的需要，IIS 6.0 中提供了多种管理工具，例如可以通过 IIS 管理器、运行脚本或者直接修改 IIS Metabase 来配置 IIS，也可以安装 IIS 的远程管理组件来进行远程管理。
- 增强开发支持：在 IIS 6.0 中提供了 ASP.NET 的支持，并且也支持 XML、SOAP 和 IPv6。

IIS 6.0 的新架构和 IIS 5.0 相比具有更高的性能、稳定性和可用性，但是 IIS 6.0 这种新架构所运行的隔离模式(工作进程隔离模式)不支持使用以下特性的 Web 应用程序：COM+ OOB、在回收工作进程时会话状态就会丢失（IIS 6.0 中默认会在一定空闲时间后回收工作进程）、为由多个进程加载所编写的并且并发运行的 ISAPI 应用程序、工作外进程。

14.1.3　IIS 6.0 的安装与卸载

默认情况下，在安装 Windows Server 2003 时，IIS 6.0 服务被同时安装到系统中。在 Windows Server 2003 中安装了 IIS 6.0 后，系统会自动创建一个 Web 站点和一个 FTP 站点供使用。

手动安装或卸载 IIS 6.0 组件可参照以下步骤：

（1）以 Administrator 的身份从服务器登录，单击"开始"→"设置"→"控制面板"命令，再双击"添加或删除程序"选项，打开"添加或删除程序"窗口。

（2）在左侧窗格中单击"添加/删除 Windows 组件"按钮，安装程序开始启动，在弹出的"Windows 组件向导"对话框中选中"Internet 信息服务（IIS）"，再单击"详细信息"按钮做进一步的组件安装选择。

（3）根据屏幕提示选择所要安装的组件，单击"确定"按钮开始自动安装，同时出现"正在配置组件"对话框。

（4）IIS 6.0 组件配置完成后单击"完成"按钮，结束安装或卸载过程。

14.2　Web 站点的创建与管理

"WWW 服务"是相当广泛的术语，包括人们用 Web 服务器完成的一切，主要应用的是超文本传输协议（HTTP）。HTTP 协议是目前 Internet 上最流行的协议，使用 HTTP 可以进行信息的交互，开设 HTTP 协议的网站域名前缀一般都为 WWW。IIS 6.0 最主要的功能是 WWW 服务，通过监听特定的 TCP 端口接收请求，默认情况下，WWW 服务在 TCP:80 端口监听 WWW 请求，并根据请求发送 WWW 服务。

14.2.1　新建 Web 站点

在"Internet 信息服务（IIS）管理器"窗口中，可以创建和管理多个 Web 站点。新建 Web 站点的步骤如下：

（1）以 Administrator 的身份从服务器登录，选择"开始"→"程序"→"管理工具"→"Internet 信息服务管理器"命令，打开"Internet 信息服务（IIS）管理器"窗口，如图 14-1 所示。

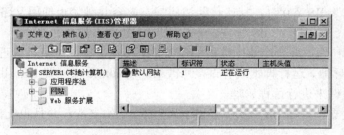

图 14-1　"Internet 信息服务（IIS）管理器"窗口

（2）单击左侧窗格中的计算机名，展开后选择"网站"并右击，在弹出的快捷菜单中选择"新建"→"网站"命令打开"网站创建向导"对话框。

（3）单击"下一步"按钮，在弹出的对话框中输入站点说明。

（4）单击"下一步"按钮，在弹出的对话框中指定 Web 站点的 IP 地址和端口号等信息（其中还有主机头的信息，当多个站点对应一个主机地址之时用来区分站点）。

（5）单击"下一步"按钮，在弹出的对话框中指定 Web 站点信息所在的文件夹，即用户通过浏览器所看到的 Web 站点信息的存放位置，在这里单击"浏览"按钮为站点选择一个主目录，并选中"允许匿名访问网站"复选框。

（6）单击"下一步"按钮，在弹出的对话框中设定对于主目录的访问权限。对于绝大多数客户端来说，只需设定浏览、读取的权限即可。

（7）单击"完成"按钮，完成 Web 站点的创建。

14.2.2　管理 Web 站点

在"Internet 信息服务（IIS）管理器"窗口中，右击需要管理的 Web 站点，在弹出的快捷菜单中选择"属性"命令，即可打开该 Web 站点的属性对话框，在其中可进行 Web 站点的管理。

1. "网站"选项卡

在"网站"选项卡中可以设置 Web 站点的标识、连接设置和日志等，如图 14-2 所示。

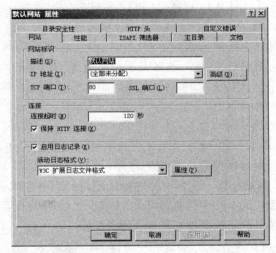

图 14-2　"网站"选项卡

（1）"网站标识"组框。

● 在"描述"文本框中键入该 Web 服务器的说明性文字。

● 在"IP 地址"文本框中输入一个 IP 地址，该 IP 地址必须是在"本地连接"中配置给当前计算机（网卡）的。如果这里选择"全部未分配"，该站点将响应所有该计算机上网卡所对应的 IP 地址。单击"高级"按钮，弹出"高级网站标识"对话框。在该对话框中可以为该站点添加 IP 地址、TCP 端口和主机头值等网站标识；选中某项，单击"编辑"按钮可以编辑、修改。

● 在"TCP 端口"文本框中指定该站点运行时所使用的 TCP 端口，默认的端口号是 80。也可以设置未被使用的某个 TCP 端口号，前提是需要访问该站点的用户知道这一端口，并以 IP:TCP Port 的格式访问，否则将无法连接到该站点。

（2）"连接"组框。选择"保持 HTTP 连接"复选框，能够显著增强服务器性能。这是因为大多数 Web 浏览器要求服务器在多个请求中保持连接打开，如果 Web 服务器的站点设置中没有选择该项，则客户端的浏览器将必须为包含多个元素（如图形）的页进行大量的连接请求。这些额外的请求和连接要求额外的服务器活动和资源，这将会降低服务器的效率。同时，它们还会大大降低浏览器的速度和响应能力，尤其是在网络连接速度较慢的地方。

"连接超时"项保证了在所设时间之后断开非活动用户的连接。设置"连接超时"有助于减少由空闲连接消耗的处理资源损失。

（3）"启用日志记录"组框。启用该选项之后，Web 站点的记录功能将监视连接到站点上的用户的活动细节并做出记录。可以在下拉列表框中选择以下记录格式：

- Microsoft IIS 日志格式：是一种固定的 ASCII 格式。
- NCSA 公用日志文件格式：是国家超级计算应用中心的公用格式。
- W3C 扩展日志文件格式：是一种可以自行定制的格式。
- ODBC 日志：将记录到数据库中。

选择某种格式后单击"属性"按钮，可以对日志进行设置。

2. "性能"选项卡

在"性能"选项卡中可以对 Web 站点提供的服务能力做出限制，以合理使用整个服务器的资源，如图 14-3 所示。

（1）"带宽限制"组框。选中该选项后，可以限制当前站点的网络带宽为具体的设置值。可以防止因为用户大量访问 Web 站点，过多占用带宽资源而造成的网络崩溃。

（2）"网站连接"组框。如果选择了"连接限制为"单选框，则可以具体设置同时建立的连接数量，以减轻服务器的负担。

3. "ISAPI 筛选器"选项卡

"ISAPI 筛选器"选项卡如图 14-4 所示，在其中可以设置 ISAPI 筛选程序。ISAPI 筛选器是在处理 HTTP 请求过程中对事件做出响应的程序，它总是加载于 Web 站点的内存中。单击"添加"按钮可以选择添加筛选器，这里添加的筛选器将和服务器属性中的筛选器合并，并且不显示主属性中的筛选器。选中一个筛选器后可以单击"禁用/启用"按钮来控制它的使用，有多个筛选器时，可以用上下箭头调整它们的加载顺序。

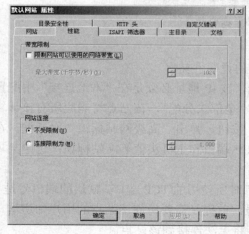

图 14-3 "性能"选项卡

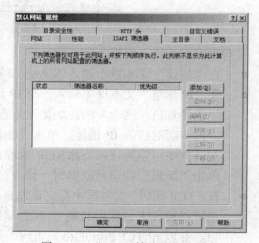

图 14-4 "ISAPI 筛选器"选项卡

4. "主目录"选项卡

"主目录"选项卡如图 14-5 所示，在其中可以设置 Web 站点的默认目录，Web 站点的默认主目录是 c:\Inetpub\wwwroot。

图 14-5　内容来自"此计算机上的目录"

在"此资源的内容来自:"区域中,可以分别选择以下 3 个选项:

● 此计算机上的目录。

● 另一台计算机上的共享。

● 重定向到 URL。

若选择"此计算机上的目录"单选框,如图 14-5 所示,可以进行以下设置:

(1)本地路径:单击"浏览"按钮可以设置默认的主目录。

(2)访问权限:在下面有 6 个复选框,可以进行设置。

● 脚本资源访问:该选项仅在选中了"读取"或"写入"时才生效。

● 读取:选中了该复选框时,允许用户阅读或下载存储在该站点主目录或者虚拟目录下的文件,如果没有选中该选项,访问者将得到错误信息。

● 写入:选中该复选框时,用户可以使用支持 HTTP 1.1 协议标准"放置"功能的浏览器对该站点进行写入操作,可以上载或者修改文件。

● 目录浏览:选中该复选框时,当用户在浏览器的地址栏中没有指定访问的文件,而该站点又没有默认文档时,将发送给用户一个超文本的虚拟目录列表,以便用户访问该站点。如果不希望用户了解到站点的内部结构,则应禁用该选项。

● 记录访问:选中该复选框时,可以在站点的日志文件中记录用户对该目录的访问情况。

● 索引资源:选中该复选框时,Microsoft Index Server 将对该目录进行全文索引,以便于用户快速搜索文档内容。

注意:这里设置的各种权限应该和 NTFS 权限一致,如果不一致,将启用较为严格的权限设置。

(3)在"应用程序设置"组框中可以设置站点的应用程序名、执行权限和应用程序池。

● 应用程序名:应用程序是两个标记为应用程序启动点的目录之间所包含的全部目录和文件。如果使站点的主目录成为应用程序启动点,则 Web 站点中的每个虚拟目录和物理目录都能加入该应用程序。要使该目录成为应用程序启动点,请单击"配置"按钮;要将该主目录从应用程序中分离出来,请单击"删除"按钮。在"应用程序名"文本框中键入应用程序的名称,该名称将出现在应用程序边界内所包含目录的选项卡中。

- 执行权限：控制应用程序是否可以在此目录下运行，有以下选项可供选择：
  - ➢ 无：在此目录中不允许运行任何程序或脚本。
  - ➢ 纯脚本：使映射到脚本引擎的应用程序可以在该目录下运行，而无须拥有"执行"权限。可以对包含 ASP 脚本、Internet 数据库接口（IDC）脚本或其他脚本的目录使用"脚本"权限。"脚本"权限比"执行"权限安全，因为可以限制在该目录下运行的应用程序。
  - ➢ 脚本和执行程序：允许任何应用程序在该目录中运行，包括映射到脚本引擎的应用程序和 Windows 二进制文件（.dll 和.exe 文件）。
- 应用程序池：该选项用于决定应用程序是否在分开的内存空间中运行。运行孤立的应用程序出现故障时，可以使其他应用程序（包括 Web 服务器）免受影响。

选择"另一台计算机上的共享"单选框，如图 14-6 所示。在"网络目录"文本框中可以指定共享网络的位置，格式为"\\[服务器]\[共享名]"。单击"连接为"按钮可以指定连接到该网络位置使用的用户账户。其他的设置与"此计算机上的目录"中的一致。

选择"重定向到 URL"单选框，如图 14-7 所示。在"重定向到"文本框中可以指定重定向 URL。

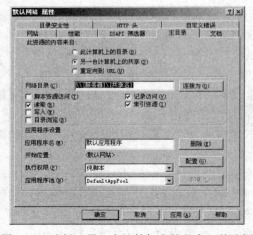

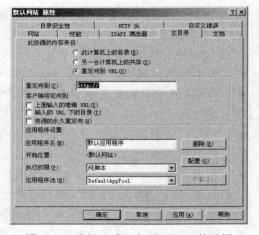

图 14-6 选择"另一台计算机上的共享"单选框　　图 14-7 选择"重定向到 URL"单选框

5. "文档"选项卡

"文档"选项卡如图 14-8 所示，在其中可以设置启用默认内容文档和启用文档页脚。

（1）"启用默认内容文档"组框。一个 URL 中应该包含一个具体的文件名，例如 http://www.hubce.edu.cn/default.htm，最后的 default.htm 就是一个具体的超文本文件。但实际上，只需要用 http://www.hubce.edu.cn 就可以打开上述的超文本文件。这是因为站点已经将该文档设为站点的默认文档，当 Web 用户向站点发出并未指定具体 HTML 文件的访问请求时，就可以自动打开默认文档来回应用户的请求。

选中"启用默认内容文档"复选框就可以响应用户上述的这种请求。单击"添加"按钮可以向列表中添加默认文档，使用上下箭头可以调整文档的优先顺序。当用户发出请求时，将从该列表中搜索请求的文档并返回第一个发现的文档。

（2）"启用文档页脚"组框。选中"启用文档页脚"复选框后，可以在该站点的所有页面下加入一个页脚。单击"浏览"按钮，可以指定一个页脚文件的路径，它是一个只含页脚内容的 HTML 文件。

6. "目录安全性"选项卡

"目录安全性"选项卡如图 14-9 所示，在其中可以设置 Web 服务器的安全性。

图 14-8　"文档"选项卡

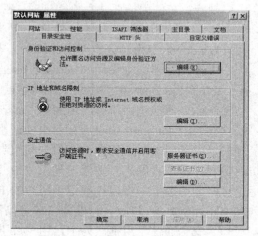

图 14-9　"目录安全性"选项卡

（1）"身份验证和访问控制"组框。单击"编辑"按钮，弹出"身份验证方法"对话框，如图 14-10 所示。选中"启用匿名访问"复选框，可以允许 Web 用户以匿名方式访问站点。可以直接在"用户名"和"密码"文本框中输入用户匿名访问时所使用的账号和密码，可以在"Active Directory 用户和计算机"控制台中对该账号的访问权限做出限定。另外，可以在"用户访问需经过身份验证"组框中选择合适的身份验证方法。如果不勾选"启用匿名访问"复选框，则用户在访问 Web 服务器时必须进行身份验证，IIS 主要提供了以下 4 种身份验证方法：

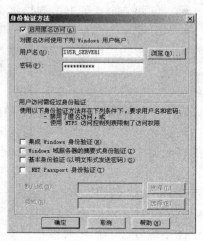

图 14-10　"身份验证方法"对话框

● 基本身份验证：使用基本身份验证可以限制访问经过 NTFS 格式化的 Web 服务器上的文件。要使用基本身份验证，用户必须输入凭据，访问将基于用户 ID。要使用基本身份验证，需要授予每个用户进行本地登录的权限，同时，为了便于管理，可以将每个用户都添加到可以访问所需文件的组中。需要注意的是，因为用户凭据虽然是使用 Base64 编码技术编码的，但它们在通过网络传输时未经过加密，所以基本身份验证被认为是一种不安全的身份验证方式。

● 集成 Windows 身份验证：集成 Windows 身份验证比基本身份验证安全，而且在用户具有 Windows 域账户的 Intranet 环境中能很好地发挥作用。在集成 Windows 身份验证中，浏览器会尝试使用当前用户在域登录过程中使用的凭据，如果尝试失败，浏览器将提示该用户输入一个用户名和密码。如果使用集成 Windows 身份验证，则用户的密码将不传输到服务器。如果用户已作为域用户登录到本地计算机中，则在访问该域中的网络计算机时不必再次进行身份验证。需要注意的是，不能通过代理服务器使用集成 Windows 身份验证。

- Windows 域服务器的摘要式身份验证：摘要式身份验证克服了基本身份验证的许多缺点。在使用摘要式身份验证时，密码不是以明文形式发送的。另外，可以通过代理服务器使用摘要式身份验证。摘要式身份验证使用一种质询/响应机制（集成 Windows 身份验证也使用此机制），其中的密码是以加密形式发送的。需要注意的是，Web 浏览器必须使用 Microsoft Internet Explorer 5.0 或更高版本。

- .NET Passport 身份验证：访问站点的用户可以使用该服务创建单次登录名和密码，从而方便地访问所有启用 .NET Passport 的网站和服务。启用 .NET Passport 的站点依靠 .NET Passport 中央服务器来验证用户。

（2）"IP 地址和域名限制"组框。可以针对具体的 IP 地址或域名做出具体的访问授权或者访问限制。单击"编辑"按钮，弹出"IP 地址及域名限制"对话框。选中"授权访问"或"拒绝访问"单选框，将授权或拒绝所有的 IP 或域名访问本站点。可以单击"添加"按钮，在列表中添加例外 IP 和域名。根据情况可以指定单个 IP 或一组 IP 地址。

（3）"安全通信"组框。为了启用 Web 服务器的安全通信功能，应该在这里创建 SSL 密钥对和服务器证书并将它们绑定在一起，这一操作必须在服务器上使用 IIS 控制台完成，不能使用 HTML 的 Internet 服务管理器远程进行。单击"服务器证书"按钮，启动"欢迎使用 Web 服务器证书向导"，单击"下一步"按钮，显示"IIS 证书向导"，在这里有 3 种选择：

- 创建一个新证书：向导将引导用户创建一个新的证书。
- 分配一个已存在的证书：使用已存在的证书。
- 从密钥管理器备份文件导入一个证书：从密钥管理器备份文件导入证书。

创建一个新证书的步骤为：选择"创建一个新证书"选项，单击"下一步"按钮；选择"稍后发送申请"，单击"下一步"按钮；为证书指定名称，设置密钥长度为 512 位或 1024 位，选中"服务器网关加密证书"复选框，单击"下一步"按钮；填入站点的合法组织和组织部门信息，单击"下一步"按钮；填入站点的服务器名称（如果是在 Internet 上，则填入服务器的有效 DNS 名；如果是在 Intranet 上，则填入服务器的 NetBIOS 名称），单击"下一步"按钮；输入标准的站点地理位置信息，单击"下一步"按钮；提供申请人（管理员）的联系方法，单击"下一步"按钮；单击"浏览"按钮，指定用于保存证书请求信息的文件，单击"下一步"按钮完成向导。以后再次启动该向导时可以处理挂起的证书请求。

在指定好证书后，可以在"安全通信"组框中单击"编辑"按钮对安全选项进行设置，包括 SSI、用户证书、CTL 等内容。

7. "HTTP 头"选项卡

"HTTP 头"选项卡如图 14-11 所示，在其中可以设置在 HTML 页的标题中返回浏览器的值。

（1）"启用内容过期"组框。选中"启用内容过期"复选框后，当 Web 用户向站点发出访问请求时，可以将一些时间项目返回给用户浏览器。这样，如果用户浏览器使用了缓存，就可以及时更新网页。

（2）"自定义 HTTP 头"组框。添加了自定义 HTTP 头后，可以将自定义的头信息返回给用户浏览器。自定义 HTTP 头一般用于实现一些特殊的功能。自定义头应该在 metabase 中说明。

图 14-11 "HTTP 头"选项卡

（3）"内容分级"组框。内容分级主要是对一些敏感的内容进行分级，以方便 Web 用户浏览网页时有所选择，IE 3.0 以上版本的浏览器支持内容分级功能。设定内容分级之后将在 HTTP 头中加入这一内容，当 Web 用户浏览时发送给用户浏览器。单击"编辑分级"按钮，将弹出"内容分级"对话框，单击"分级"选项卡。选中"此资源启用分级"选项之后，在类别列表中选中一个项目，然后用滑块选择合适的分级级别。还应该设定该分级的失效日期等内容。

（4）"MIME 类型"组框。MIME 就是多功能 Internet 邮件扩展，可以指定服务器返回给浏览器的文件类型。单击"MIME 类型"按钮，可以编辑返回浏览器的文件类型及文件关联信息。

8．"自定义错误"选项卡

"自定义错误"选项卡如图 14-12 所示，在其中可以设置自定义错误信息。在列表框中选中一个项目，单击"编辑"按钮，可以对该项目进行编辑，包括消息类型和文件。

图 14-12 "自定义错误"选项卡

15.2.3 Web 服务扩展

Web 服务扩展是 IIS 中用于处理动态内容请求的扩展组件，在 IIS 中支持两种方式的 Web

服务扩展：ISAPI（Internet Server Application Programming Interface）扩展和 CGI（Common Gateway Interface）应用程序。它们之间的工作原理基本相同，主要是实现机制不同。ISAPI 和 CGI 之间最大的区别在于，ISAPI 扩展基本以动态链接库的形式存在，而 CGI 以可执行程序形式存在；ISAPI 方式运行的 Web 服务扩展可以在被用户请求激活后长驻内存，从而减少加载 DLL 的时间，因此具有比 CGI 方式更高的效率。

从安全性上考虑，在安装 IIS 时，默认情况下会安装以下 4 个 Web 服务扩展但是并不启用，因此只能支持静态内容的访问：

- Active Server Pages
- Internet 数据连接器
- WebDAV
- 在服务器端的包含文件

可以根据需要添加或删除自定义的 Web 服务扩展，而对于 IIS 内建的 Web 服务扩展则只能禁用或启用。

对于这些内置的 Web 服务扩展，IIS 已经为 Web 站点配置好了应用程序映射，你只需要启用这些 Web 服务扩展就可以在 Web 站点中启用对相应动态内容的访问。

如果要启用某个系统自带的 Web 服务扩展，则在 IIS 管理控制台中单击 Web 服务扩展文件夹，然后在右侧窗格中单击对应的 Web 服务扩展，再单击"允许"，例如要启用对 ASP 页面的支持，则启用 Active Server Pages 即可，即选择右侧窗格中的 Active Server Pages 并将其设置为"允许"，如图 14-13 所示。

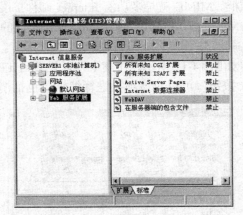

图 14-13　Web 服务扩展

如果要添加自定义的 Web 服务扩展，除了需要在 Web 服务扩展文件夹中进行添加外，还需要在 Web 站点中添加应用程序映射。

14.3　利用 Serv–U 建立专业 FTP 服务器

利用 IIS 自带的 FTP 虽然能建立 FTP 服务器，但是与专业的 FTP 服务器软件相比，在功能上很多都不尽如人意。这里以比较流行的 Serv-U FTP Server 为例来介绍如何使用 Serv-U 软件快速建立专业 FTP 服务器。在所有的 FTP 服务器端软件中，Serv-U 除了拥有其他同类软件所具备的大部分功能外，还支持断点续传、带宽限制、远程管理、远程打印、虚拟主机等，再加上良好的安全机制、友好的管理界面及稳定的性能，使它赢得了很高的赞誉，并被广泛应用。

Serv-U FTP Server 支持 9x/ME/NT/Server 2003/2003 等全 Windows 系列。它可以设定多个 FTP 服务器、限定登录用户的权限、登录主目录及空间大小等，功能非常强大。它具有非常完备的安全特性，支持 SSL FTP 传输，支持在多个 Serv-U 和 FTP 客户端通过 SSL 加密连接保护数据安全等。Serv-U FTP Server 是共享软件，安装后 30 天内可以作为"专业版本"使用，但试用期过后就只能作为免费的"个人版本"使用了，并且只有基本功能。这里以 Serv-U 10 版本为例介绍这种优秀专业 FTP 服务器软件的使用方法。

14.3.1 了解 Serv-U FTP 的有关概念

Serv-U 由两大部分组成：引擎和用户界面。

Serv-U 引擎（Serv-U.exe）是一个常驻后台的程序，也是 Serv-U 整个软件的核心部分，它负责处理来自各种 FTP 客户端软件的 FTP 命令，负责执行各种文件的传送。在运行 Serv-U 引擎程序（Serv-U.exe）后，没有任何用户界面，它只是在后台运行，可以开始或停止它。Serv-U 引擎可以在任何 Windows 平台下作为一个本地系统服务来运行，系统服务随操作系统的启动而开始运行，而后就可以运行用户界面程序了。在 Windows 2000/2003 系统中，Serv-U 会自动安装为一个系统服务。

Serv-U 用户界面（Serv-U-Tray.exe）是 Serv-U 管理员程序，它负责与 Serv-U 引擎之间进行交互，让用户配置 Serv-U，包括创建域、定义用户，并告诉服务器是否可以访问等。打开 Serv-U 界面最简单的办法就是双击任务栏中的 U 形图标。

Serv-U 引擎可以运行多个"虚拟"的 FTP 服务器。在管理员程序中，每个"虚拟"的 FTP 服务器都称为域（Domain），相当于一个 FTP 站点。FTP 服务器的正常运行必须至少有一个域，每个域都有各自的用户、组和设置。对一个域来说，至少应有一个用户账号。一般说来，"设置向导"会在第一次运行应用程序时设置好一个最初的域和用户账号。对于拥有多个域的 Serv-U FTP 服务器来说，服务器、域和用户之间的关系可以参考如下列表：

*Serv-U 服务器
    *域 1
        *用户账号 1
        *用户账号 2
    *域 2
        *用户账号 1
        *用户账号 2
    *域 3
        *用户账号 1
        *用户账号 2
        ……

14.3.2 Serv-U FTP 的安装

从 http://www.rhinosoft.com.cn 上下载最新的 Serv-U FTP Server，目前最新的版本是 Serv-U v10。可从 http://www.newhua.com 或 http://soft.weizheng.com 网站下载软件及汉化补丁，然后开始 Serv-U FTP Server 的安装，具体步骤如下：

（1）双击下载所得到的 ServUSetup.exe 程序文件，开始运行安装程序，进入"选择安装的语言"界面，默认为"中文（简体）"，单击"确定"按钮，进入"欢迎使用 Serv-U 安装向导"界面，单击"下一步"按钮。

（2）弹出"许可协议"对话框，选中"我接受协议"单选框，再单击"下一步"按钮。

（3）弹出"选择目标位置"对话框，如图 14-14 所示，单击"浏览"按钮，指定安装 Serv-U 的路径，默认安装路径为%homedrive%\Program Files\RhinoSoft.com\Serv-U，建议不要安装到系统盘。修改安装路径后单击"下一步"按钮。

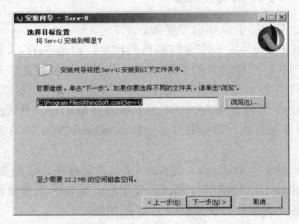

图 14-14　"选择目标位置"对话框

（4）弹出"选择开始菜单文件夹"对话框，直接单击"下一步"按钮。在弹出的"选择附加服务"对话框中，选择是否"创建桌面图标"、"创建快速启动栏图标"和"将 Serv-U 作为系统服务安装"，然后单击"下一步"按钮，再单击"安装"按钮。

（5）弹出正在安装程序对话框，进程条反映程序安装的进度。软件安装完毕后，在"完成 Serv-U 安装"界面中勾选"启动 Serv-U 管理控制台"，然后单击"完成"按钮。

14.3.3　快速设置 Serv-U 的域名与 IP 地址

安装完毕后，首次启动 Serv-U 将打开设置向导。设置向导可以帮助管理员轻松、快速地完成基本配置（建立域和用户账号）。用设置向导快速配置的步骤如下：

（1）设置向导提示"您现在要定义新域吗？"，单击"是"按钮。

（2）在"域向导"对话框中，输入域的名称和说明，勾选"启用域"复选框，如图 14-15 所示，单击"下一步"按钮。

（3）选择允许哪些协议以及相应的端口对文件服务器进行访问，如图 14-16 所示，勾选后单击"下一步"按钮。

（4）弹出"IP 地址"对话框，如图 14-17 所示，输入 FTP 服务器的 IP 地址，单击"下一步"按钮。此处 IP 地址可以为空，将包含本机所有的 IP 地址，这在使用两块及两块以上网卡时很有用，用户可以通过任意一块网卡的 IP 地址访问到服务器；如果指定了 IP 地址，则只能通过指定的 IP 地址访问服务器。如果使用动态的 IP 地址或者不能确定 IP 地址，则建议此项保持为空。

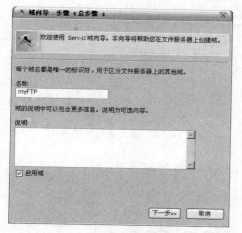

图 14-15　输入域的名称和说明

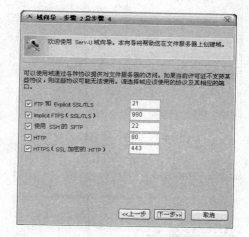

图 14-16　选择允许哪些协议以及相应的端口进行访问

（5）在密码加密模式中选择合适的加密方式，如图 14-18 所示，单击"完成"按钮。

图 14-17　"IP 地址"对话框

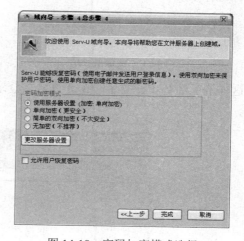

图 14-18　密码加密模式选择

（6）这时会弹出提示"域中暂无用户，您现在要为该域创建用户账户吗？"，单击"是"按钮。弹出对话框询问"您要使用向导创建用户吗？"，单击"是"按钮。

（7）在"用户向导"对话框中输入登录 ID、全名和电子邮件地址（后两项为可选），如果要创建匿名用户，可在登录 ID 中输入 anonymous，如图 14-19 所示，单击"下一步"按钮。然后输入要为该用户设置的密码，如图 14-20 所示，单击"下一步"按钮。

（8）设置该用户的根目录，可以通过对话框右侧的"浏览"按钮 选择某个文件夹，或者直接在"根目录"文本框中输入该文件夹的本地路径，如图 14-21 所示，单击"下一步"按钮。

（9）通过"访问权限"下拉列表框赋予用户对文件夹具有"只读访问"或"完全访问"的权限，如图 14-22 所示，单击"完成"按钮。

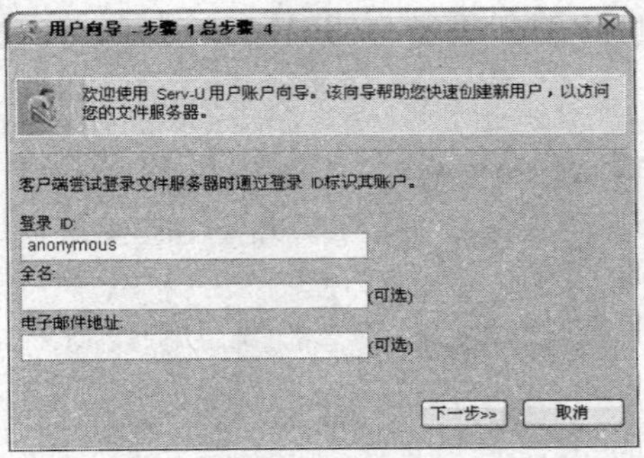

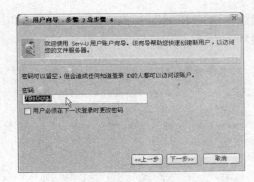

图 14-19 输入匿名账号

图 14-20 输入该账户的密码

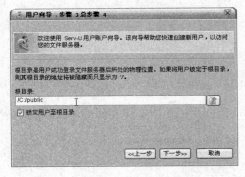

图 14-21 设置根目录

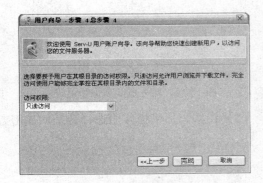

图 14-22 设置访问权限

　　这样就已经初步建立了一个允许匿名登录的 FTP 服务器。使用浏览器测试，结果如图 14-23 所示。

图 14-23 用浏览器测试 Serv-U FTP 服务器

14.3.4 用户账号管理

　　用户账号管理是 FTP 服务器管理的主要工作，对账号的设置直接影响到用户的最终访问。Serv-U 的用户账号管理包括添加新用户和用户属性设置。

　　1. 添加新用户

　　（1）双击任务栏中的 U 形图标，启动 Serv-U 管理控制台，如图 14-24 所示。

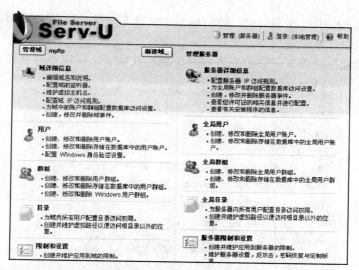

图 14-24　"Serv-U 管理控制台"窗口

（2）单击"用户"，打开用户管理界面，如图 14-25 所示。单击左下角的"添加"按钮，弹出"用户属性"对话框，如图 14-26 所示。

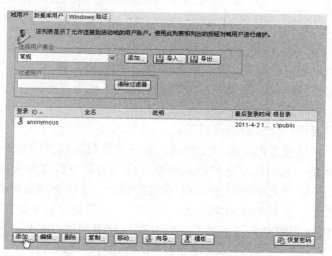

图 14-25　添加用户

（3）在其中输入"登录 ID"、"密码"、"电子邮件地址"等账户信息，勾选"锁定用户至根目录"和"启用账户"复选框，然后单击"根目录"文本框旁的"浏览"按钮选择该用户登录后所在的目录。

（4）切换到"用户属性"对话框的"目录访问"选项卡，单击"添加"按钮，在弹出的"目录访问规则"对话框中选择上一步中选定的根目录，再分别设定好文件和目录的访问权限，单击"保存"按钮，完成新用户的添加。

2. 设置用户账号的属性

启动 Serv-U 管理控制台，单击"用户"进入用户管理界面，可以看到"域用户"、"数据库用户"和"Windows 验证" 3 个选项卡。如果要对某个域用户的属性进行修改，可以在"域用户"选项卡的列表框中选择该用户，然后单击"编辑"按钮，弹出如图 14-26 所示的"用户属性"对话框，其中有 8 个选项卡，具体介绍如下：

（1）"用户信息"选项卡。切换到"用户信息"选项卡，可以查看和修改账号。

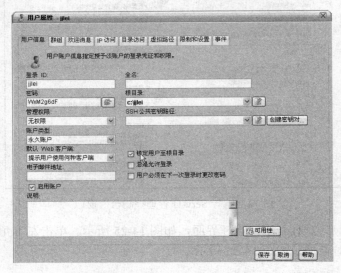

图 14-26 "用户信息"选项卡

- 登录 ID：设置用户的登录名，匿名用户的名称是 anonymous。
- 全名：对用户名进行补充说明，不用于登录 FTP 服务器。
- 密码：设置账号密码，如果为空，表示无密码；如果有密码，密码将不以明文显示，而统一显示为<<Encrypted>>。
- 根目录：设置用户登录后的根目录。
- 管理权限：可以授予用户账户无权限、系统管理员或域管理员等权限。"无权限"的用户账户就是一般的用户账户，只能从文件服务器下载文件和向文件服务器上传文件，这些用户账户无法使用 Serv-U 管理控制台。系统管理员可以进行任何的文件服务器管理活动，包括创建和删除域、用户账户，甚至可以更新文件服务器的许可证，通过 HTTP 远程管理登录的具有系统管理员权限的用户账户只要和计算机有物理连接，便能管理这台服务器。"域管理员"可以远程管理域（站点），无法进行和域相关的活动（包括配置域监听器或域的 ODBC 数据库访问等）。此外，还有"只读管理员"，可以查看 Serv-U FTP 服务器的配置，但不能修改。
- SSH 公共密钥路径：为提高服务器数据传输的安全性，如果服务器启用 SSL 功能并创建了 SSL 证书，则该证书将保存在此路径下。
- 账户类型："永久账户"为永久有效的账户，如果选择"自动禁用"或"自动删除"，则可以设置账户有效期，到期后服务器自动禁用或删除账户。
- 锁定用户至根目录：设置是否将用户锁定在自己的主目录。选择该项，用户登录后只能在自己的主目录内存取目录或文件，不能切换到其他用户的目录。
- 总是允许登录：设置是否总是允许该用户登录，即使超出了服务器所允许的最大用户数。通常为管理员账号选中该项，便于管理员随时登录。

- 用户必须在下一次登录时更改密码：设置后，用户可以对管理员在创建用户时设置的初始密码进行修改。

（2）"群组"选项卡。

（3）"欢迎消息"选项卡。欢迎消息是用户成功登录后通常发送给 FTP 客户端的消息。

（4）"IP 访问"选项卡。切换到"IP 访问"选项卡，可以根据登录 FTP 服务器的 IP 地址限制某些计算机的访问。默认情况下，没有定义任何 IP 访问规则，允许任何计算机访问 FTP 站点，列表中未定义任何 IP 项，则使用当前账号不受任何 IP 限制。但是一旦设置了 IP 项，当前账号只有在匹配所允许的 IP 项时才能登录到 FTP 服务器。如果该域已经设置 IP 访问限制，拒绝某 IP 地址访问，这里的设置即使允许此地址访问，最终也是不允许该地址访问的。

单击"添加"按钮，弹出"IP 访问规则"对话框，在"IP 地址/名称/规则"文本框中输入要限制的 IP 地址。这里的 IP 地址设置支持通配符"?"、"*"和"XXX"、"[XXX-XXX]"。"?"表示匹配单个字符，"*"表示任何匹配，"XXX"表示精确匹配，"[XXX-XXX]"表示 IP 地址范围。如 192.168.1.[50-60]表示 192.168.1.50～192.168.1.60 的 IP 地址范围；192.16?.*.*表示第 1 个字节为 192，第 2 个字节为 160～169 的所有 IP 地址。然后选中"拒绝访问"或"允许访问"单选框，单击"保存"按钮将其添加到下面的"IP 访问规则"列表中。

可以定义若干条 IP 访问规则，规则的排列顺序很重要，但 FTP 客户计算机试图访问 FTP 站点时 FTP 服务器按自上而下的顺序依次检查，一旦遇到匹配的规则将立刻执行，不再继续检查。

（5）"目录访问"选项卡。切换到"目录访问"选项卡，可以设置基于文件、目录和子目录的用户访问权限。

基于"文件"的访问权限如下：

- 读：允许用户下载文件。
- 写：允许用户上传文件，但不能对文件进行更改、删除或重命名。
- 追加：允许用户对已有的文件进行附加（续传）。
- 删除：允许用户对文件进行删除。
- 执行：允许用户通过 FTP 运行可执行文件，例如用户可以远程运行程序。

基于"目录和子目录"的访问权限如下：

- 列表：允许用户创建目录列表（查看目录和文件）。
- 创建：允许用户创建子目录。
- 删除：允许用户删除目录，包括移动、删除和更名操作。
- 重命名：允许用户对文件和文件夹进行重命名。

如果选中"子目录"下面的"继承"，则以上所选属性对当前目录的子目录起作用，否则就只对当前目录起作用。

要允许用户使用改变目录命令进入某个目录，只需具备"读"、"列表"、"继承"3 个权限即可。但是，一个目录没有任何访问权限，用户将不能访问。

拥有"写"权限而没有"删除"权限的用户可将文件上传到服务器，这对上传功能很有用，因为可只允许上传，而不让改变或删除已经上传的文件。

要让用户恢复上传，用户还需要"追加"权限，如果仅有"写"权限也不行，因为写权限不允许用户改变已经存在的文件（包括部分已上传的文件）。

"执行"权限可允许远程启动应用程序，通常用于特殊文件。一定要小心，允许用户执行应用程序，那么该用户可删除硬盘上的任何数据。

如果用户需要看到目录列表，则必须授予目录"列表"权限。但有时也需要拒绝用户"列表"，例如允许用户将文件上传到一个可上传的目录，但不允许查看和下载文件，可以通过只授予"写入"权限而不授予"列表"权限实现。

（6）"虚拟路径"选项卡。虚拟路径允许用户访问根目录以外的文件和文件夹。虚拟路径仅定义一种方式，将现有目录映射到系统中的其他位置，使用户能够在其可访问的目录结构中看到该目录。为了能够访问该映射的位置，用户还是需要满足对虚拟路径对应物理路径的目录访问规则。

（7）"限制和设置"选项卡。Serv-U 提供了高级选项用来定制它的使用方式，以及将限制和定制设置应用于整个 Serv-U 内的用户、群组、域和服务器的方法。限制能智能化地叠加，使得用户设置覆盖群组设置，群组设置覆盖域设置，而域设置覆盖服务器设置。此外，只能在一星期的某几天或一天的某些时间内应用限制。Serv-U 内的限制和设置分为 5 类：连接、密码、目录列表、数据传输和高级。

- "比例和配额"按钮：单击该按钮后会弹出"传输率和配额管理"对话框，可以设置上传/下载率。上传下载量计算的方式有 4 种：计数每个任务文件、计数每个任务的字节、计数所有任务文件、计数所有任务的字节。在"上传"和"下载"文本框中分别输入上传和下载量的分数比。
- "配额"组框：可以用来设置磁盘配额，即设置用户在 FTP 服务器上可拥有的最大空间。如果用户上传的文件超出了配额，就不能再上传文件了。
- 上传/下载率不限的文件：位于传输率不限的文件列表中的文件不受任何传输率的限制。

（8）"事件"选项卡。Serv-U 允许使用事件处理执行各种由选定的事件列表所触发的操作。

14.3.5 通过组账号简化管理

可以将拥有类似权限的多个用户纳入用户组，对用户组集中赋予权限，而不必对每个用户分别赋予权限，以简化用户账号的管理。

Serv-U FTP 的组账号主要有两种设置：目录访问权限和 IP 访问限制，具体设置可参见前面有关用户账号设置的内容。一旦在组账号中进行了设置，则该设置自动应用到隶属于该组的所有用户账号。

使用组账号的关键是正确理解组账号和用户账号的关系。一般规律是，用户权限总是优先于其所属组的访问权限，如果定义了组权限而没有定义用户权限，用户将继承该组权限。

14.3.6 域的设置

Serv-U 文件服务器的核心是 Serv-U 域。在最基本的级别，Serv-U 域是一组用户账户和监听器，使得用户可以连接服务器以访问文件和文件夹。也可以进一步配置 Serv-U 域，从而约束基于 IP 地址的访问、限制带宽的使用、强制实施传输配额等。

启动"Serv-U 管理控制台"后，通过单击"新建域"按钮弹出的"域向导"对话框可以创建多个域；如果要对所创建的域进行管理，可以单击"管理域"按钮后选择要管理的域，然后再通过控制台左侧窗格中的域详细信息、用户、群组、目录、限制和设置、域活动等按钮对域进行管理。

在"Serv-U 管理控制台"窗口中，单击左上角的"管理域"按钮，可以选择服务器上创建的任意域进行管理。

1. 设置虚拟目录

Serv-U FTP 服务器支持虚拟目录（虚拟路径），为什么要用虚拟目录呢？如果我所需要的内容不在主目录下，而在分区的其他目录或其他分区的目录下，当然可以拷贝到主目录下，但是如果觉得不方便或者主目录所在分区的磁盘空间不够，这时采用虚拟目录就比较简单，可以将物理目录映射到计算机或网络上的其他目录。即使用户被锁定在自己的主目录，也可以通过访问虚拟目录来访问其他目录或驱动器。在默认情况下，没有添加任何虚拟目录。

下面以添加 e:\pub 为虚拟目录 test 为例进行说明，具体操作步骤如下：

（1）单击 Serv-U 管理控制台左侧窗格中的"目录"按钮，弹出域的"目录"对话框（如图 14-27 所示），在"虚拟路径"选项卡中单击"添加"按钮，弹出"虚拟路径"对话框，如图 14-28 所示，输入应该被映射到虚拟路径的物理路径，在"物理路径"文本框中输入 e:\pub。

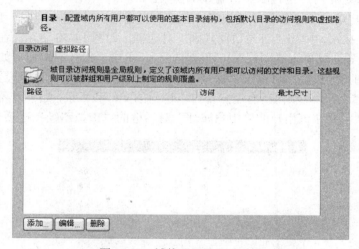

图 14-27　域的"目录"对话框

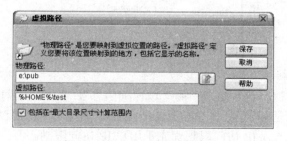

图 14-28　"虚拟路径"对话框

（2）在"虚拟路径"文本框中输入要映射物理路径的目录，也可以使用宏来表示特殊目录，如%HOME%表示用户主目录，%USER%表示用户账号名称。这里输入% HOME%\test，单击"保存"按钮，建立好虚拟路径，如图 14-29 所示。

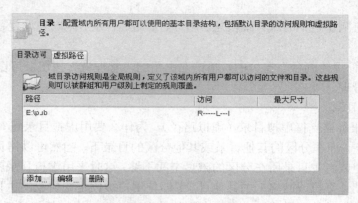

图 14-29　"目录访问"选项卡

（3）设定用户目录访问权限。创建虚拟目录并不意味着用户能够看到它，需要由用户或用户组的目录访问权限决定。Serv-U 的所有访问都是基于物理目录的，用户要能看到虚拟目录，必须能够访问对应的实际目录。这种机制允许在域级创建多个虚拟目录，然后再根据用户目录访问规则来决定此用户是否能够访问虚拟目录。

（4）设置用户访问 e:\pub 目录的权限。在"用户属性"对话框中选择"目录访问"选项卡，单击"添加"按钮，弹出"目录访问规则"对话框，如图 14-30 所示。在"路径"文本框中输入 e:\pub（或者通过单击"浏览"按钮选择），单击"保存"按钮。如果需要授予其他访问权限，则添加其他权限后再单击"保存"按钮。需要注意的是，这里设置的"目录访问"规则是全局规则，定义了该域内所有用户都可以访问的文件和目录，如果需要针对某个用户来设置虚拟目录，则需要在该用户的"用户属性"对话框的"虚拟路径"选项卡中进行设置。

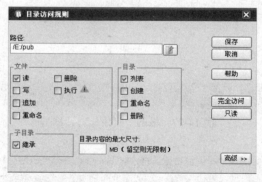

图 14-30　"目录访问规则"对话框

2. 设置 IP 访问限制

单击"Serv-U 管理控制台"窗口中的"域详细信息"，在弹出的对话框中选择"IP 访问"选项卡，这里的 IP 限制是基于域用户的，影响此域的所有用户。它的设置方法和设置用户"IP 访问"限制一样，只不过域 IP 访问限制优先于用户 IP 访问限制。

3. 设置 FTP 消息文件

在"Serv-U 管理控制台"窗口中，单击"用户"，打开"Serv-U 管理控制台—用户"对话框中的"域用户"选项卡，在"用户"列表框中选择某个用户，单击"编辑"按钮，在弹出的"用户属性"对话框中选择"欢迎消息"选项卡。

"消息文件路径"用来设置用户登录 FTP 站点的消息文件；勾选"使用定制的欢迎消息覆盖继承的群组欢迎消息"复选框后即可直接在文本框中输入欢迎消息。

下面以建立用户登录 FTP 站点的消息文件为例介绍创建消息文件的方法。

（1）创建一个文本文件 Login.txt。

（2）在文本文件中输入以下内容：

——————————————————————————————————

```
欢迎来到 XXX 的个人 FTP 服务器
你的 IP 地址是：%IP
目前服务器所在的时间是 %time
已经有 %u24h 个用户在最近 24 小时访问过本 FTP
本 FTP 服务器已经运行了%ServerDays 天，%ServerHours 小时和%ServerMins 分。
服务器的运行情况：
    所有登录用户数量：    %loggedInAll total
    当前登录用户数量：    %Unow
    已经下载字节数：      %ServerKbDown Kb
    已经上传字节数：      %ServerKbUp Kb
    已经下载文件数：      %ServerFilesDown
    已经上传文件数：      %ServerFilesUp
    服务器平均带宽：      %ServerAvg Kb/sec
    服务器当前带宽：      %ServerKBps Kb/sec
```

——————————————————————————————————

注意： 每行最好不要超过 80 个字符，其中以%开头的都是一些变量。

（3）在"消息文件路径"文本框中输入 Login.txt 文件的完整路径，单击"保存"按钮。

14.3.7 支持多个 FTP 站点

Serv-U FTP 可以创建和管理多个虚拟 FTP 服务器，也就是多个 FTP 域（或站点）。在"Serv-U 管理控制台"窗口中，单击"新建域"按钮，根据"域向导"创建要创建的 FTP 域。需要注意的是，如果它与现有的 FTP 服务器使用同一个 IP 地址，则必须选用不同的端口号。

14.3.8 远程管理 FTP 站点

Serv-U 提供远程管理的功能，这为管理员的工作带来了很大的方便。7.0 版本以后，FTP 服务器的远程管理也可以通过 Web 页来实施。

具体步骤如下：

（1）在监听器里面开启 80 端口，一般在向导创建域的过程中默认设置为已开启。如果没有开启，可以在"Serv-U 管理控制台"窗口中单击"域详细信息"，选择"监听器"选项卡，再单击"添加"按钮，在"监听器"对话框的"类型"列表框中选择 HTTP，端口默认为 80，勾选"启动监听器"复选框，如图 14-31 所示。

（2）创建一个具有管理员权限的账户。在"Serv-U 管理控制台"窗口中单击"用户"，在"域用户"选项卡中单击"添加"按钮，在"用户属性"对话框的"用户信息"选项卡中输入"登录 ID"、"密码"、"根目录"，"管理权限"设置为"系统管理员"，如图 14-32 所示。

（3）在客户端，使用 Web 浏览器打开 http://服务器的 IP，会出现 Serv-U 的 Web 登录界面，这里输入刚才新建的管理员权限的账号，即可远程对该 FTP 服务器进行管理。

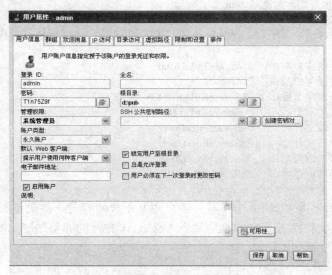

图 14-31　"监听器"对话框

图 14-32　创建具有管理员权限的账户

习题十四

一、选择题

1. 统一资源定位器 URL 由 3 部分组成：协议、（　　　）和文件名。

A. 文件属性　　　　　　　B. 域名　　　　　　　C. 匿名　　　　　　　D. 设备名

2. 如果没有特殊声明，匿名 FTP 服务登录账号为（　　　）。

A. user　　　　　　　　B. anonymous　　　　C. guest　　　　　　D. 用户 E-mail 地址

3. 在 Windows Server 2003 上安装 Web 服务器需要安装（　　　）。

A. IIS　　　　　　　　B. TCP/IP 协议　　　C. DNS 服务器　　　D. WINS

4. 下列软件中（　　　）不能用作 FTP 的客户端。

A. IE 浏览器　　　　　B. LeadFTP　　　　　C. CuteFTP　　　　　D. Serv-U

二、填空题

1. 默认 FTP 开放的是＿＿＿＿＿＿＿＿端口。

2. 采用＿＿＿＿＿＿＿＿，可以将物理目录映射到计算机或网络上的其他目录。这样，即使用户被锁定在自己的主目录，也可以访问其他目录或驱动器。

三、简答题

1．如何才能远程管理 Web 站点？

2．Web 站点的虚拟目录有什么作用？

3．若要使 Windows Server 2003 的 Web 站点支持 ASP.NET，应该怎样设置 IIS 及 Web 站点的属性？

4．FTP 协议的作用是什么？

5．网站被攻击的事件经常发生，我们怎样才能有效地管理服务器和网站，以尽可能地减少被攻击的次数？

四、操作题

1．在局域网中，选取一台计算机安装IIS，将其配置为Web服务器并发布指定的网页内容，然后配置一台DNS服务器，添加相应的记录，使得客户端可以通过域名方式访问上述站点。再在Web服务器上安装FTP组件，并针对发布站点所在的文件夹设置权限，使得客户端能够上传内容，进行网站内容的更新。

2．某企业希望将内部技术资料放到网上供技术人员随时查阅，但又不希望企业内部其他人员看到这些资料。你可以怎样处理？

参考文献

[1] 谢希仁. 计算机网络（第 5 版）. 北京：电子工业出版社，2008.

[2] Andrew S. Tanenbaum. Computer Networks（Fourth Edition）. 北京：清华大学出版社，2008.

[3] Behrouz A.Forouzan. TCP/IP 协议族（第 4 版）. 王海等译. 北京：清华大学出版社，2011.

[4] 周炯槃，庞沁华. 通信原理（第 3 版）. 北京：北京邮电大学出版社，2008.

[5] 刘天华，孙阳，黄淑伟. 网络系统集成与综合布线. . 北京：人民邮电出版社，2008.

[6] 刘晓辉. Windows Server 2003 服务器搭建、配置与管理（第 2 版）. 北京：中国水利水电出版社，2007.

[7] 雷建军. 计算机网络实用技术（第二版）. 北京：中国水利水电出版社，2005.

[8] 张浩军. 计算机网络操作系统——Windows Server 2003 管理与配置. 北京：中国水利水电出版社，2005.

[9] 郝兴伟. 计算机网络技术及应用（第二版）. 北京：中国水利水电出版社，2008.

[10] 刘兵. 计算机网络概论. 北京：中国水利水电出版社，2008.

[11] 李云峰，李婷. 计算机网络基础教程. 北京：中国水利水电出版社，2010.

[12 季福坤. 数据通信与计算机网络（第二版）. 北京：中国水利水电出版社，2011.

[13] William R. Stanek. Windows Server 2003 管理员必备指南（第 2 版）. 北京：世界图书出版公司，2007.

[14] 戴有炜. Windows Server 2003 用户管理指南. 北京：清华大学出版社，2004.